U0292101

化工工人中级技术培训教材

第五版

化工机械及设备

宋树波　邵泽波　主编

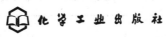

化学工业出版社

·北京·

本套丛书是根据国家有关部委的《化工特有工种职业技能鉴定规范》（讨论稿）编写的化工工人中级技术培训教材。本书编写本着通俗易懂、适用的原则，着重介绍了制图的基本知识及化工工艺、化工设备的识图；化工设备常用材料及防腐；机械传动及轴承的基本知识；流体输送机械、固体物料机械和其他化工机械的使用和维护；化工反应器、化工容器、塔设备、换热设备、干燥及分离设备、化工管路等的基本结构、性能、使用及维护等。

　　本书可供化工中级技术工人培训之用，亦可作为操作工人和初、中级技术工人自学之用，还可作为本专科学生的参考教材。

图书在版编目（CIP）数据

　　化工机械及设备/宋树波，邵泽波主编. —5 版.
北京：化学工业出版社，2017.8（2024.10重印）
　　ISBN 978-7-122-30040-9

　　Ⅰ.①化… Ⅱ.①宋…②邵… Ⅲ.①化工机械-技术培训-教材②化工设备-技术培训-教材 Ⅳ.①TQ05

　　中国版本图书馆 CIP 数据核字（2017）第 151900 号

责任编辑：袁海燕　　　　　　　　　装帧设计：关　飞
责任校对：宋　玮

出版发行：化学工业出版社（北京市东城区青年湖南街 13 号　邮政编码 100011）
印　　刷：北京云浩印刷有限责任公司
装　　订：三河市振勇印装有限公司
850mm×1168mm　1/32　印张 11¼　字数 313 千字
2024 年 10 月北京第 5 版第 9 次印刷

购书咨询：010-64518888　　　　　　　售后服务：010-64518899
网　　址：http://www.cip.com.cn
凡购买本书，如有缺损质量问题，本社销售中心负责调换。

定　　价：48.00 元

前　言

为了适应市场经济发展对目前职工教育培训的需要，积极配合化工技术工人进行培训和职业技能鉴定，根据《化工特有工种职业技能鉴定规范》（讨论稿）对中级工应该掌握和了解的有关技术理论知识（应知）和工艺操作能力（应会）的内容，我们对2012年编写的《化工机械及设备》进行了修订。

在本书编写过程中，编者们多次学习讨论了《化工特有工种职业技能鉴定规范》（讨论稿），在对其内容范围和深浅程度有了充分理解的基础上，兼顾中、高级技术工人在操作技能上的差别及其在基本技术理论知识上的共性特点，并考虑到成人学习的特点，注重理论联系实际，紧紧围绕化工生产的实际和检修维护的特点，由浅入深、由易到难地提出问题、分析问题、解决问题，并列举了生产或计算实例。在文字表述方面注意做到用语通俗易懂；图例、表格清晰；术语、名词及符号符合新规定。

此次修订删减了目前化工企业生产中已淘汰的工艺、设备及旧的标准规程等方面的内容，补充了近年来在化工企业生产及管理中采用的新标准、新规程、新技术、新设备等方面的内容。同时，为了使读者更好地理解和掌握图书内容，补充了参考文献并将每章末的复习思考题重新进行了编写。

本书共十六章，其中张波编写第一～三章、王茁编写第四～六章、宋树波编写第七～九章、邵泽波编写第十一～十五章、郭海义编写第十章、陈建军编写第十六章。

在编写过程中，李守忠、刘建中、王锡玉、陈云明、刘勃安等进行了全套书审稿工作。全套书由刘勃安组织。在此一并致谢。

由于编者水平有限，加之时间仓促，书中难免有不足之处，恳请读者提出宝贵意见。

编　者

2017 年 10 月

目　　录

第一篇　机　械　基　础

第三篇 化工容器及设备

第一篇 机 械 基 础

第一章 制图的基本知识

第一节 国家标准《机械制图》的基本规定

工程技术上根据投影原理、标准或有关规定，表示工程对象并附有必要的技术说明的图，称为图样。

图样是现代机器制造过程中的重要技术文件之一，用来指导生产和进行技术交流，起到了工程语言的作用，必须有统一的规定。这些规定由国家制订和颁布实施，如国家标准《技术制图 图线》（GB/T 17450—1998），国家标准《技术制图 图样画法 视图》（GB/T 17451—1998）等。

国家标准简称国标，其代号为"GB"，例如 GB/T 17451—1998，其中 17451 为标准的编号，1998 表示该标准是 1998 年颁布的。

本节摘要介绍有关图纸幅画、比例、图线等几个标准。

一、图纸幅面尺寸（GB/T 14689—2008）

为了便于图样的绘制、使用和保管，机件的图样均应画在具有一定格式和幅面的图纸上，应优先采用表 1-1 所规定的基本幅面。

表 1-1　图纸的基本幅面及图框尺寸　　　　单位：mm

幅面代号	A0	A1	A2	A3	A4	A5
$B \times L$	841×1189	594×841	420×594	297×420	210×297	148×210
a	25					
c	10			5		
e	20			10		

图纸上必须用粗实线画出图框，其格式分为留有装订边和不装订边两种。同一产品的图样只能采用一种格式。

留有装订边的图纸，其图框格式如图 1-1 所示，不留装订边的图纸，其图框格式如图 1-2 所示，尺寸 a、c、e 按表 1-1 的规定选用。

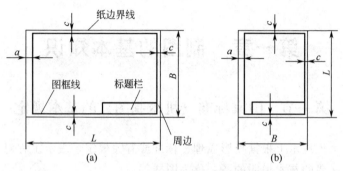

图 1-1 留有装订边图样的图框格式

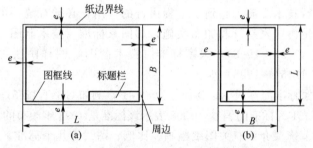

图 1-2 不留装订边图样的图框格式

二、比例（GB/T 14690—1993）

1. 有关的术语（表 1-2）

表 1-2 比例的术语和定义

术　　语	定　　义
比例	图中图形与其实物相应要素的线性尺寸之比
原值比例	比值为 1 的比例，即 1 : 1
放大比例	比值大于 1 的比例，如 2 : 1 等
缩小比例	比值小于 1 的比例，如 1 : 2 等

2. 比例系列

优先选用和允许采用的比例见表 1-3。

表 1-3 比例系列

	种类	比 例
优先采用比例	原值比例	$1:1$
	放大比例	$5:1$ $2:1$ $5\times10^n:1$ $2\times10^n:1$ $1\times10^n:1$
	缩小比例	$1:2$ $1:5$ $1:10$ $1:2\times10^n$ $1:5\times10^n$ $1:1\times10^n$
允许采用比例	放大比例	$4:1$ $2.5:1$ $4\times10^n:1$ $2.5\times10^n:1$
	缩小比例	$1:1.5$ $1:2.5$ $1:3$ $1:4$ $1:6$ $1:1.5\times10^n$ $1:2.5\times10^n$ $1:3\times10^n$ $1:4\times10^n$ $1:6\times10^n$

注：n 为正整数。

3. 基本标注方法

① 比例的符号应以"："表示。比例的表示方法如 $1:1$、$1:5$、$2:1$ 等。

② 绘制同一机件的各个视图时，应尽可能采用相同的比例，以利于绘图和看图。

③ 比例一般应标注在标题栏中的比例栏内。

④ 表格图或空白图不必注写比例。

三、图线及其画法（GB/T 17450—1998、GB/T 4457.4—2002）

机件的图形是用 GB/T 17450—1998 规定的 8 种线型绘制而成的。表 1-4，图 1-3 列出了应用示例。

表 1-4 图线规格

图线名称	图线型式及代号	图线宽度	一般应用
粗实线	b ↕A	b	A1 可见轮廓线 A2 可见过渡线
细实线	——— B	约 $b/2$	B1 尺寸线及尺寸界线 B2 剖面线 B3 重合剖面的轮廓线 B4 螺纹的牙底线及齿轮的齿根线
波浪线	∿∿∿∿∿ C	约 $b/2$	C1 断裂处的边界线 C2 视图和剖视的分界线

续表

图线名称	图线型式及代号	图线宽度	一般应用
双折线	～～～—D	约 $b/2$	D1 断裂处的边界线
虚线	～4 ～1 —F	约 $b/2$	F1 不可见轮廓线 F2 不可见过渡线
细点划线	～15 ～3 —G	约 $b/2$	G1 轴线 G2 对称中心线 G3 轨迹线 G4 节圆及节线
粗点划线	—·—·—J	b	有特殊要求的线或表面的表示线
双点划线	～15 ～5 —K	约 $b/2$	K1 相邻辅助零件的轮廓线 K2 极限位置和轮廓线 K3 坯料的轮廓线

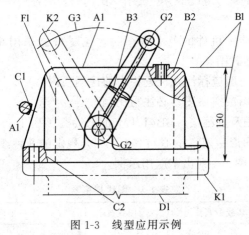

图 1-3 线型应用示例

　　图线分为粗、细两种。图线宽度的推荐系列为（mm）：0.18、0.25、0.35、0.5、0.7、1、1.4、2。粗线的宽度 b 优先采用0.5mm、0.7mm，细线的宽度约为 $b/2$。在同一图样中，同类图线的宽度应基本一致，虚线、点划线及双点划线的线段长短和间距大小靠目测控制，应各自大致相等。对于虚线、点划线、双点划线、间隔划线等的相交，应恰当地相交与画线处。

第二节 三 面 视 图

一、投影基本原理

在阳光或灯光照射下，物体会在地面上留下一个灰黑的影。这个影只能反映出物体的轮廓，却表达不出物体的形状和大小。人们根据生产活动的需要，对这种现象经过科学的抽象，总结出了影子和物体之间的几何关系，逐步形成了投影法，实现了在图纸上准确而全面地表达物体形状和大小的要求，解决了画图和识图的主要问题。

所谓投影法，就是投影线通过物体，向选定的面投射，并在该面上得到图形的方法。

投影法中，得到投影的面，称为投影面。

根据投影法所得到的图形，称为投影。

如图 1-4 所示，将一块长方形板 $ABCD$ 平行地放在平面 P 和光源 S 之间，自 S 分别向 A、B、C、D 引直线并延长，使它与平面 P 交于 a、b、c、d。平面 P 就称为投影面，S 称为投影中心，SAa、SBb、SCc、SDd 称为投影线，$\square abcd$ 即是空间 $\square ABCD$ 在平面 P 上的投影。这种投影线汇交一点的投影法，称为中心投影法。用中心投影法画出的图称为透视图，它具有较强的立体感，因而在建筑工程的外形设计中经常使用。但分析图 1-4 可知，此投影表现为近大远小，不能反映物体的真实形状和大小，因此在机械

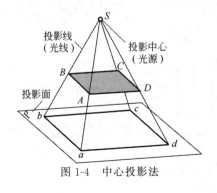

图 1-4　中心投影法

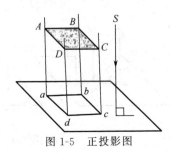

图 1-5　正投影图

和化工图样中较少使用。

当投影中心放在无穷远处，投影线相互平行，这时所得的投影就可避免出现近大远小的现象，其投影将反映被投物体的真实形状和大小，这种方法称为平行投影法。

二、正投影法及视图

在平行投影法中，当投影线垂直于投影面时，称为正投影法。根据正投影法所得到的图形，称为正投影或正投影图，如图 1-5 所示。

正投影法有很多优点，它能完整、真实地表达物体的形状和大小，不仅度量好，而且作图简便。因此，正投影法是机械工程中应用最广的一种图示法。用正投影法所绘制出物体的图形称为视图。

三、直线段和平面形的投影特性

物体的投影，就是组成该物体的线、面投影的总和，用眼睛观察物体画图，不但费事，有时还会因观察失误而画出不正确的图形。如果对物体先作线、面分析，并已掌握线、面正投影图的作法和基本性质，就可正确地画出物体的视图来。

1. 直线段的投影

直线的投影一般仍为直线，通过直线的两个端点作垂直于投影面的投影线，投影线与投影面的交点即为该直线两个端点的投影，连接两端点的投影，即得直线的投影，如图 1-6。

线段对于一个投影面的相对位置有平行、倾斜、垂直三种情况，其投影特性如下：

线段平行于投影面，投影反映真实长度，如图 1-6(a)；

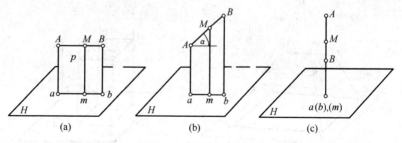

(a)　　　　　　　　(b)　　　　　　　　(c)

图 1-6　直线的投影特性

线段倾斜于投影面，投影变短，如图 1-6(b)；

线段垂直于投影面，投影积聚成为一个点，如图 1-6(c)。

2. 平面的投影

将平面的各条边界线的投影连接成线框，即得平面的投影，见图 1-5。

平面对于一个投影面的相对位置有平行、倾斜、垂直三种情况，其投影特性如下：

平面平行于投影面，投影成真实形；如图 1-7(a)；

平面倾斜于投影面，投影成为类似形，如图 1-7(b)；

平面垂直于投影面，投影积聚为线段，如图 1-7(c)。

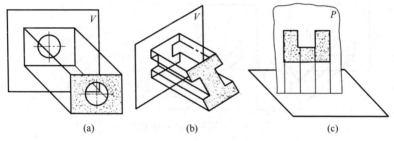

| (a) | (b) | (c) |

图 1-7 平面的投影特性

3. 投影举例

了解并掌握了线、面投影的基本特性，就可以先对物体进行面的分析，必要时也可以进行某些线的分析，从而得到该物体的投影图。例如，图 1-8(a) 中所示的物体，其中 1、2、3、5、7、9、10

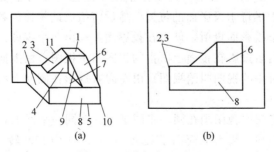

图 1-8 用分析方法画图

都为垂直于投影面的平面，其投影积聚成直线。4、8、11 都为平行于投影面的平面，其投影反映实形，平面 6 倾斜于投影面，其投影为类似形（矩形），较原形缩短。根据上述分析，便可正确地画出其一面的投影，即一个面的视图，如图 1-8(b)。

四、三视图

物体的一个投影不能确定物体的形状，如图 1-9 四个物体的投影所得视图完全相同。这说明仅有一个投影，一般是不能确定空间物体的形状和结构的。故在机械制图中采用多面正投影的方法，画出几个不同的投影，共同表达一个物体。工程上常采用三面视图，简称三视图。

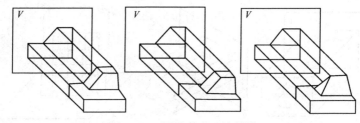

图 1-9 不同物体的一个投影

1. 三视图的形成及画法

如图 1-10(a) 所示，在垂直的三个投影面中，直立在观察者正对面的投影面叫做正立投影面，简称正面；水平位置的投影面叫做水平投影面，简称水平面；右侧的投影面叫做侧立投影面，简称侧面。

如图 1-10(b) 所示，把物体正放，即把物体的主要表面或对称平面置于平行于投影面的位置。然后将组成此物体的各几何要素分别向三个投影面投射，就可在投影面上画出三个视图。

由前向后投影在正面上所得的视图叫主视图；由上向下投影在水平面上所得的视图叫俯视图；由左向右投影在侧面上所得的视图叫左视图。

为了将三面视图画在同一张图纸上，即同一平面上，其方法是正面保持不动，将水平面向下旋转 90°，侧面向右旋转 90°，三个视图就随着投影面旋转而布置在同一平面上，如图 1-10(d) 所示。

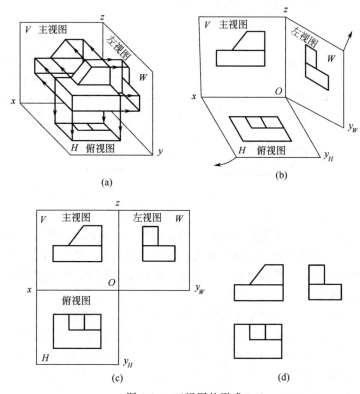

图 1-10 三视图的形成

它们之间的关系是以主视图为主，俯视图在主视图正下方，左视图在主视图的正右方。画三视图时，表示投影面的线框不画，视图的名称也不写出，但相对位置不得随便变动。

实际画图时，可先摆正物体，画出主动图，接着物体向下翻转 90°（或视线向上转 90°），画出俯视图，然后把物体恢复到画主视图位置，再向右翻转 90°（或视线向左下转 90°），画出左视图。

2. 三视图间关系

物体上每一点的三个投影都有一定的联系和规律，即点的正投影和水平投影同在一条铅垂线上，正投影和侧投影同在一条水平线上，由物体上所有点的水平投影作水平线与由其侧投影所作的铅垂线的交点同在一条斜45°线上，如图1-11。

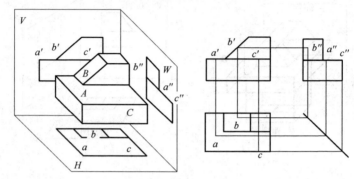

图 1-11 物体上点的投影

三视图的尺寸关系是可对相邻视图同一方向的尺寸相等，即左视图和俯视图中的相应投影长度相等，并且对正；主视图和左视图中的相应投影高度相等，并且平齐；俯视图和左视图中的相应投影宽度相等。

三视图方位关系是主视图和俯视图可以分出物体上各结构之间的左右位置；主视图和左视图可以分出物体上各结构之间的上下位置；俯视图和左视图靠近主视图的一面是物体的后面，另一面是物体的前面，如图1-12所示。

五、基本体与组合体的三视图

柱、锥、球、环等几何体是组成机件的基本形体，简称基本

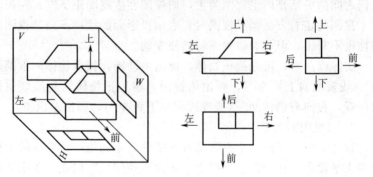

图 1-12 方位关系

体；而在实际生活中碰到的各种物体，大多数是由若干个基本体按一定方式组合而成，通常由两个或两个以上的基本体组成的形体，称为组合体。下面分别介绍它们的三视图和投影特点。

1. 基本体的三视图和投影特点

基本体的三视图和投影特点见表 1-5，必须注意回转体上回转面的投影特点，由于回转面是空间曲面，其投影中必须用粗实线画出曲面转向轮廓线，即曲面的可见部分与不可见部分的分界线。

表 1-5　基本体的三视图

平　面　立　体		回　转　体	
立体及其三视图	注示	立体及其三视图	注示
四棱柱 主视方向	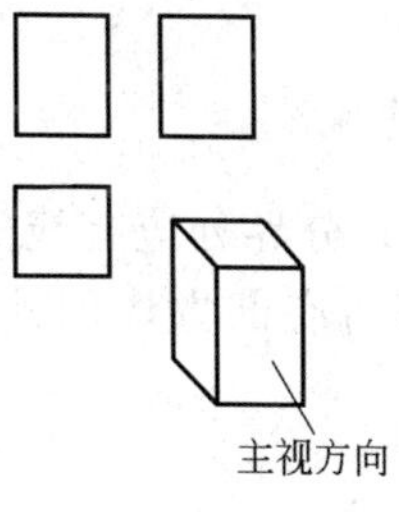 三个视图是矩形	圆柱 主视方向	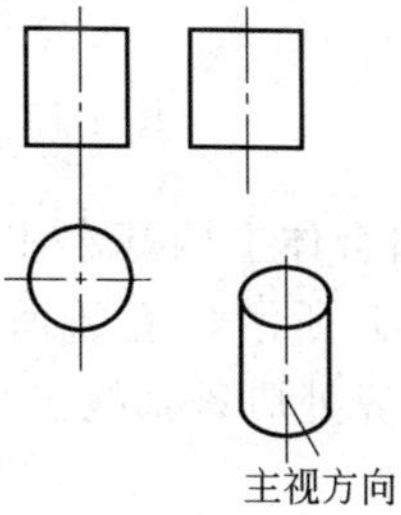 轴线垂直于水平投影面时，两个视图是矩形，一个是圆
四棱锥 主视方向	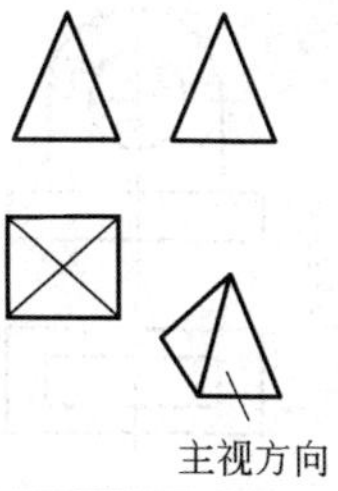 两个视图是三角形，一个视图是带对角线的矩形	圆锥 主视方向	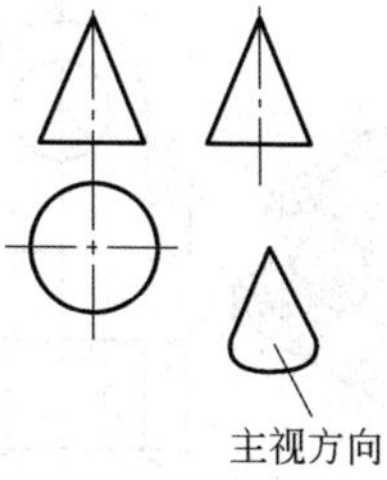 轴线垂直水平投影面时两个视图是三角形，一个视图是圆
六棱柱 主视方向	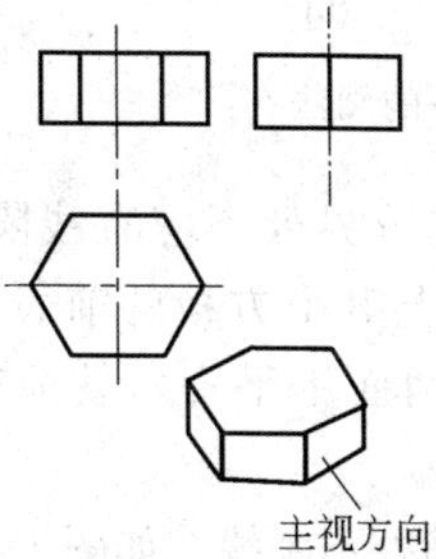 一个视图是三个矩形，一个视图是两个矩形，一个是正六边形	圆球	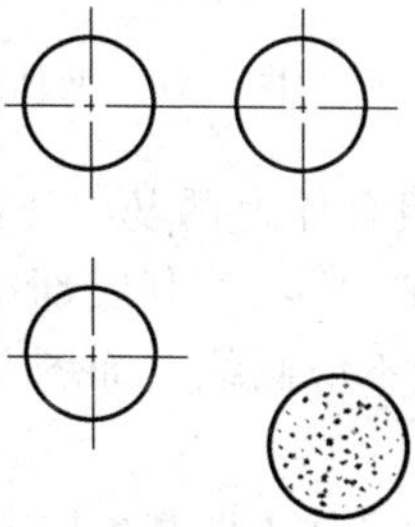 三个视图是等直径的圆

2. 组合体的三视图和投影特点

组合体是典型化与抽象化了的零件，学好组合体三视图的画法、尺寸标准和读图方法，是读、绘零件图的基础。组合体的组合形式，可粗略地分为叠加型、切割型和相贯型三种。

(1) 叠加型是两形体组合的基本形式，如图 1-13。画叠加组合体的视图时应注意以下几点。

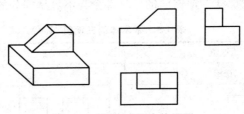

图 1-13　叠加式组合体视图

① 当组合体上两基本体的表面不平齐时，分界处应有线隔开。如图 1-14(b) 所示，上部梯形棱柱的前表面与底部方块的前表面不平齐，分界处应该画线。

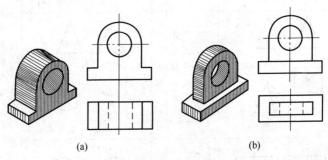

(a)　　　　　　　　　　　(b)

图 1-14　两体表面平齐与不平齐的画法

② 当组合体上两基本体的表面平齐时，分界处不应有线隔开。如图 1-14(a) 所示，其底部小方块的前表面与其上方板的前表面靠齐，分界处不应画线。而图 1-14(b)，上下两面不平齐，就应在交界处画线。

③ 当组合体上两基本体表面相切时，相切处不画线，如图 1-15。

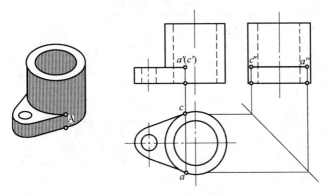

图 1-15 两基本体表面相切的画法

④ 当组合体上两基本体 A、B 表面相交时，在相交处应画交线，如图 1-16 所示。

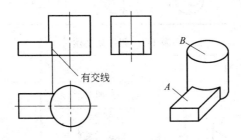

图 1-16 形体表面相交时的投影

（2）切割型是切去基本体的若干部分而形成的组合体。切割时基本体表面出现的交线称为截交线。画切割体三视图的关键在于求切割面与物体表面的截交线，以及切割面之间的交线，画图时应注意它们的画法。利用点、线、面的投影特点和规律画出截交线的投影，见表 1-6、表 1-7。

如图 1-17 所示的物体，可看作一个长方体切割两次后形成的。先画完整的长方体三视图，如图 1-17（a），再画左上方斜切口的三视图，如图 1-17（b），最后画右前方直切口的三视图，如图 1-17（c）。

表 1-6 圆锥截交线

截平面位置	垂直于轴线 $\theta=90°$	倾斜于轴线 $\theta>\alpha$	平行于一条素线 $\theta=\alpha$	平行于轴线，$\theta=0°$；不平行于素线，$\theta<\alpha$	过锥顶
截交线形状	圆	椭圆	抛物线	双曲线	直线（三角形）
轴测图	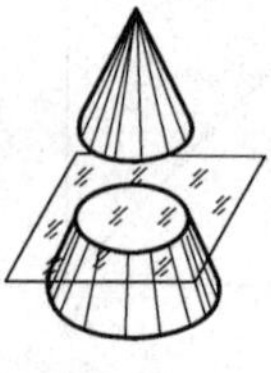	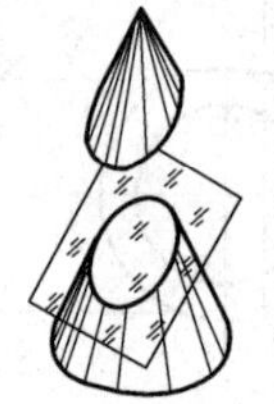		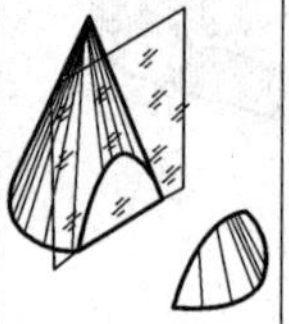	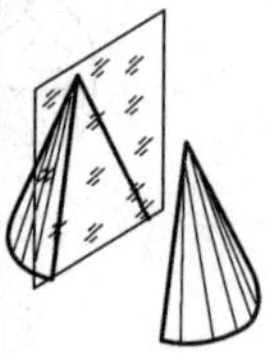
投影图	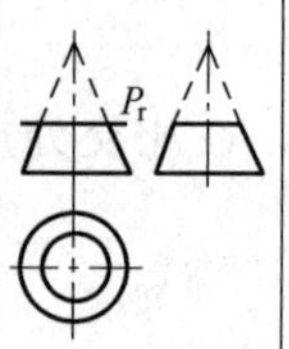	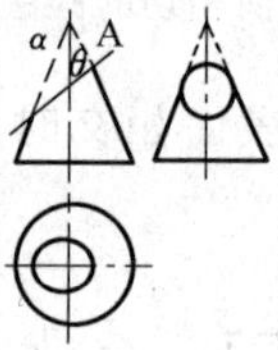	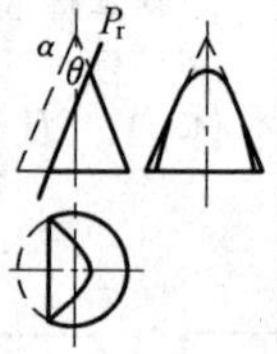	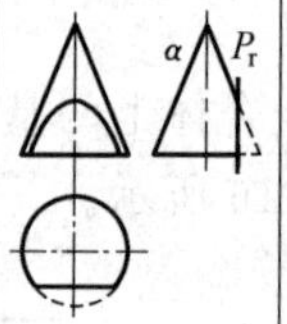	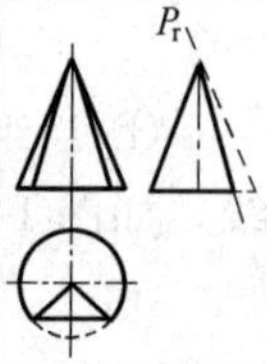

表 1-7 圆柱截交线

截平面位置	与轴线平行	与轴线垂直	与轴线倾斜
截交线形状	直线	圆	椭圆
轴测图	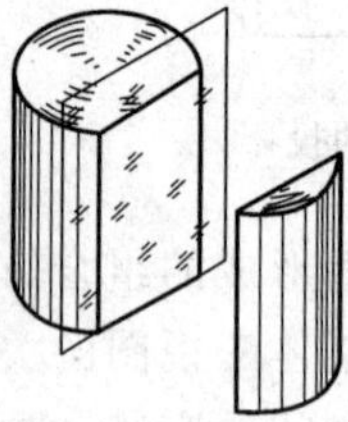	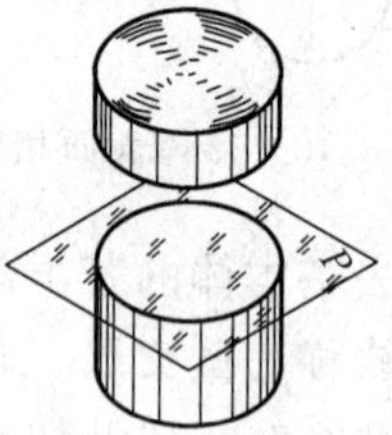	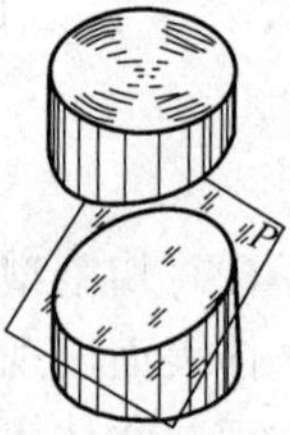
投影图	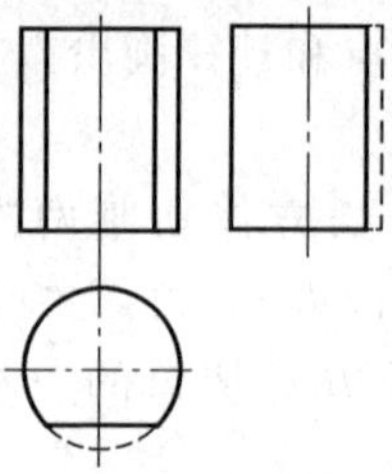	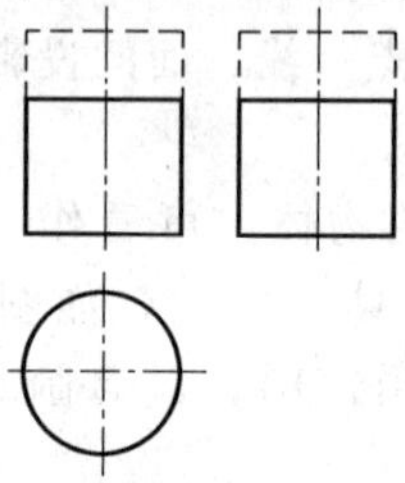	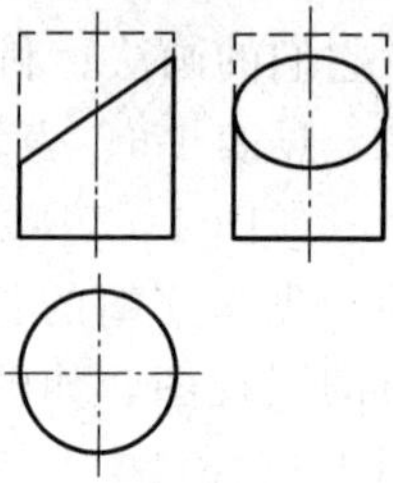

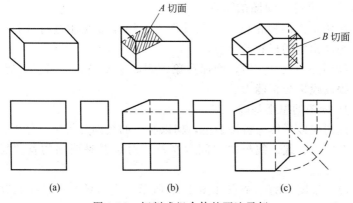

图 1-17 切割式组合体的画法示例

（3）相贯型是由两个基本体相贯而成的组合体，相贯体表面产生的交线称为相贯线。画图时要注意相贯线的投影形状，可用简化画法，即求出相贯线上三点作圆弧，代替非圆曲线，如图 1-18所示。

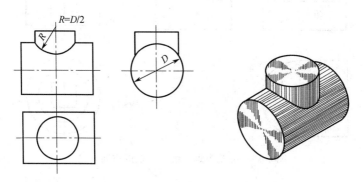

图 1-18 两圆柱相贯线的画法

实际的物体往往既有叠加又有切割、相贯，是几种形式综合而成的组合体。

画组合体视图常采用形体分析法，即假想把组合体分解成若干基本体，然后按基本体的视图画法，按上述组合形式的画法要求画出组合体的三视图。

六、组合体视图的试读

读图是人们根据已画出的视图，运用投影规律进行分析、判断，想象出空间形状的过程。

读图必须反复实践，增加形象积累，才能提高空间想象能力，同时提高投影分析能力。

1. 读图的思维基础

读图应以形体分析法为主，辅以必要的线面分析法。分析、判断视图中点、线、线框的空间含义及相对位置是读图的首要思维基础。

（1）视图中的一个点如图 1-19 所示，表示棱线、素线或其他线之间的交点，如 a'；也可表示形体上处于垂直于投影面位置的直线的积聚投影，如 a (a_1)，$a''(b'')$，m (m_1) 等。

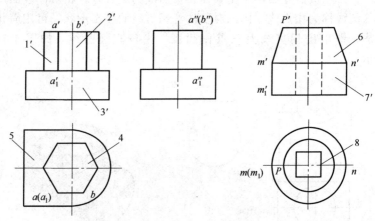

图 1-19 视图中点、线、线框的空间含义

（2）视图中的一条线

① 表示形体上面与面的交线。交线可以是直线或曲线，如图 1-19 中 $a'a_1'$，$m'n'$。

② 表示曲面体上轮廓素线，如图 1-19 中 $p'm'$，$m'm_1'$，分别是圆锥面轮廓素线和圆柱面轮廓素线。

③ 表示具有积聚性面的投影，如图 1-19 俯视图中各不同形状的线框。

（3）视图中的封闭线框视图中的每一个封闭线框，必表示形体上某一个表面的投影，表面可以是平面、曲面，或平面与曲面相切的面。

2. 读图的基本要领

读图的基本要领有如下几点。

① 必须将几个视图联系起来看，由于一个视图不能确定空间形体的形状，因此必须把所有视图联系起来，应用投影规律进行综合分析，才能想出空间形体的形状。

② 仔细分析视图中每一个封闭线框，区分各形体之间的相互位置关系。

视图中任何一个封闭线框表示一个表面，视图上出现几个相连框或线框中有线框时，应对照投影关系区别它们代表的表面之间前后、上下、左右和相交等位置，以帮助想象立体形状，如图 1-20。

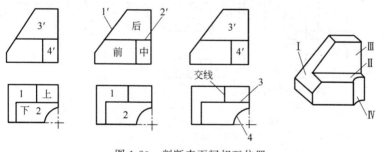

图 1-20　判断表面间相互位置

当线框所代表的表面平行于投影面时，线框具有真实形，否则就是类似形。

③ 该图过程中要把想象的形体反复与所给视图进行对照。

3. 组合体视图的读图方法

（1）形体分析法　形体分析法也是看图最主要的方法。运用形体分析法看图，关键在于掌握分解复杂图形的方法。因为只有将复杂的图形分解出几个简单图形来，才能通过对简单图形的识读加以综合，达到较快看懂复杂图形的目的。

看图的步骤如下。

① 抓住特征分部分，所谓特征，就是指物体的形状特征和组成物体的各基本形体间的位置特征。看图时，只要抓住特征，并从特征处入手，在其他两视图上找出其对应投影，就能较快地将物体的各个组成部分一个一个地分离出来。

以形状特征和位置特征分部分的图例，分别如图 1-21，图1-22 所示。从中看出，若不是这样分部分，而是从其他两个视图入手，分清组成部分就很困难了。如图 1-21(a) 中，若只看主、左两视图，除了底板的长、宽和厚度以外，其他形状就看不出来了。甚至有些图连组成部分的形状和位置都难以确定，如图 1-22(a) 中主、俯视图。

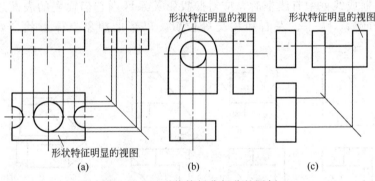

图 1-21 以形状特征分部分的图例

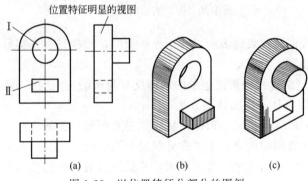

图 1-22 以位置特征分部分的图例

这里应注意一点，物体上每一组成部分的特征，并非总是全部集中在一个视图上。因此，在分部分时，无论哪个视图（一般以主视图为主），只要形状、位置特征有明显之处，就应从该视图入手，这样就能较快地将其分解成若干个组成部分。

② 对准投影想形状，依据"三等"规律，从反映特征部分的线框（代表该部分形体）出发，分别在其他两视图上对准投影，并想象出它们的形状。

③ 综合起来想整体，想出各组成部分形状后，再根据整体三视图想出它们之间的相对位置和组合形式，进而综合想象出该物体的整体形状。

（2）线面分析法　用线面分析法看图，就是运用投影规律，把物体表面分解为线、面等几何要素，通过识别这些要素的空间位置、形状，进而想象出物体的形状。看切割体的视图时，主要采用线面分析法，步骤如下：

① 从主视图（或其他视图）中分出若干个没有读懂的线框；

② 在其他视图中找出与这些线框对应的投影；

③ 根据线框的各对应投影想象表面的形状和位置。

举例如下。如图 1-23（b）用形体分析法可知该形体是切去几部分的四棱柱，现用线面分析法分析其细节。由主视图中分出线框

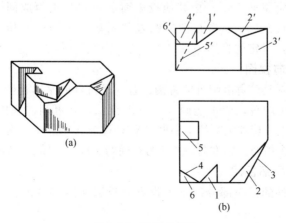

(a)

(b)

图 1-23　线面分析法

1′，在俯视图中找出与之对应的线框 1，它们的边数虽然相同，都是三角形，但线框 1′的直线边不是与线框 1 的直线边对应而是与三角形顶点对应，所以不是一个面的投影；线框 2′和 2 则将会对应条件，它们是一个一般位置平面三角形的投影；线框 3′在俯视图中没有对应线框就只能对应线段 3，所以它是一个铅垂面的投影；线框 4′与线框 5 是类似形，似乎可以对应，但 4′在形体的前上方，而 5 在物体的后上方，所以 4′与 5 不能对应；线框 4′与线框 6 不是类似形，线框 6 只能与线段 6′对应，它们为一个水平面的投影；线框 5 只能与虚线 5′对应，它们是一个向左倾斜的正垂面的投影。这样一分析此形体的各个细节形状就能正确地想象出来了，如图 1-23 (a) 所示。

第三节 视 图

一、基本视图

国家标准《机械制图》图样画法中规定用正六面体的六个面作为基本投影面，机件的图形按正投影法绘制，并采用第一角投影法（被画机件的位置在观察者与对应投影面之间）。物体向六个基本投影面投影所得到的六个视图称为基本视图。如图 1-24(a) 所示，投影后，规定正面不动，把其他投影面展开到与正面成同一个平面（图纸）。展开后，基本视图的配置关系如图 1-24(b) 所示，各视图间仍保持一定的投影关系。

二、向视图

向视图是可自由配置的视图，若一个机件的基本视图不按基本视图的规定配置，或不能画在一张图纸上，则可画向视图，这时，应在视图上方标注大写拉丁字母 "X"，称为 X 视图，在相应的视图附近用箭头指明投影方向，并注写相同的字母，如图 1-24(d) 所示。

三、局部视图

将机件的某一部分向基本投影面投影所得的视图称为局部视图，如图 1-25 所示。

画局部视图时，一般应在局部视图上方标出视图的名称 "X

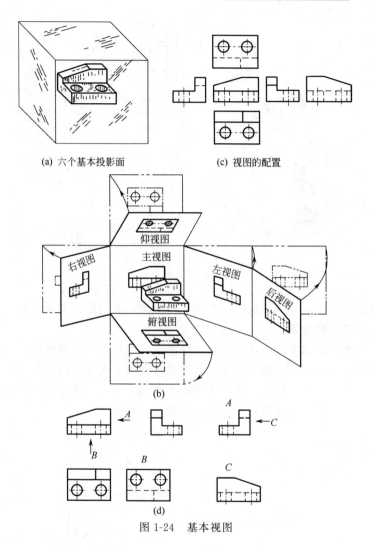

(a) 六个基本投影面

(c) 视图的配置

(b)

(d)

图 1-24　基本视图

向"，在相应视图的附近。用箭头指明投射方向，并在箭头旁按水平方向注上相同的字母。

　　局部视图按投影关系配置，中间没有其他图形隔开时，可省略标注。

　　局部视图断裂处的边界线应以波浪线表示。当被表达部分的结

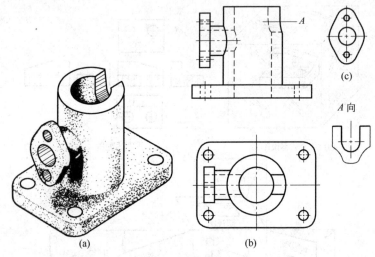

图 1-25 局部视图

构是完整的,其图形的外轮廓线成封闭的,波浪线可省略不画。

四、斜视图

机件向不平行于任何基本投影面的平面投影所得的视图称为斜视图。对于机件上某一部位,当在基本视图上无法反映倾斜结构表面的真实形状时,可设置一个辅助投影面,使它与倾斜表面平行,在该面上得到的视图称为斜视图,如图 1-26 所示。

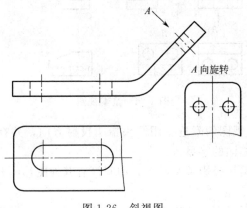

图 1-26 斜视图

　　斜视图只需要表达倾斜表面的局部实形，其断裂边界以波浪线表示。

　　画斜视图时，必须在斜视图的上方标出视图名称"X 向"，在相应的视图附近用箭头指明投射方向，并在箭头旁按水平方向注上同样的字母。

　　斜视图最好配置在箭头所指方向上，必要时也可配置在其他适当位置，在不致引起误解时，允许将图形旋转到与主标题栏无倾斜位置，并标注"X 向旋转"。

第四节　剖　视　图

　　当机件的内部结构比较复杂时，视图中的虚线就很多，这些虚线与虚线、虚线与实线之间相互交错重叠，大大地影响了图形的清晰度，既不利于画图，更不利于看图和标注尺寸。为此，对机件不可见的内部结构常采用剖视图来表达。

一、剖视图的概念

　　假想用剖切面剖开机件，将处在观察者和剖切面之间的部分移去，而将其余部分向投影面投射所得的图形，称为剖视图，如图1-27 所示。

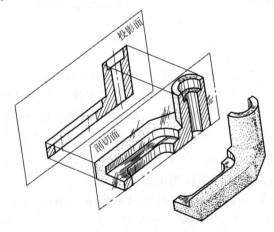

图 1-27　全剖视图

二、剖视图的种类

1. 全剖视图

用剖切平面完全地剖开机件所得的视图，称为全剖视图，如图 1-27 所示。

全剖视图用于表达内形复杂且其剖视图的形状不对称的机件。但外形简单且具有对称平面的机件（尤其是回转体），也常采用全剖视图。

2. 半剖视图

当机件具有对称平面时，在垂直于对称平面的投影上投射所得的图形，可以对称中心线为界，一半画成剖视，另一半画成视图，这种剖视图称为半剖视图，如图 1-28 所示。

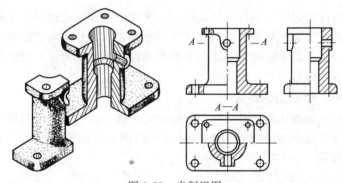

图 1-28　半剖视图

3. 局部剖视图

用剖切平面局部地剖开机件所得的剖视图，称为局部剖视图。如图 1-29 所示。作局部剖视图时，剖切平面的位置与范围应根据机件需要而决定，剖开部分与原视图之间用波浪线分开，波浪线表示机件断裂处的边界线的投影，因而波浪线应画在机件的实体部分，不能超出视图的轮廓线或与图样上其他图线相重合。

三、剖切位置与剖视图的标注

一般应在剖视图的上方用字母标出剖视图的名称"$X{-}X$"。在相应的视图上用剖切符号（粗短划）表示剖切位置，用箭头表示投影方向，并注上同样的字母，如图 1-29 所示。

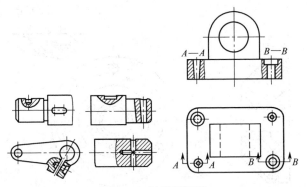

图 1-29　局部剖视图

　　当剖视图按投影关系配置，中间又没有其他图形隔开时，可省略箭头。

　　当单一剖切平面通过机件的对称平面或基本对称的平面，且剖视图按投影关系配置，中间又没有其他图形隔开时，可省略标注，如图 1-27 所示。

四、剖切面

　　为了适应机件的各种结构特点，在画剖视图时，应采用不同的剖切面。常用的剖切面种类和剖切方法有以下几种。

　　1. 单一剖切面

　　一般用平面剖切机件，也可用柱面剖切机件。用一个平行于某一基本投影面的平面剖开机件的方法应用较广，如图 1-28 所示。采用柱面剖切机件时，剖视图应按展开绘制，如图 1-30 中 $B—B$。

　　2. 两相交的剖切平面

　　用两相交的剖切平面（交线垂直于某一基本投影面）剖开机件的方法，称为旋转剖。采用这种方法画剖视图时，先假想按剖切位置剖开机件，然后将被剖切平面剖开的结构及其有关部分旋转到与选定的投影面平行后再进行投影，如图 1-31。这里强调的是先切开、后旋转、再投影，而不是将要表达的结构先旋转、后切开、再投影。在剖切平面后边的其他结构，一般仍按原来位置投影。如图 1-32。

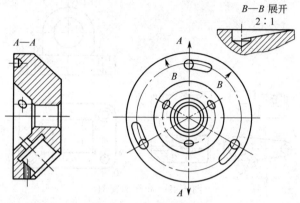

图 1-30 单一柱面剖视

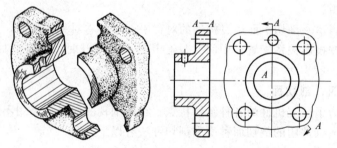

图 1-31 旋转剖视(一)

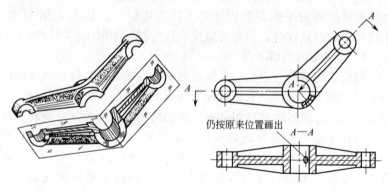

图 1-32 旋转剖视(二)

3. 几个平行的剖切平面

用几个平行的剖切平面剖开机件的方法，称为阶梯剖。

当机件上的一些孔、槽等内部结构的轴线或对称面位于互相平行的几个平面内时，可采用阶梯剖。采用阶梯剖画剖视图时应注意：首先，由于剖切是假想的，在剖视图上剖切平面转折处不应画线；其次，要选好剖切位置，在图形内不应出现不完整的要素。剖切平面的转折处也不应与图中的轮廓线重合，如图1-33。

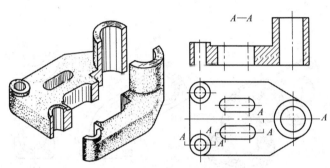

图 1-33　阶梯剖视

4. 组合的剖切平面

除旋转、阶梯剖以外，用组合的剖切平面剖开机件的方法，称为复合剖，如图1-34所示。

组合的剖切平面可以由平行和倾斜某一基本投影面，但同时都

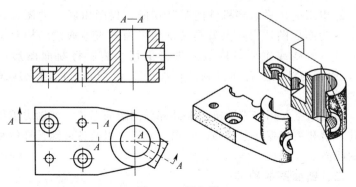

图 1-34　复合剖

垂直于另一基本投影面的若干剖切平面组成。由倾斜剖切平面剖切到的结构一般按旋转剖的方法绘制。

5. 不平行于任何基本投影面的剖切平面

用不平行于任何基本投影面的剖切平面剖开机件的方法，称为斜剖，如图1-34。斜剖视图应尽量配置在与投影有联系的地方，如图1-35（a）；必要时也可配置在其他适应地方，如图1-35（b）在不致引起误解时，允许旋转，标注形式为"$X—X$"旋转，如图1-35（c）所示。

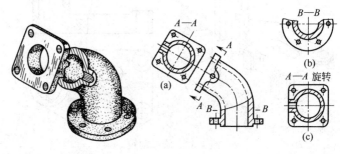

图 1-35　斜剖视

第五节　断　面　图

一、断面图的概念

假想用剖切平面将机件的某处切断，仅画出断面的图形，此图形称为断面图，实际上就是使剖切平面垂直地通过结构要素的中心线（轴线或主要轮廓线）进行剖切，然后将断面图形旋转90°，使其与纸面重合而得到的，如图1-35所示，断面上应画出剖面符号。

断面图主要用来表达机件上某部分的断面形状，如轴类零件上的孔、槽和某些零件上的肋、轮辐、筋板，以及各种细长杆件和型材的断面等。

二、断面图的种类

（1）移出断面　画在视图轮廓外的断面，称为移出断面。其轮

廓线用粗实线绘制，并应尽量配置在剖切符号或剖切平面迹线（剖
切平面与投影面的交线，用细点划线表示）的延长线上，如
图 1-36 所示。

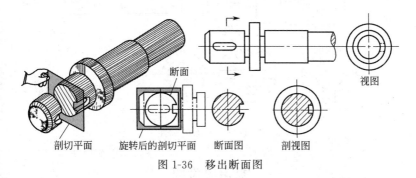

图 1-36　移出断面图

（2）重合断面　画在视图轮廓线内的断面，称为重合断面。它
的轮廓线用细实线绘制，当视图中的轮廓线与重合剖面的图形重叠
时，视图中的轮廓线仍应连续画出，不可间断，如图 1-37。

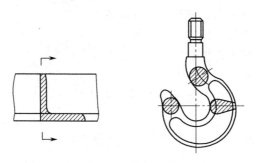

图 1-37　重合断面

三、断面图的标注

一般应标注移出断面图的名称"$X—X$"。在相应的视图上用
剖切符号表示剖切位置和投射方向，并标注相同的字母，如图1-38
所示。

不配置在剖切符号延长线的对称移出断面，如图 1-38 中的
$A—A$，以及按投影关系配置的不对称移出剖面，均可省略箭头。

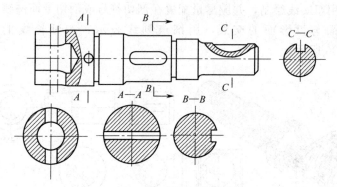

图 1-38 断面的标注

复习思考题

1. 图框的格式有哪几种？

2. 什么是投影法、何谓平行投影法，如何得到正投影图？

3. 一个平面垂直于投影面，投影为什么形状？

4. 何谓主视图、俯视图、左视图？

5. 什么是相贯线？

6. 国家标准机械制图图样画法中如何规定的基本投影面？

7. 什么是斜视图？

8. 为什么有时要采用剖视图来表达机件结构？剖视图分为哪几种？

9. 断面图主要用来表达什么？有几种？

第二章　化工设备图

第一节　化工设备图概述

化工设备是用于化工产品生产过程中的合成、分离、结晶、过滤、吸收等生产单元的装备和设备。常用的几种典型化工设备有容器、反应器、换热器和容器等，如图 2-1 所示。

一、化工设备的特点

从图 2-1 中可以看出，化工设备的结构、形状、大小虽各不相同，但可归纳其结构上的一些共同点。

（1）壳体以回转体为主　化工设备多为壳体容器，一般由钢板弯卷制成。设备的主体和零部件的结构形状，大部分以回转体（柱、锥、球）为主。

（2）尺寸大小相差悬殊　设备的总高与直径，设备的总体尺寸与壳体壁厚或其他细部结构尺寸大小相差悬殊。大尺寸大至几十米，小的只有几毫米。

（3）有较多的开孔和管口　根据化工工艺的需要，在设备壳体的轴向和周向位置上，有较多的开孔和管口，用以安装各种零部件和联接管路。

（4）大量采用焊接结构　化工设备焊接结构多是一个突出的特点，设备壳体和许多零件大都是焊接成型，零部件之间的联接也广泛采用焊接的方法。

（5）广泛采用标准化零部件　化工设备上一些常用的零部件，大多已标准化、系列化，因此在设计中广泛采用标准零部件和通用零部件，如图 2-1 中人孔、液面计等。

化工设备图包括设备装配图、部件图和零件图。

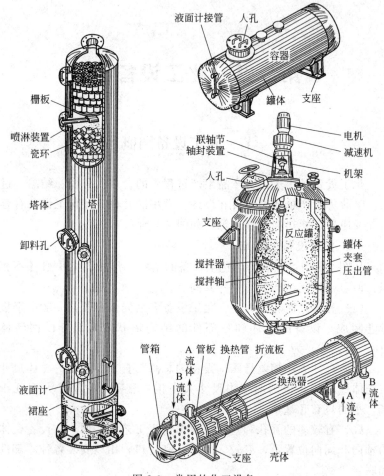

图 2-1 常用的化工设备

二、化工设备装配图

它是指导化工设备的制造、装配、安装、检验等工作的主要图样（见图 2-2），应包括以下几方面的内容：

（1）一组视图 用以表达设备的结构、形状和零部件之间的装配联接关系；

（2）必要的尺寸 用以表达设备的大小、性能、规格、装配和安装等尺寸数据；

（3）管口符号和管口表 对设备上所有的管口按字母顺序编号，并在管口表中列出各管口有关数据和用途等内容；

（4）技术特性表和技术要求 用表格形式列出设备的主要工艺特性，如操作压力、温度、物料名称、设备容积等；用文字说明设备在制造、检验、安装等方面的要求；

（5）明细栏及标题栏 对设备上的所有零部件进行编号，并在明细栏中填写每一零部件的名称、规格、材料、数量及有关标准号或图号等内容，标题栏用以填写设备名称、主要规格、比例、设计单位、图号及责任者等内容。

三、部件装配图及零件图

部件是由若干零件装配而成的独立组成部分，部件装配图是表示其结构、装配关系、加工检验等的图样。零件图是表示零件的形状、大小、技术要求等的图样，是制造、检验零件的依据。

第二节 视图的表达方法

一、基本视图的配置

由于化工设备的主体结构多为回转体，其基本视图常采用两个视图。立式设备通常采用主、俯两个基本视图；卧式设备通常采用主、左或右视图，如图 2-2 所示。主视图一般采用全剖视。

对于形体狭长的设备，当主、俯（或主、左）视图难于安排在基本视图位置时，可以将俯（左）视图配置在图纸的其他空白处，注明"俯（左）视图"或"X 向"等字样。

某些结构形状简单、在装配图上易于表达清楚的零部件，其零件图可与装配图画在同一张图纸上。

二、局部结构放大画法

由于化工设备的各部分结构尺寸相差悬殊，按总体尺寸所选定的绘图比例，往往无法同时将细部结构表达清楚。因此，化工设备图中较多地使用了局部放大图和夸大画法来表达这些细部结构并标注尺寸。

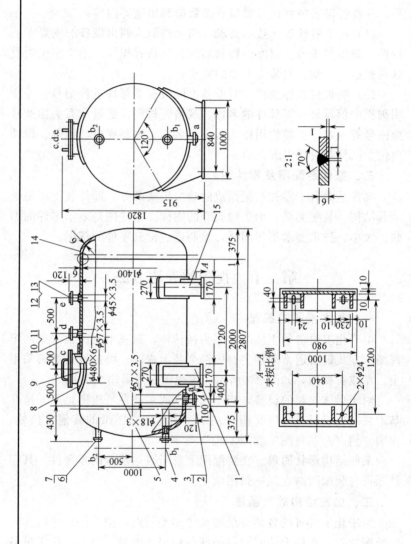

序号	图号或标准号	名称	数量	材料	备注
15	JB/T 4712—2007	鞍座 BI 1400-S	1	Q235-A·F	
14	GB/T 25198—2010	椭圆封头 DN 1400×3.5	2	Q235-A·F	l=130
13		接管 φ45×3.5	1	10	
12	HG/T 20592—2009	法兰 40-25	1	Q235-A	
11		接管 φ	1	10	l=130
10	HG/T 20592—2009	法兰 50-25	1	Q 235-A	
9	HG/T 21515—2005	人孔 DN450	1	Q235-A·F	
8	JB/T 4736—2002	补强圈 DN450×6-A	1	Q235-B	
7		接管 φ18×3	2	10	
6	HG/T 20592—2009	法兰 15-16	2	10	
5		筒体 DN 1400×6	1	Q235-A	H=2000
4	HG 21592—1995	液面计 R6-1	1		l=1000
3	HG/T 20592—2009	接管 φ57×3.5	1	10	l=125
2	HG/T 20592—2009	法兰 50-25	1	Q235-A	
1	JB/T 4712—2007	鞍座 BI 1400-F	1	Q235-A·F	

制图			
设计		比例	材料
描图			质量
审核		第　张　共　张	

贮罐

$\phi 1400 V_g = 3.9 \text{m}^3$

图 2-2　设备图——贮罐

管口表

符号	公称尺寸	联接尺寸标准	联接口形式	用途或名称
a	50	HG/T 20592—2009	平面	出料口
b₁,b₂	15	HG/T 20592—2009	平面	液面计接口
c	450	HG/T 21515—2005		人孔
d	50	HG/T 20592—2009	平面	进料口
e	40	HG/T 20592—2009	平面	排气口

技术特性表

工作压力/MPa	常压	工作温度/℃	20~60
设计压力/MPa		设计温度/℃	
物料名称		腐蚀裕度/mm	0.5
焊缝系数 φ		容积/m³	3
容器类别	第 I 类		

技　术　要　求

1. 本设备按 GB 150—2011《压力容器》进行制造、试验和验收。
2. 本设备全部采用电焊焊接，焊条型号为 E4303。焊接头的型式，按 HG/T 20583—2011 规定。法兰焊接按相应标准。
3. 设备制成后，作 0.15MPa 水压试验。
4. 表面涂铁红色酚醛底漆。

局部放大图又称节点详图，其画法和要求与机械制图中局部放大图的画法和要求基本相同（图2-2）。

对于化工设备的壁厚、垫片、挡板、折流板及管壁厚等，在绘图比例缩小较多时，其厚度一般无法画出，可采用夸大画法，即不按比例，适当夸大地画出它们的厚度，如图2-2中容器的壁厚。

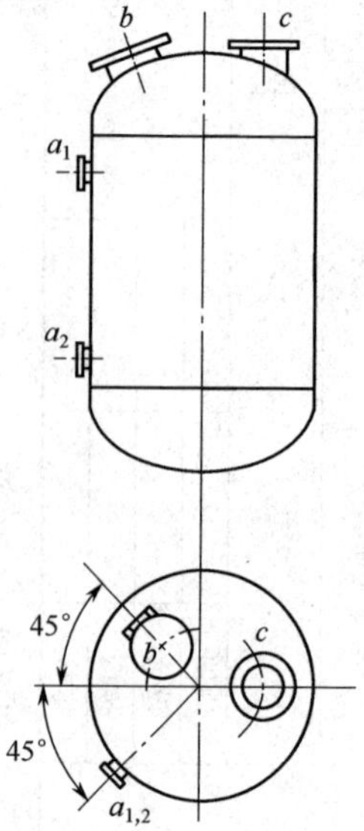

三、结构多次旋转的画法

设备壳体周围分布着众多的管口及其他附件，为了在主视图上清楚地表示它们的结构、形状及位置高度，主视图可采用多次旋转的表达方法。即假想将设备周向分布的接管及其他附件分别旋转到与主视图所在的投影相平行的位置，然后进行投射，得到视图或剖视图，如图2-3所示。图中人孔 b 是按逆时针方向旋转45°，液压计（a_1,a_2）是按顺时针方向旋转45°之后画出的。

图 2-3 多次旋转
的表达方法

四、管口方位图和管口表

化工设备壳体上众多的管口和附件方位的确定，在设备的制造、安装等方面都是至关重要的，必须在图样中表达清楚。图2-2中左视图已将各管口的方位表达清楚了，可不必画出管口方位图。

如果设备上各管口或附件的结构形状已在主视图上（或其他视图）表达清楚时，则设备的俯（左）视图可简化成方位图的形式，如图2-4所示。

在管口方位图中，用中心线表明管口的位置，用粗实线示意画出设备管口。在主视图和方位图上标

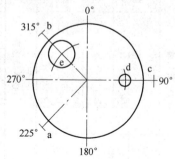

图 2-4 管口方位图

明相同的英文小写字母。在图样中要列出管口表。

在管口表中，应按管口代号 a，b……顺序填写各管口的规划、法兰密封面型式、标准和接管用途等（如图 2-2 所示）。

五、标准件与重复结构的简化画法

化工设备上的标准件，如液面计、视镜、手孔、支座等，在化工设备图中常用简化的示意图或符号表示，如图 2-2 中贮罐液面计、支座等。外购零部件在化工设备图中，只需根据主要尺寸按比例用粗实线画出其外形轮廓简图，如图 2-5 所示，同时在明细栏中注写其名称、规格、主要性能参数和"外购"字样等。

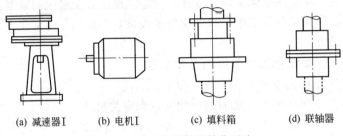

(a) 减速器Ⅰ　　(b) 电机Ⅰ　　(c) 填料箱　　(d) 联轴器

图 2-5　外购零部件的简化画法

对于设备上的重复结构可采用简化画法。如图 2-2 中各连接法兰的螺栓连接件用点划线表示；列管式换热器中的管束，在作剖视的主视图中只画一两根，其余用点划线表示。

六、零部件序号、技术特性表和技术要求

化工设备图上零部件序号的编写方法与一般机械装配图一样，不过对部件只需编一个序号，而在明细表中注明"组合件"字样和部件的标准号或部件装配图号。

技术特性表是表明该设备重要技术特性指标的一种表格，一般放在管口表的上方，主要说明工作压力、工作温度、物料名称、换热面积、容器类别等参数，如图 2-2 所示。

化工设备图上的技术要求内容如下。

（1）通用技术条件　通用技术条件是同类化工设备在制造（机加工和焊接）、装配、检验等诸方面的技术规范，已形成标准。在技术要求中直接引用。

（2）焊接要求 焊接工艺在化工设备制造中应用广泛，在技术要求中，通常对焊接方法、焊条、焊剂等提出要求。

（3）设备的检验 一般对立体设备水压和气密性进行试验，对焊缝进行探伤等。

（4）其他要求 设备在机加工、装配、保温、防腐、运输、安装等方面的要求。

第三节 化工设备图的阅读

化工设备图是化工设备设计、制造、使用和维修中的重要技术文件，作为从事化工生产的专业技术人员，必须具备阅读化工设备图的能力。

一、阅读化工设备图的基本要求

① 了解设备的性能、作用和工作原理。

② 了解各零部件之间的装配关系和有关尺寸。

③ 了解设备零部件的形状、结构和作用，进而了解整个设备的结构。

④ 了解设备在设计、制造、检验和安装等方面的技术要求。

二、阅读化工设备图的一般方法和步骤

阅读化工设备图，一般可按下列方法步骤进行。

（1）概括了解 看标题栏，了解设备名称、规格、绘图比例等内容；看明细栏，了解设备各零部件和接管的名称、数量等内容；了解图面上各部分内容的布置情况，概括了解设备的管口表、技术特性表及技术要求等基本情况。

（2）视图分析 通过看图，分析设备图上共有多少个视图，哪些是基本视图，哪些是辅助视图，各视图都采用了哪些表达方法，各视图及表达方法的作用是什么等。

（3）零部件分析 以设备的主视图为中心，结合其他视图，对照明细栏中的序号，将零部件逐一从视图中找出，分析其结构、形状、尺寸、与主体或其他零部件的装配关系。对标准化部件，应查阅相关的标准。同时对设备图上的各类尺寸及代号进行分析，弄清

它们的作用和含义。

(4) 归纳总结 通过对视图和零部件的分析，按零部件在设备中的位置及给定的装配关系，加以综合想象，从而获得一个完整的设备形象。同时结合有关技术资料，进一步了解设备的结构特点、工作特性和操作原理。

三、读图举例

图 2-6 是再沸器的总装图，读图分析如下。

1. 概括了解

从标题栏中可知，该设备是脱乙烷塔再沸器。从设计制造与检验主要数据表可知其壳程工作压力为 0.6MPa，管程工作压力为 2.73MPa，壳程设计温度为 230℃，管程设计温度为 110℃，壳程工作介质为蒸汽，管程工作介质为 C_6 以上重组分，设计制造检验所遵循的标准主要有 GB 151、GB 150、NB/T 47013 等，设备的换热面积为 $15m^2$，换热管规格为 $\phi25\times2.5\times2000$，设备的结构型式为 BEM 型，还有一些其他的设计参数及制造检验、技术要求等。从明细栏可知，该设备共编制了 28 个零部件编号，其中包括若干种标准件。从管口表可知，该设备有 a、b、c、d、e 共 5 个管口，其用途如管口表所列。

2. 视图分析

设备图用一个主视图、一个俯视图，同时为表达一些局部结构还采用了局部放大图。主视图采用大面积剖视的方法表达了再沸器的主要内外结构型式以及各接管的装配情况。

俯视图主要表达各管口的周向方位和支座位置分布。

局部放大图Ⅰ表达了换热管（件号 22）与管板Ⅰ（件号 5）的连接方式，局部放大图Ⅱ表达了拉杆（件号 24）与管板Ⅰ（件号 5）的连接方式，局部放大图Ⅲ表达了管板Ⅱ（件号 17）与筒体（件号 8）和管箱Ⅱ（件号 18）的连接方式，局部放大图Ⅳ表达了连杆与折流板的连接方式。

设备图采用了 4 个焊接放大图表达焊接结构；采用了 1 个 A—A 局部剖视图表达半管与管板的焊接方式。

3. 零部件分析

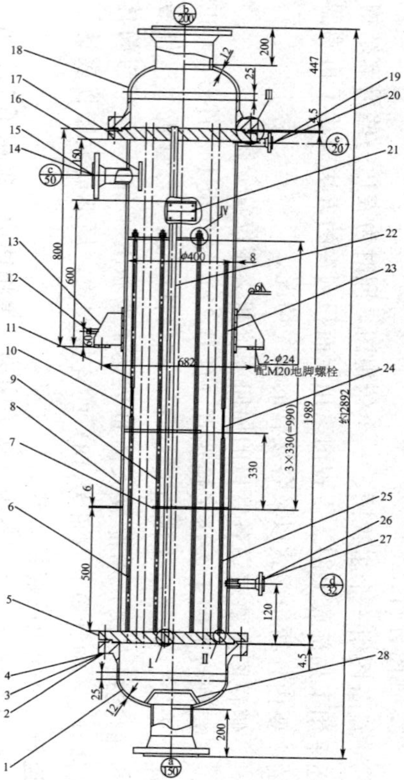

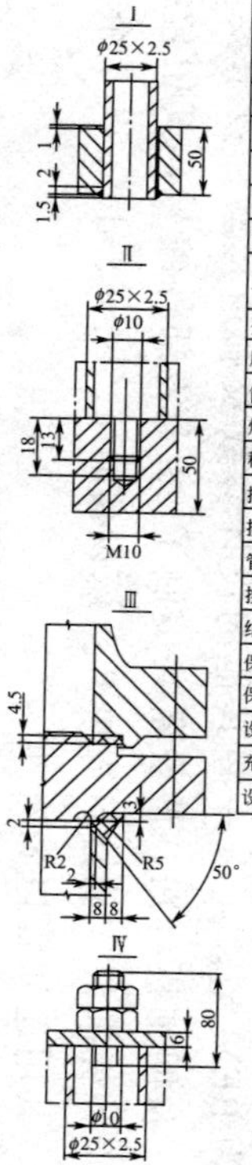

设计制造与检验主要数据表

设计参数		
容器类别	第Ⅱ类	
参数名称	壳程	管程
工作压力/MPa	0.6	2.73
设计压力/MPa	1.8	3.3
工作温度(进口/出口)/℃	180/165	66.7/66.7
设计温度/℃	230	110
工作介质	蒸汽	C_6以上重组分
介质特性		易燃易爆
腐蚀裕量/mm	1	2
筒体/封头材料	Q345R	Q345R
焊接接头系数 筒体/封头	0.85	0.85/1.0
程数	1	1
换热面积/m²	15	
换热管规格	φ25×2.5×2000	
管子与管板连接方式	强度焊	
换热器级别	Ⅰ级	
结构型式	BEM	
保温层厚度/mm	100	
保温层材料		
设备净重/kg	815	
充水后重量/kg	930	
设计使用寿命/年	8	

设计制造与检验所遵循的标准规定	
TSG R004-2009	《固定式压力容器安全技术检查规程》
GB151-2014	《管壳式换热器》
GB150.1~150.4-2011	《压力容器》
NB/T47015-2011	《压力容器焊接规程》
NB/T47013-2015	《承压设备无损检测》
NB/T47018.1~7-2011	《压力容器用焊材订货技术条件》

制造与检验要求				
推荐焊材	×与×间的焊接		焊条牌号	焊丝牌号
	Q345R&Q345R		J507	
	Q345R&Q235-A		J427	
	Q235-A&Q235-A		J427	
无损检测	焊缝种类	检测长度/%	检测方法	合格级别
	壳程 A B	20	RT	Ⅲ
	壳程 C D			
	管程 A B	20	RT	Ⅲ
	管程 C D		MT	Ⅰ
试验	试验种类		壳程	管程
	水压试验压力/MPa		2.25	4.13
	气密性试验压力/MPa		/	3.3
其它	热处理			管箱热处理
	酸洗钝化处理		/	/
	铭牌座，接地板，吊耳，管口，支座方位		见管口方位图	
油漆，包装和运输要求			JB/T4711-2003	

技术要求

1.焊接接头的型式及尺寸除图中注明外，按HG/T 20583-2011中规定
2.管板密封面应与壳体轴线垂直 其公差为0.25mm
3.换热管与管板焊接采用氩弧焊，焊接两遍
4.换热管外径公差为±0.2壁厚偏差为+12%

管口表

符号	公称尺寸	连接尺寸标准	法兰类型及密封面型式	密封面至设备中心线或封头切线的距离	用途
a	150	HG/T 20592 PN4.0	WN/FM	见图	物料入口
b	200	HG/T 20592 PN4.0	WN/FM	见图	物料出口
c	50	HG/T 20592 PN2.5	WN/RF	378	蒸汽入口
d	32	HG/T 20592 PN2.5	WN/RF	378	凝水出口
e	20	HG/T 20592 PN2.5	WN/RF	378	放空口

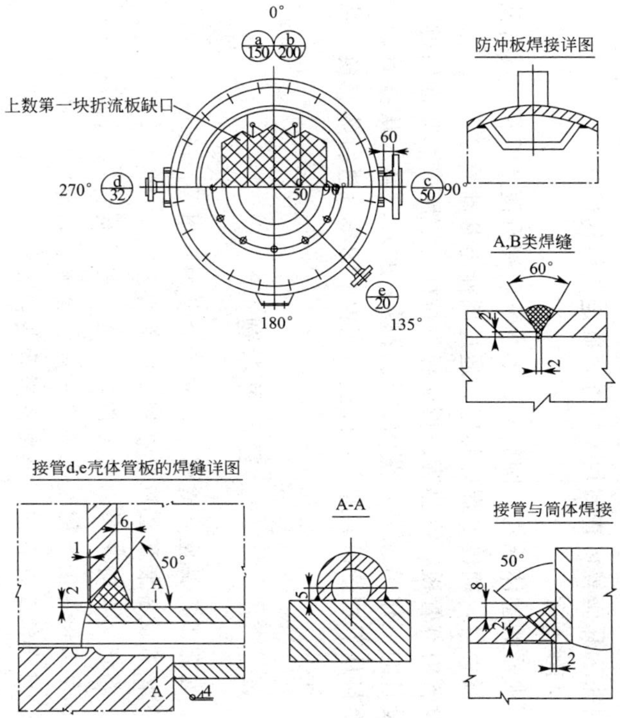

件号	图号或标准号	名称	数量	材料	单件	总重	备注
28	ZSH012-10	防冲挡板	1	Q235-A		1.87	
27	HG/T 20592	法兰 WN25(B)-2.5RF S=4	1	16MnⅢ	1.26	1.26	JB4726×2000
26	GB9948-2006	接管 φ32×4.5	5	20	0.44		L=138
25	GB/T8163-2008	定距管 φ25×2.5	1	20	0.7	3.5	L=500
24	ZSH012-9	拉杆 φ10	1	Q235-A	0.75		L=1210
23	GB41-2000	螺母 M10	12	Q235-A	0.008	0.096	
22	GB9948-2006	换热管 φ25×2.5	103	10	2.77	283.3	L=2000
21		铭牌	1	组合件			拉钢脚定
20	HG/T 20592	法兰 WN20(B)-2.5RF S=3.5	1	16MnⅢ	1.05		JB4726×2000
19	GB9948-2006	半管 φ25×3.5	1	20	0.26		L=138
18	ZSH012-8	管板Ⅱ	1	16MnⅢ		62	JB4726×2000
17	ZSH012-7	管板Ⅰ	1	16MnⅢ		91.2	
16	HG/T 20592	防冲挡板 B=4.5	1	Q235-A	1.36		JB4726×2000
15	GB9948-2006	法兰 WN50(B)-2.5RF S=6	1	16MnⅢ	3.11		JB4726×2000
14	GB9948-2006	接管 φ57×6	1	20	1.0		L=132
13	JB/T4712.3-2007	耳座 C1 热板厚6	2	Q235-A/JFQ345R	6.2	12.4	
12	ZSH012-5	接地板	2	S30408	0.27		
11	GB/T8163-2008	定距管 φ25×2.5	2	20	0.92	1.84	L=666
10	ZSH012-4	拉杆 φ10	5	Q235-A	0.95	4.75	L=1540
9	GB/T8163-2008	定距管 φ25×2.5	12	20	0.46	5.52	L=330
8	GB713-2008	筒体 DN400	1	Q345R	152.4		L=1893
7	ZSH012-3	折流板	4	Q235-A	3.8	15.2	L=836
6	GB/T8163-2008	定距管 φ25×2.5	1	20	1.16		L=836
5	ZSH012-2	管箱T	1	16MnⅢ		62	JB4726×2000
4	JB/T4705-2000	垫片 B-62-400-4.0	2	30CrMoA	0.09	7.2	
3	GB/T6170-2000	螺母 M24	80	35CrMoA	0.51	20.4	
2	JB/T4707-2000	螺柱 M24×150	40	组合件			
1	ZSH012-11	管箱T	1			85	

某某某公司

设计			配乙炔母液再沸器 装配图	项目	某某某项目
校对		签名	日期	位号	
审核				比例	
批准				图号	ZSH012-1

标记　处数　更改单号　签名　日期　　第　张　共　张

防冲挡板焊接详图

A,B类焊缝 60°

接管与筒体焊接 50°

A-A

接管d、e与壳体管板的焊缝详图 50°

图 2-6 再沸器总装图

设备主体由筒体（件号 8）、两个管箱（件号 1 和件号 18）和耳座（件号 13）焊接而成。筒体内径为 400mm，壁厚为 8mm，材料为 Q345R。

局部放大图Ⅲ显示的是筒体与管板的焊接结构和管板与管箱的连接结构。由于是固定管板壳式换热器，所以管板与筒体是焊接为一体的，同时管板兼带有法兰与管箱法兰连接。

换热管共有 103 根，主视图中用点画线表示密集的管束，俯视图显示换热管为等边三角形排列，换热管的两端与管板焊接。见局部放大图Ⅰ。

折流板分别用四种尺寸的定距管（件号 6、件号 9、件号 11 和件号 25）定距。定距管套在拉杆上，拉杆的下端用螺纹连接固定在管板Ⅰ（件号 5）上，拉杆的上端用螺母（件号 23）并紧。折流板数量为 4 块，间错安装排列。

其他零件的结构可按上述方法分析。对标准化零部件，如法兰、封头、耳座等可查阅相关标准，确定其结构形状。

4. 归纳总结

再沸器的主体结构为圆筒形，上、下两端有两个管箱。设备共有 5 个接管口，筒体上焊有耳座，通过螺栓与基础固定。

设备内有管板、换热管、折流板、拉杆、定距管、防冲挡板。

设备的工作情况是：蒸汽从接管口 c 进入，凝水从接管口 d 出，物料从下端管口 a 进入，经过和壳程中的蒸汽进行热交换，从接管口 b 出。

复习思考题

1. 在化工产品生产过程中，化工设备的作用是什么？

2. 化工设备装配图应包括哪几方面内容？

3. 为什么有时用局部放大图来表达一些结构？

4. 化工设备图上的技术要求一般包含哪些内容？

5. 阅读化工设备图一般要了解哪些内容？

第三章 化工工艺图

表达化工生产过程与联系的图样称为化工工艺图。它主要包括工艺流程图、设备布置图和管路布置图。这些图样都是化工工艺人员进行工艺设计的主要内容，也是化工厂进行工艺安装和指导生产的重要文件。

第一节 带控制点工艺流程图

带控制点工艺流程图又称工艺施工流程图，它是在方案流程图的基础上绘制的、内容较为详细的一种工艺流程图。这种流程图，应画出所有的生产设备和管路，以及各种仪表控制点和阀门等有关符号。它是设备布置图和管路布置图的设计依据，并可供施工安装和生产操作时参考。

一、工艺流程图内容

图 3-1 为空压站带控制点工艺流程图，从图中可以看出图样包括以下内容：

① 图形 各种设备的示意图和管路流程线，以及管件、阀门、仪表控制点等；

② 标注 注写设备位号及名称、管段编号、控制点代号及必要的数据等；

③ 图例 表示管件、阀门、控制点及其他标注的说明等；

④ 标题栏 注写图名、图号等。

二、设备的画法与标注

（1）设备的画法 设备按一定比例根据流程从左至右用细实线画出其外形或剖视示意图形；各设备之间要留有适当距离，以布置联接管路；对两个或两个以上的相同设备，一般应全部画出。

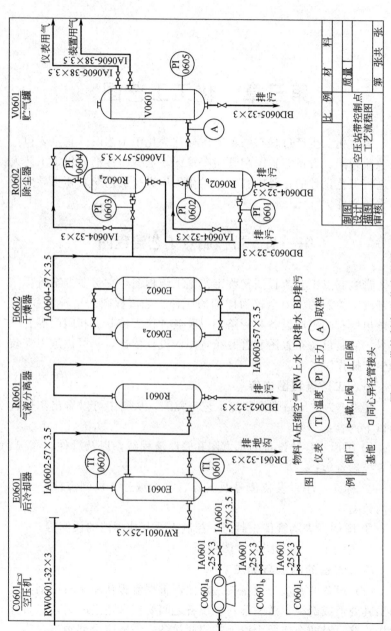

图 3-1 带控制点工艺流程图

（2）设备的标注 设备应按流程顺序标注位号和名称，位号由设备分类代号、工段序号和设备序号等组成，一般标在该设备图形的上方或下方，也可用指引线引出，注在设备图形旁的空白处，如图 3-1 所示。

三、管路的表示方法

管路用各种不同规格的图线来表示，如图 3-2 所示。

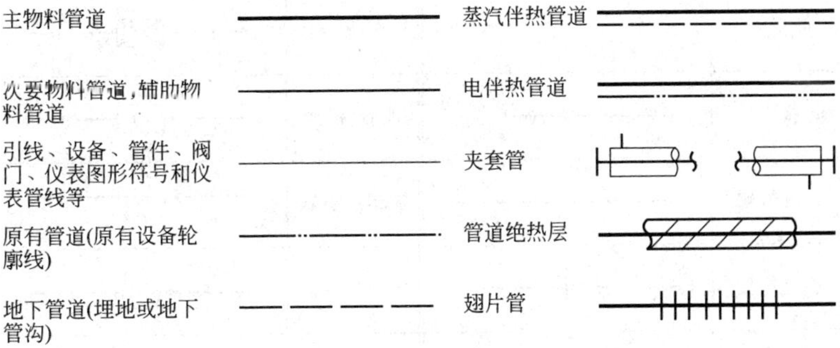

主物料管道	———	蒸汽伴热管道	═══════
必要物料管道,辅助物料管道	———	电伴热管道	══════
引线、设备、管件、阀门、仪表图形符号和仪表管线等	———	夹套管	
原有管道(原有设备轮廓线)	———	管道绝热层	
地下管道(埋地或地下管沟)	— — —	翅片管	

图 3-2 常用管路的线型规格

绘制管路时，应画成水平线和垂直线，不用斜线。遇管路交叉时，应将其中一条断开一段，断开处的间隙应为线粗的 5 倍左右。管路转弯时，一律画成直角。

标注内容一般包括物料代号、工段号、管段序号、管路外径和壁厚等内容，其标注格式如图 3-3(a) 所示；对于有隔热（或隔音）措施的管路，将隔热（或隔音）代号注在管径号之后，其标注格式如图 3-3(b) 所示。

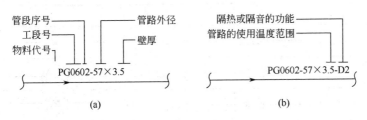

管段序号 管路外径
工段号 壁厚
物料代号
PG0602-57×3.5

隔热或隔音的功能
管路的使用温度范围
PG0602-57×3.5-D2

(a) (b)

图 3-3 管路的标注

四、管件与阀门的表示方法

管路上全部阀门和部分管件（如视镜、异径接头、盲板和下水漏斗等）的符号需用细实线画出，管路、管件的常用画法见表3-1、阀门的常见画法见表3-2。

表3-1　管路、管件的常用画法

名　称	图　例	名　称	图　例
喷淋管		阻火器	
焊接连接		视镜、视钟	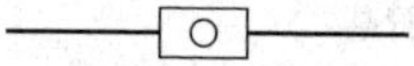
螺纹管帽		Y型过滤器	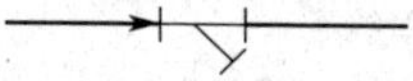
法兰连接	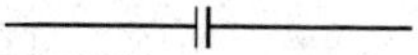	锥型过滤器	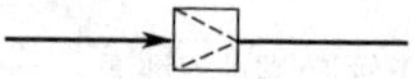
软管接头		T型过滤器	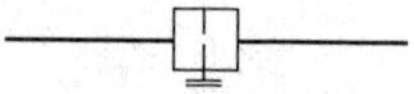
管端盲板		罐式（篮式）过滤器	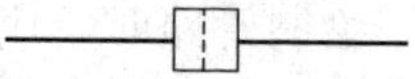
管端法兰（盖）		管道混合器	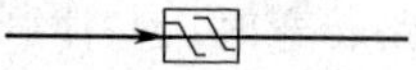
阀端法兰（盖）		膨胀节	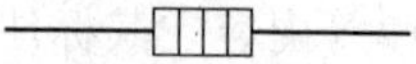

表3-2　阀门的常用画法

名　称	图　例	名　称	图　例
闸阀		旋塞阀	
截止阀		隔膜阀	
节流阀		四通旋塞阀	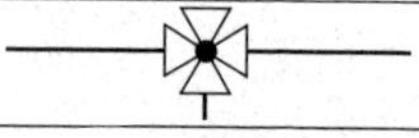
球阀	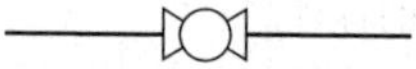	止回阀	

名　称	图　例	名　称	图　例
柱塞阀	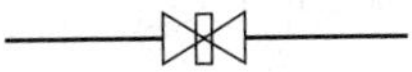	减压阀	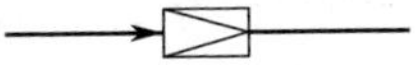
蝶阀	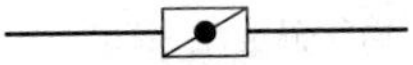	角式弹簧安全阀	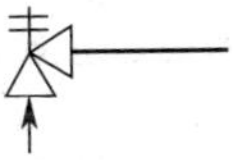

五、仪表控制点的表示方法

在施工流程图中，仪表控制点以细实线在相应的管路上并大致在安装位置用符号画出。

1. 参量代号（见表 3-3）

表 3-3　参量代号

参　量	代号	参　量	代号	参　量	代号
温度	T	重量	W	电导率	C
温差	TD	速度、频率	S	电流	I
压力	P	数量	Q	功率	J
压差	PD	水分或湿度	M	位置、尺寸	Z
流量	F	密度	D	电压	E
物位	L	分析	A		

2. 功能代号（见表 3-4）

表 3-4　功能代号

功　能	代　号	功　能	代　号
指示	I	视镜、观察	G
记录	R	灯	L
连接或测试点	F	孔板、限制	O
积算	Q	套管、取样器	W

3. 仪表控制点的符号（见表 3-5，用细实线绘制）

表 3-5 仪表控制点的符号

名 称	符号	名 称	符号
光纤传感探头	$\sim$	流量孔板	⫼
就地安装仪表	○	多孔孔板	⊛
机组盘或就地仪表盘安装仪表	⊝	涡轮流量计	▯
控制室仪表盘安装仪表	⊖	容积式流量计	⊳⊲
处理两个参量相同（或不同）功能的复式仪表	◌○	声波流量计	⊐
位于现场控制盘/台正面	⊜	内浮筒液位计	▯

六、带控制点工艺流程图的阅读

阅读带控制点工艺流程图的目的是了解和掌握物料的工艺流程，设备的数量、名称和位号，管路的编号和规格，阀门及控制点的部位和名称等，以便在管路安装和工艺操作中，做到心中有数。现以图 3-1 为例，介绍阅读带控制点工艺流程图的方法和步骤。

1. 掌握设备的名称、数量及位号

从图 3-1 中可看出，空压站的工艺设备共有十台，其中有相同型号的空气压缩机三台（$C0601_{a\sim c}$），一台后冷却器（E0601），一台气液分离器（R0601），二台干燥器（$E0602_{a\sim b}$），二台除尘器（$R0602_{a\sim b}$），一台贮气罐（V0601）。

2. 了解主要物料的工艺流程

从空压机出来的压缩空气，经测温点 $\overset{T1}{\underset{0601}{}}$ 进入后冷却器。冷却后的压缩空气经测温 $\overset{T1}{\underset{0602}{}}$ 进入气液分离器。除去油和水的压缩空气经取样点进入贮气罐后，送至外管路。

3. 了解其他物料的工艺流程

冷却水沿管路（RW0601-25×3）经截止阀进入后冷却器，与温度较高的压缩空气进行换热后，经管路（DR0602-32×3）排入地沟。

4. 了解阀门及控制点的情况

从图中可以看出，阀门主要有两种，一种是止回阀，共有五个，分别装在空压机出口和干燥器出口处，其他都是截止阀。

仪表控制点共有七处：其中温度显示仪两块，压力显示仪表五块。这些仪表均采取就地安装的方式安装。

第二节　设备布置图

工艺流程设计所确定的全部设备，必须根据生产工艺的要求和具体情况，在厂房建筑的内外合理布置，以满足生产的需要。这种用来表示设备与建筑物、设备与设备之间的相对位置，能直接指导设备安装的图样称为设备布置图。设备布置图是进行管路布置设计、绘制管路布置图的依据。

设备布置图与厂房建筑图有着密切的联系。因此，为了更好地阅读设备布置图，就必须懂得一些厂房建筑图的基本知识。

一、厂房建筑图简介

厂房建筑图按正投影原理绘制，图样表达了厂房建筑内部和外部的结构形状，按《建筑制图标准》规定，视图包括平面图、立面图、剖面图、详图等几种。

（1）平面图　平面图实际上是假想掀去屋顶的水平剖视图。多层建筑需分层绘制平面图（即假想掀去上层楼板或层顶的各层水平剖视图），以表示各层平面的结构形状。

（2）立面图　立面图是建筑物正面、侧面和后面的外形图，主要表达厂房建筑的外部形状。

（3）剖面图　剖面图是沿垂直方向剖切建筑物而画出的立面剖视图，表示厂房建筑内部高度方向的结构形状。

（4）详图　详图是局部放大图，用较大比例画出细部结构的视图。

图 3-4 为厂房构件名称，图 3-5 为图 3-4 的二层小厂房建筑图。表达建筑物正面外形的主视图为正立面图，并在图的下方注写"正立面图"字样，侧视图称为左或右侧立面图。若建筑图中仅有一个

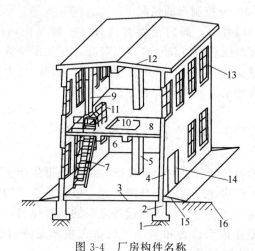

图 3-4 厂房构件名称

1—地基；2—基础；3—地板；4—墙；5—柱；6—梁；7—楼
梯；8—楼板；9—墙垛；10—孔洞；11—栏杆；12—屋盖；
13—窗；14—门；15—散水坡；16—室外地面

立面图（正、左和右立面图）时仅标"立面图"或"×—×立面
图"字样，见图 3-5。剖切平面的位置一般选择在能显露建筑物内
部比较复杂与典型的部位，并应通过门窗洞的位置，其标注方法见
图 3-5 中的 1—1、2—2 剖面图，并注写标高尺寸。

平面图中的线型粗细要分明。凡是被水平切平面剖切到的墙、
柱等，其截面轮廓用粗实线表示。门的开启线用中实线表示，其余
可见的轮廓线用细实线表示。平面图应在图的下方注写"平面图"
或"××层平面图"字样。在平面图中，对承重墙或柱的纵向定位
轴线从左向右用数字 1、2……标注，横向定位轴线由下往上用字
母 A、B……标注。

二、设备布置图

在厂房建筑图中以厂房的定位轴线为基准，按设备的安装位置
添加设备的图形，并标注其定位尺寸，即成为设备布置图。图 3-6
为空压站设备布置图，从中可以看出设备布置图一般包括以下几方
面的内容。

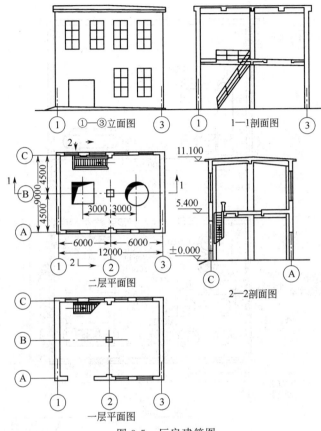

图 3-5 厂房建筑图

（1）一组视图 一组视图包括平面图和剖面图，表示厂房建筑的基本结构和设备在厂房内外的布置情况。

（2）尺寸及标注 设备布置图中一般要标注与设备定位有关的建筑物尺寸，建筑物与设备之间、设备与设备之间的定位尺寸（不注设备的定形尺寸）。同时还要标注厂房建筑定位轴线的编号、设备的名称和位号，以及注写必要的说明等。

（3）安装方位标 安装方位标也称设计北向标志，是确定设备安装方位的基准，一般将其画在图纸的右上方。

（4）标题栏注写图名、图号、比例、设计者等。

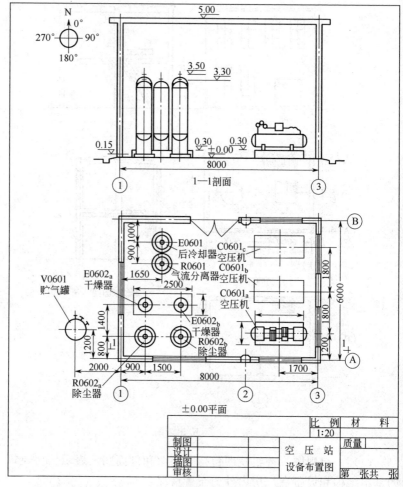

图 3-6　空压站设备布置图

第三节　管路布置图

　　管路布置图是用来表达管路的空间走向和重要配件及控制点安装位置的图样，又称配管图，是管路安装施工的重要依据。

　　对于管路布置图中的厂房建筑和设备外形一律用细实线画出。

由于化工生产装置范围较大，工艺复杂，管线较多，所以经常将管路布置图按工段（或工序）为单位，以较大的比例绘制，或者分别画出单位设备的配管图。下面以图 3-7 所示某化工厂空压站的管路布置图为例来介绍其内容、画法及阅读。

一、管路布置图的内容

由图 3-7 可以看出，管路布置图一般包括以下内容。

（1）一组视图　按正投影法，用一组平面图、剖面图，表达整个车间（装置）的设备，建筑物的简单轮廓以及管路、管件、阀门、仪表控制点等的布置安装情况。此例只画出了除尘器部分的安装情况。

（2）尺寸和标注　注出管路和部分管件、阀门、控制点等的平面位置尺寸和标高，对建筑物轴线的编号、设备位号、管段序号、控制点代号等进行标注。

（3）方位标　表示管路安装的方位基准。

（4）标题栏　注写图名、图号、比例、设计者等。

二、管路布置图的画法

管路布置图的绘图方法大致有以下几个步骤，以图 3-7 为例。

1. 确定表达方案

绘制管路布置图，应以施工流程图和设备布置图为依据。从除尘器部分所需表达的内容来看，选取一个 ±0.00 平面布置图和 2—2 剖面图即可表达清楚。

2. 确定比例，选择图幅，合理布图

表达方案确定以后，根据建筑物的大小及管路布置的复杂程度，选择恰当的比例和图幅，并进行视图布局。

3. 绘制视图

（1）画管路布置平面图

① 平面图的配置，一般应与设备布置图中的平面图一致。用细实线画出厂房平面图，其表达要求和画法基本与设备布置图相同。与管路布置无关的内容可以简化。

② 用细实线按比例画出设备的平面布置。所画的设备形状与设备布置图中的设备形状应基本相同。

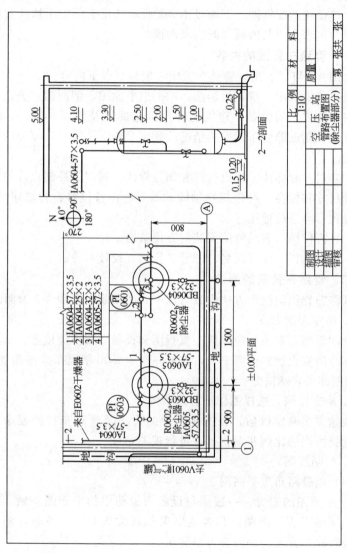

图 3-7 管路布置图

③ 画出管路上各管件、阀门、控制点的规定符号；根据管路线型规格和管路联接的规定画法，画出管路平面图。

（2）画管路布置剖面图

① 用细实线画出地平线以上的建筑和设备基础部分。

② 用细实线画出带管口的设备示意图。

③ 画出管路上各管件、阀门、控制点的规定符号；根据管路线型规格和管路联接的规定画法，画出管路剖面图。

（3）标注尺寸、编号及代号等

① 依次注出厂房定位轴线、标高尺寸；设备定位尺寸；管路定位尺寸。

② 依次注写管路的编号、规格和介质流向等。

（4）绘制方向标、标题栏及注写说明

在图纸的右上角或平面布置图的右上角画出方向标，作为管路安装的定向基准。绘制标题栏并注写必要的说明。

（5）校核

图纸画好后，要认真仔细校对，最后修改定稿。

三、管路布置图的阅读

管路布置图是在设备布置图上增加了管路布置情况的图样。管路布置图所解决的主要问题是如何用管道把设备联接起来。因此在阅读管路布置图之前，应通过施工流程图和设备布置图了解生产工艺过程和设备配置情况，进而搞清管路的布置情况。阅读管路布置图时，应以平面图为主，配合剖面图，逐一搞清管路的空间走向。现仍以图 3-7 为例，说明阅读管路布置图的大致步骤。

1. 概括了解

图 3-7 中的管路布置图只表示了与除尘器有关的管路布置情况，图中画出了两个视图，一个"±0.00 平面"图，一个"2—2 剖面"图，图样采用了 1∶10 的比例。

2. 详细分析

看懂管路的来龙去脉，根据施工流程图和设备布置图，找到起点设备和终点设备，从起点设备开始，按管路编号，逐条辨明走向、转弯和分支情况，对照平面图和剖面图，将其投影关系逐条弄清。

在看懂管路走向的基础上，以建筑定位轴线或地面、设备中心线、设备管口法兰为基准，在平面图上查出管路的水平定位尺寸，在剖面图上查出相应的安装标高，将管路的位置逐条查明。

图 3-8 是除尘器部分管路的轴测示意图，具体流程可分析如下。

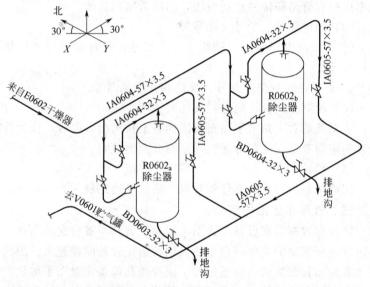

图 3-8 管路布置轴测示意图

由图 3-8 可以看出，来自干燥器 E0602 的管路 IA0604-57×3.5（标高为 4.10m），到达除尘器 R0602$_a$ 的左侧时分成两路：一路继续向右至另一方除尘器 R0602$_b$；另一路向下，在标高 2.00m 处又分成两路，一路继续向下，经过阀门（标高为 1.50m）后，在标高为 1.00m 处向右拐弯，经过同心异径管接头后与除尘器 R0602$_a$ 的管口相接，另一路（IA0604-32×3）向前至除尘器前后对称面时向上拐弯（标高为 2.00m），经过阀门（标高为 2.50m）后，到达标高为 4.10m 处向右拐弯，经过除尘器 R0602$_a$ 的顶端时，与来自除尘器的管路相连，然后继续向右，再拐弯向下，在标高为 0.25m 处拐弯向前，与来自除尘器 R0602$_b$ 的管路 IA0605-57×3.5 相接，出厂房后向上、向后拐弯去贮气罐 V0601。

除尘器底部的排污管 BD0604-32×3 至标高为 0.20m 处向前，穿过墙壁后排入地沟。

3. 检查总结

在所有管路全部分析完毕后，再综合地全面了解管路及附件的安装布置情况，检查有无错漏等问题。

复习思考题

1. 工艺流程图的图样一般包括哪些内容？
2. 工艺流程图中设备的画法应注意什么？
3. 阅读带控制点工艺流程图的目的是什么？
4. 画管路布置平面图应注意些什么？

第四章　化工设备常用材料

化工生产所需要的材料种类繁多，通常分为金属材料与非金属材料两大类。对于金属材料又有黑色金属和有色金属之分，黑色金属一般指钢和生铁，有色金属是指黑色金属以外的其他金属及其合金。而非金属材料主要有橡胶及塑料制品等（如聚乙烯管材、聚四氯乙烯）。各种材料由于内部结构与成分组织的不同，它们的性能和用途也各不相同。为了更经济、科学、合理地使用各种材料，就需要了解和掌握化工生产设备常用材料的一些基本知识。本章将简要地介绍材料的性能、化工常用材料的分类牌号和用途、化工设备的腐蚀及防护等基础知识。

第一节　金属材料及其性能

金属材料是化工生产过程中所使用的各种机器与设备的最主要材料，由于它具有制造机器所需要的物理、化学和力学性能，同时也具有良好的工艺性能，因而得到广泛的应用。下面将金属材料的各种性能分别介绍如下。

一、力学性能

金属及合金钢的力学性能是指力学性能而言，即它们受外力作用时所反映出来的性能。它是衡量金属材料的极其重要的指标，主要有：弹性、塑性、刚度、强度、硬度、冲击韧性和断裂韧性等。

1. 弹性和塑性

金属材料在外力作用下都会或多或少地产生变形。在使用金属材料时，除了变形的程度外，更值得注意的是当外力去掉后，变形能否恢复原状和恢复原状的程度。外力去掉后能恢复其原来形状的性能叫做弹性。随着外力消失而消失的变形，叫做弹性变形，其大小与外力成正比。而金属材料在外力作用下，产生永久变形而不致引起破坏的性能，叫做塑性。在外力消失后留下来的这部分不可恢复的变形，叫做塑性变形，其大小与外力不成正比。

弹性极限用 σ_e 表示，即为材料所能承受的、不产生永久变形的最大应力。屈服极限通常用 σ_s 来表示，它是金属材料从弹性状态转向塑性状态的标志，即为开始出现明显塑性变形时的应力。

金属材料的塑性通常用延伸率来表示，即

$$\delta = \frac{l - l_0}{l_0} \times 100\%$$

式中，δ 为延伸率；l_0 为试样原长度，mm；l 为试样受拉伸断裂后的长度，mm。

金属材料的塑性也可用断面收缩率 ψ 来表示，即

$$\psi = \frac{F_0 - F}{F} \times 100\%$$

式中，F_0 和 F 分别表示试样原来的和断裂后的截面积。

2. 脆性

脆性是指金属材料在外力作用下无明显的塑性变形即发生断裂的性质。

延伸率 δ 和断面收缩率 ψ 的数值越大，材料的塑性越好。一般把 $\delta \geqslant 5\%$ 的材料称为塑性材料（如低碳钢、纯铁、纯铜等），而把 $\delta < 5\%$ 的材料称为脆性材料（如灰铸铁等）。

3. 刚度

金属材料在受力时抵抗弹性变形的能力叫做刚度。在弹性范围内，应力与应变的比值叫做弹性模数，它相当于引起单位变形时所需要的应力。因此，金属材料的刚度常用弹性模数来衡量。弹性模数愈大，表示在一定应力作用下能发生的弹性变形愈小，也就是刚度愈大。

弹性模数的大小主要决定于金属材料本身，因此同一类材料中弹性模数的差别不大，例如钢和铸铁的弹性模数值约为 204000～214200MPa，基本一样。钢可以通过热处理来改变其组织，使强度和硬度发生很大变化，但是弹性模数不会发生明显的变化。因此，弹性模数被认为是金属材料最稳定的性质之一。

4. 强度

强度是金属材料在外力作用下抵抗塑性变形和断裂的能力。按照作用力性质的不同，可分为抗拉强度、抗压强度、抗弯强度、抗剪强度和抗扭强度等。在工程上常用来表示金属材料强度的指标有屈服强度和抗拉强度。

屈服强度就是金属材料发生屈服现象时的屈服极限，亦即抵抗微量塑性变形的应力。它可按下式计算：

$$\sigma_S = \frac{P_S}{F_0}$$

式中，P_S 为试样产生屈服现象时所承受的最大外力，N；F_0 为试样原来的截面积，m^2。

抗拉强度是金属材料在拉断前所能承受的最大应力，常以 σ_b 来表示。它可按下式计算：

$$\sigma_b = \frac{P_b}{F_0}$$

式中，P_b 为试样在断裂前的最大拉力，N；F_0 为试样原来的截面积，m^2。

通常，对于低碳钢一类的塑性材料常取屈服极限 σ_s 作为强度指标，而对于灰铸铁一类的脆性材料，则取抗拉强度 σ_b 作为强度指标。

5. 硬度

金属材料抵抗更硬的物体压入其内的能力，叫做硬度。它是材料性能的一个综合的物理量，表示金属材料在一个小的体积范围内抵抗弹性变形、塑性变形或破断的能力。

金属材料的硬度可用专门的仪器来测试，常用的有布氏硬度机、洛氏硬度机等。因此，常用的硬度指标有布氏硬度（HB）、洛氏硬度（HR）和维氏硬度（HV）等。

6. 冲击韧性

有些机器零件和工具在工作时要受到冲击作用，如蒸汽锤的锤杆、柴油机的曲轴、冲床的冲头等。由于瞬时的外力冲击作用所引起的变形和应力比静载荷的大得多，因此，在设计受冲击载荷的零件和工具时，必须考虑所用材料的冲击韧性。

金属材料抵抗冲击载荷作用下断裂的能力叫做冲击韧性。现在常用一次摆锤弯曲冲击试验来测定金属材料的冲击韧性，即把标准冲击试样（见 GB 229—63）一次击断，用试样缺口处单位截面积上的冲击功来表示冲击韧性，即：

$$a_k = \frac{A_k}{F}$$

式中，a_k 为冲击值，J/m^2；A_k 为折断试样所消耗的冲击功，J；F 为试样缺口处的原始截面积，m^2。

冲击值的大小与很多因素有关，不仅受试样形状、表面粗糙度、内部组织等的影响，还与试验时周围温度有关。因此，冲击值一般作为选择材料的参考，不直接用于强度计算。

7. 疲劳强度

在机械中有许多零件，如曲轴、齿轮、连杆、弹簧等，是在交变载荷的作用下工作的。这种受交变应力的零件发生断裂时的应力远低于该材料的屈服强度，这种破坏现象叫做疲劳破坏。据统计，约有 80% 的机件失效都可归咎于疲劳破坏。

金属材料在多次重复或交变载荷作用下而不致引起断裂的最大应力，叫做疲劳强度。

产生疲劳破坏的原因，一般认为是由于材料有杂质、表面划痕及其他能引起应力集中的缺陷而导致微裂纹的产生。这种微裂纹随应力循环次数的增加而逐渐扩展，致使零件不能承受所加载荷而突然破坏。

8. 金属材料的蠕变和松弛

金属材料在高温下工作，产生缓慢而连续的变形现象，称为蠕变。蠕变是不可恢复的塑性变形。

如果构件的总变形保持不变，则总变形中的塑性变形部分不断增加，弹性变形部分不断减少，构件内的应力也就不断降低。这种在总变形不变的条件下，由于温度影响，使应力随时间增长而逐渐降低的现象，称为应力松弛。

二、物理性能

金属材料的主要物理性能有密度、熔点、热膨胀性、导热性和导电性等。由于机器零件的用途不同，对其物理性能的要求也有所不同，例如飞机零件要选用密度小的铝合金来制造；又如在设计电机、电器的零件时，常要考虑金属材料的导电性等。表 4-1 所示为几种常用金属材料的物理性能。

表 4-1 几种常用金属材料的物理性能

金 属	密度 $\rho/(g \cdot cm^{-3})$	熔点 $t_m/℃$	比热容 $c/(J \cdot K^{-1})$	热导率 $/[W \cdot (m \cdot k)^{-1}]$	线膨胀系数 $\alpha \times 10^{-6}/℃^{-1}$
灰口铸铁	6.6～7.8	1200	0.544	46.5～93	8.7～11.1
铸钢	7.8	1425	0.490		11.2
碳钢及低合金钢	7.85	1400～1500	0.502	40～50	10.6～15
1Cr18Ni9Ti	7.9	1400	0.532	12～16	16.6～18.6
铜	8.94	1083	0.377	334	17.6
黄铜	8.5	940	0.377	90～100	20
铝	2.71	657	0.912	188	24
铅	11.35	327	0.130	30	29.2
镍	8.8	1452	0.490	50	34

三、化学性能

金属材料的化学性能主要指该材料在常温或高温条件下，抵抗氧化或腐蚀介质对其化学侵蚀的能力。一般包括耐腐蚀性、抗氧化性、耐酸性和耐碱性。

（1）耐腐蚀性 金属材料在常温下抵抗大气中氧、水蒸气和二氧化硫等介质的腐蚀能力称为耐腐蚀性。如钢铁生锈、铜发绿都是腐蚀现象。

（2）抗氧化性 金属材料抵抗高温氧化性气体腐蚀作用的能力，称为抗氧化性。金属的抗氧化性是保证零件在高温下能持久工作的重要条件。抗氧化能力的高低主要由材料成分来决定。

石油化工生产中的许多设备，如反应炉、锅炉、换热器、塔器等一般是在高温下工作的，因此，这些设备的材料要求具有良好的抗氧化性，否则表面就会很快被氧化剥落而损坏，所以应采用耐热钢及耐热合金钢。

（3）耐酸性和耐碱性 金属材料抵抗酸或碱的腐蚀能力，称为耐酸性或耐碱性。金属材料和酸碱接触时，比在空气中腐蚀更为强烈。

常用金属材料在酸、碱、盐类介质中的耐腐蚀性见表 4-2。

表 4-2　几种常用金属材料在不同温度和浓度的酸、碱、盐类介质中的耐腐蚀性

材料	硝酸 %	硝酸 ℃	硫酸 %	硫酸 ℃	盐酸 %	盐酸 ℃	氢氧化钠 %	氢氧化钠 ℃	硫酸铵 %	硫酸铵 ℃	硫化氢 %	硫化氢 ℃	尿素 %	尿素 ℃	氨 %	氨 ℃
灰铸铁	×	×	70~100 (80~100)	20 (70)	×	×	(任)	(480)	×	×						
高硅铁 Si-15	≥40 <40	≤沸 <70	50~100	<120 (<120)	(<35)	(30)	(34)	(100)	耐	耐	潮湿	100	耐	耐	(25)	(沸)
碳钢	×	×	70~100 (80~100)	20 (70)	×	×	≤35 >70 100	120 260 480	×	×	80	200	×	×		(70)
18—8型不锈钢	<50 (60~80) <95	沸 (沸) 40	80~100 (<10)	<40 (<40)	×	×	≤90	100	饱	250		100			溶液与气体	100
铝	(80~95) >95	(30) 60	×	×	×	×	×	×	10	20					气	300
铜	×	×	<60 (80~100)	20 (20)	<27	(55)	50	35	(110)	(40)	×	×	×	×	×	×
铅	×	×	<75 (96)	50 (20)	×	×	×	×	(浓)	(110)	干燥气	20			气	300
钛	各	沸	5	35	<10	<40	10	沸					耐	耐		

注：1. 此表中列出的材料耐腐蚀的一般数据。"各" 表示各种浓度，腐蚀速度为 0.1~1mm/年。"沸" 为沸点；"饱" 表示饱和浓度。
2. 带有括号 ( ) 者表示尚耐腐蚀，腐蚀速度为 0.1~1mm/年。不带括号者表示耐腐蚀，腐蚀速度 <0.1mm/年，有符号 "×" 者为不耐腐蚀或不宜用。空白为无数据。

四、工艺性能

材料的工艺性能是其物理、化学、机械性能的综合。按工艺方法的不同，可分为铸造性、可锻性、可焊性和切削加工性等。

在设计零件和选择工艺方法时，都要考虑金属材料的工艺性能。例如灰口铸铁的铸造性能很好，切削加工性也较好，所以广泛用来制造铸铁，但它的可锻性极差，不能进行锻造，可焊性也较差。低碳钢的可锻性和可焊性都很好；而高碳钢则较差，切削加工性也不好。

材料的制造工艺性能直接影响零件的结构形状、制造方法和质量。

第二节　金属材料简介

一、铸铁

铸铁是含碳量大于 2.11% 的铁碳合金。工业上常用铸铁的成分范围是：2.5%～4.0%C，1.0%～3.0%Si，0.5%～1.4%Mn，0.01%～0.50%P，0.02%～0.20%S。除此以外，有时尚含有一定量的合金元素，如 Cr、Mo、V、Cu、Al 等。

铸铁的强度、塑性和韧性较差，不能进行锻造，属脆性材料，但它具良好的铸造性、减摩性、切削加工性、减振性及缺口敏感性等，而且它的生产设备和工艺简单，价格低廉，因此铸铁在工业生产中得到了广泛的应用，通常铸铁件占机器设备总质量 50% 以上。

根据铸铁中碳存在形式的不同，可分为白口铸铁、灰口铸铁和麻口铸铁。其中灰口铸铁中碳除微量溶于铁素体外，全部或大部以石墨形式存在，断口呈灰色，它是工业中应用最广的铸铁。

根据铸铁中石墨形态的不同，灰口铸铁又可分为：普通灰口铸铁，简称灰口铸铁或灰铸铁，其石墨呈片状；可锻铸铁，其石墨呈团絮状；球墨铸铁，其石墨呈球状；蠕墨铸铁，其石墨呈蠕虫状。

1. 灰口铸铁

灰口铸铁的熔点低，流动性好，凝固时收缩小，可铸造形状复杂的薄壁件，并且具有生产设备简单、价格便宜、易于切削加工、有一定的耐磨性和减振性等特点。它在机械制造中占有重要地位，其产量占铸铁总产品 80% 以上。如机体、阀体、油缸、汽缸、床身、齿轮箱、泵壳、轴承座等。

灰铸铁的牌号用名称和抗拉强度表示，例如：HT100、"HT"是"灰铁"两字的拼音字首，100 表示抗拉强度为 100MPa。常用的主要有 HT100、HT150、HT200、HT250、HT300、HT350 等。

2. 可锻铸铁

可锻铸铁又称玛钢或玛铁，它是将白口铸铁经石墨化退火而成的一种铸铁。由于其石墨呈团絮状，大大减轻了对基体的割裂作用，故比灰铸铁有较高的抗拉强度、较好的塑性和韧性。但不能锻造，其铸造性能比铸铁差。它适用于载荷不大、薄壁、尺寸不大、形状复杂的零件，如各种水暖管件（如三通、弯头、阀门）、机床扳手、万向接头等。

可锻铸铁牌号 KTH300-06 中 KTH 表示可锻黑心，300 表示最低抗拉强度 300MPa，06 表示最低延伸率为 6%。常用的有 KTH300-06、KTH300-08、KTH350-10、KTH370-12、KTZ450-06、KTZ550-04 等，其中 KTZ 表示珠光体可锻铸铁。

3. 球墨铸铁

球墨铸铁是 20 世纪 40 年代末发展起来的一种铸造合金，它是向铁水中加入球化剂和孕育剂而得到的球状石墨铸铁。由于石墨呈球状，其机械性能远远超过灰铸铁，优于可锻铸铁，甚至接近钢材，而价格低于钢，并且仍具有普通灰口铸铁的许多优良性能，如良好的铸造性、减振性、切削加工性及低的缺口敏感性等。因此，许多重要机械零件如曲轴、连杆、齿轮、阀体、缸套等均可采用球墨铸铁，以节约钢材、降低成本。

球墨铸铁的牌号如 QT400-17，QT 为"球铁"的字头，400 是表示抗拉强度 400MPa，17 是延伸率 17%。常用的有 QT400-17、QT420-10、QT500-5、QT600-2、QT700-2、QT1200-1 等。

4. 蠕墨铸铁

蠕墨铸铁是近些年发展起来的一种新型铸铁，其石墨呈短片状，片端钝而圆，类似蠕虫。它的机械性能介于灰铸铁和球墨铸铁之间，突出的优点是导热性优于球铁，而抗生长和抗氧化性较其他铸铁高，因而适于制造工作温度较高或具有较高温度梯度的零件，如大型柴油机汽缸盖、制动盘、钢锭模等。

二、碳素钢（简称碳钢）

碳素钢是含碳量小于2%的铁碳合金。它的价格低廉，便于获得，容易加工，因而在机械制造中得到广泛的使用。按钢的含碳量分类，碳钢可分为低碳钢（碳含量＜0.25%）、中碳钢（碳含量为0.25%～0.60%）和高碳钢（碳含量为0.60%～1.30%）三种。

1. 碳钢的编号和用途

（1）普通碳素结构钢 简称"普碳钢"，其中S、P含量分别小于0.055%和0.045%。按国家标准GB/T 700—2006执行。

（2）优质碳素结构钢 优质碳素钢与普通碳素钢不同，必须同时保证钢的化学成分和力学性能。这类钢所含S、P量较少（不大于0.040%），纯洁度、均匀性及表面质量都比较好。因此，它的塑性和韧性都比较好，主要用于制造机械零件，产量较大，价格便宜，用途广泛，凡机械产品的各种大小结构部件都普遍适用。按化学成分不同，又可分为普通含锰量钢和较高含锰量钢两类。

（3）碳素工具钢 此类钢用于制造各种量具、刃具、模具等。常分为优质与高级优质两类。前者主要有T7、T8、T10、T12、T10Mn等钢号，其中"T"表示碳素工具钢，数字表示含碳量的千分数，如T10表示平均含碳量为1.0%的碳素工具钢。后者常有T7A、T8A、T10A、T12A等编号，"A"表示高级优质。

（4）铸钢 铸钢的牌号用"ZG"表示，它们的特点是综合机械性能高于各类铸铁，不仅强度高，而且有优良的塑性和韧性，此外焊接性能好，因此，适于制造形状复杂、强度和韧性要求高的零件，如火车轮、锻锤机架、泵壳、高压阀门及齿轮等。

2. 钢材品种及规格

（1）钢板 钢板按材质可分为普通钢板和优质钢板两种。普通钢板包括普通碳素结构钢和低合金钢板。它分为热轧普通厚钢板、薄钢板和冷轧薄钢板。主要品种有普通碳素结构钢钢板、低合金钢钢板、锅炉钢板、压力容器用钢板、花纹钢板、镀锌薄钢板、镀锡薄钢板、镀铝薄钢板等。优质钢板主要有碳素优质结构钢、合金结构钢、碳素和合金工具钢、高速工具钢、弹簧钢、不锈钢和耐热钢板等。

钢板厚度大于 4mm 的称为厚钢板。钢板最大厚度≤200mm，钢板宽度为 600～3800mm。薄钢板厚度为 0.2～4mm，宽度为 600～2000mm。

一般碳素钢板的钢号有 A3、A3F、A3R、08、10、15、20、20g 等（R 表示压力容器用钢板，g 表示锅炉用钢板）。厚钢板可用来做容器、塔体等。

（2）钢管　钢管分有缝和无缝钢管两类。有缝钢管常用于水、煤气等管路。无缝钢管又分为普通无缝钢管，常用材料为 10、15、20、16Mn 等，专用无缝钢管，如石油化工企业用的中、高压无缝钢管等。

（3）型钢　型钢包括圆钢、方钢、扁钢、六角钢、工字钢、角钢等，用来制作各种轴、导轨、框架、设备支架等部件。

三、合金钢

为了提高钢的机械性能、工艺性能或物理、化学性能，在冶炼时特意加入一些合金元素，这种钢就称为合金钢。在合金钢中，经常加入的合金元素有锰（Mn）、硅（Si）、铬（Cr）、镍（Ni）、钼（Mo）、钨（W）、钒（V）、钛（Ti）、铌（Nb）、锆（Zr）、稀土元素（RE）等。这些合金元素可以提高钢的强度、硬度和韧性，并提高其耐磨性、耐腐蚀性和耐酸碱性等。

按用途可将合金钢分为合金结构钢、合金工具钢和特殊性能钢，下面分别进行介绍。

1. 合金结构钢

合金结构钢主要包括普通低合金钢、易切削钢、调质钢、渗碳钢、弹簧钢、滚动轴承钢等几类。

合金结构钢的编号采用"数字＋化学元素＋数字"的方法。如 60Si2Mn，前面的数字表示钢的平均含碳量，以万分之几表示，合金元素直接用化学符号表示；后面的数字表示合金元素的含量，以平均含量的百分之几表示，当合金元素的含量少于 1.5% 时，只标明元素，一般不标明含量。60Si2Mn 即表示钢中含碳 0.60% 左右，含硅（Si）为 2%左右，含锰（Mn）为 1%左右。

（1）普通低合金钢 这类钢是一种低碳结构用钢，合金元素含量较少，一般在 3%以下，其特点是强度显著高于相同碳量的碳素钢，具有较好的韧性和塑性以及良好的焊接性和耐蚀性等，广泛应用在桥梁、船舶、车辆、压力容器、建筑结构等方面。

（2）调质钢 这类钢一般指经过调质处理后使用的合金结构和碳素结构钢，大多属中碳钢，其特点是同时具有高强度与良好的塑性及韧性，即具有良好的综合力学性能，常用于制造汽车、拖拉机、机床及其他机械上要求具有良好综合力学性能的各种重要零件，如机床主轴、水泵转子、大齿轮、连杆等，常用的有 45、40Cr、42CrMo、35CrMo、40CrNiMo 等。

（3）其他钢 包括易切削钢、渗碳钢、弹簧钢、滚动轴承钢等几类，它们可通过普通或化学热处理后得到所需要的力学性能，用来制造轴、连杆、弹簧和滚动轴承等重要的机械零件。

2. 合金工具钢

用于制造刃具、模具、量具等工具的钢为工具钢。按用途可分为刃具钢、模具钢、量具钢三类。其编号方法是：平均含碳量≥1.0%时不标出；<1.0%时以千分之几表示，其他与合金结构钢相同。

3. 特殊性能钢

特殊性能钢是指不锈钢、耐热钢、耐磨钢等一些具有特殊化学和物理性能的钢，下面分别介绍。

（1）不锈钢 凡是在大气或各种酸、碱、盐类水溶液中具有化学稳定性而不被腐蚀与氧化的钢，都属于不锈耐酸钢。这类钢内含有多种元素，主要为铬和镍，这些元素使钢具有特殊组织和抗腐蚀性能。其钢号表示法与合金结构钢基本相同，只是平均含碳量一般用千分之几来表示，如 1Cr13 表示平均含碳量 0.1%左右，含 Cr13%左右。对于石油化工生产设备而言，有许多设备需要在具有一定酸或碱的化学介质中工作，这就要求必须采用有较强抗腐蚀能力的材料来进行制造。常用的不锈钢主要有铬不锈钢和铬镍不锈钢两大类。其中铬不锈钢的主要牌号有 1Cr13、2Cr13、3Cr13、4Cr13、

1Cr17 等，铬 镍 不锈钢 常 有 0Cr18Ni9、1Cr18Ni9、2Cr18Ni9、0Cr18Ni9Ti 及 1Cr18Ni9Ti 等。

（2）耐热钢　耐热钢指在高温下不发生氧化，并对机械负荷作用具有较高抗力的钢。主要应用在高压锅炉、反应炉、高压容器、热交换器及炉用零件等。

常用的耐热钢有珠光体钢、马氏体钢、贝氏体钢、奥氏体钢等几种。

（3）耐磨钢　耐磨钢主要是指在冲击载荷下发生冲击硬化的高锰钢，它的主要成分是含 $1.0\% \sim 1.3\%$ C，$11\% \sim 14\%$ Mn，钢号写成 Mn13。高锰钢广泛应用于既耐磨损又耐冲击的一些零件，如铁道上的辙岔、转辙器，挖掘机、拖拉机、坦克等的履带板，主动轮，从动轮等。

四、有色金属及其合金

在工业生产中，通常称钢铁为黑色金属，而称铝、镁、铜、铅、锌等及其合金为有色金属或非铁合金。有色金属及其合金的种类很多，虽然它们的产量和使用量总的来说不及黑色金属多，但由于它们具有某些独特性能和优点，如良好的导电性和导热性，塑性好，抗大气腐蚀性能好等，使其成为工业生产中不可缺少的材料。下面分别介绍在机器制造工业及石油化工设备中广泛使用的铝、铜及轴承合金。

1. 铝及其合金

铝的相对密度小，约为铁的 1/3，耐大气腐蚀性能好，塑性好，易于加工，导电、导热性较好，仅次于银、铜和金，居第四位。纯铝强度低，工业应用常采用铝合金。

（1）工业纯铝　工业纯铝具有良好塑性，高导电导热性，强度低，被切削性不佳，易进行压力加工，不易焊接。用于导电和不受力的构件和装饰品，如电线、电缆、垫片、装饰件等。纯铝分七个号，L1、L2、L3…L7，L1 纯度最高，L7 纯度最低。

（2）铝合金　根据铝合金的成分及生产工艺特点，可将其分为形变铝合金和铸造铝合金两类。

防锈铝合金是由铝锰或铝镁组成的合金。其特点是耐蚀性、焊接性与低温韧性均较好，抛光性好。这种铝合金不能用热处理强化，只能用冷加工方法强化。其强化程度比铝高，塑性也很好，可加工成各种半成品、成品。适于制造零件、管道、日用品等，在制冷工业上应用较多。其品种有 LF5、LF21、LF11 等。

2. 铜及其合金

（1）紫铜 纯铜加工产品称工业纯铜或紫铜，其熔点 1083℃，特点是导电及导热性好，其导电性仅次于银，具有极好的塑性及化学稳定性。紫铜的牌号用"T"表示，分 T1、T2、T3、T4 等品种，序号越大，铜的纯度越低。

紫铜常用于制造电线、电缆、导电螺钉，化工用蒸发器、换热管、贮藏器和各种管道以及一般用的铜材，如电气开关、垫圈、垫片、铆钉、管嘴、油管等。

（2）黄铜 黄铜是以锌为唯一或主要的合金元素的铜合金，即铜锌合金。其特点是铸造性能好，抗蚀性较好，与紫铜相近，机械性能比纯铜高，价格较低。

黄铜可分为简单黄铜及复杂黄铜两类。简单黄铜的牌号由"H"表示，后面数字表示铜含量的百分数，如 H80，即表示含铜 80%。复杂黄铜指除锌以外还有一定数量的其他合金元素的黄铜，其表示是"H＋主加元素符号＋铜含量＋主加元素含量"，如 HPb64-2 铅黄铜含 Cu64%左右，Pb2.0%左右。

石油化工设备中常用的有 H80、H68、H62、ZHSi80-3-3 等，可用于做化工机械零件，如轴承、衬套、阀体等，以及在海水、淡水、水蒸气中工作的零件，如泵活塞、填料箱、冷凝器管接头和阀门等。

（3）青铜 含锡的铜基合金称为青铜。其中比较重要的是锡青铜、铝青铜、铍青铜及硅青铜。其共同的特点是有较高的机械性能、耐蚀性、减摩性和较好的铸造性能。主要用于耐磨及耐蚀零件，如化工机械耐磨零件，船舶用高强度抗蚀零件及在海水、淡水、蒸汽中工作的零件。

青铜的代号"Q＋主加元素符号＋主加元素含量"，如 QSn4-4-2.5，表示含 Sn4%，Zn4%，Pb2%～5%。如是铸造青铜，则在前面冠以"Z"，如 ZQSn10-1，表示含 Sn10%，P1.0% 的铸造青铜。

3. 轴承合金（又称巴氏合金）

它是锡铅锑铜合金，其特点是具有足够的强度和硬度、较低的摩擦系数和良好的耐磨性，用于滑动轴承衬里及其他摩擦件。

常见的轴承合金有锡基轴承合金、铅基轴承合金、铜基轴承合金及铝基轴承合金等几种，牌号用"ChSn"表示，其后与前述标注一样，如 ZChSnSb-4-4 表示锡基轴承合金，含 Sb4%，Cu4%～5%，其余为锡。

第三节　非金属材料及主要性能

非金属材料是指除金属材料以外的几乎所有的材料，主要有各类高分子材料（塑料、橡胶、合成纤维、部分胶黏剂等）、陶瓷材料（各种陶器、瓷器、耐火材料、玻璃、水泥及近代无机非金属材料等）和各种复合材料等。

非金属材料的化学组成、微观组织结构均不同于金属材料，因而它们具有各种特异的性能，如橡胶的高弹性，陶瓷的硬、脆、耐高温、抗腐蚀等特性。

一、塑料

塑料是一种以有机合成树脂为基础，加入填料塑制成型的材料，它具有相对密度小、比强度高、耐油、抗腐蚀、耐磨、消音吸震、自润滑、绝缘、绝热、易切削及易塑制成型等特性，因此在机械上获得广泛的应用。常用的塑料有以下几种。

（1）硬聚氯乙烯（PVC）　PVC 的特性是机械强度较高，化学稳定性及介电性能优良，耐水、耐油和抗老化性也较好，易熔接及黏合，价格较低。缺点是使用温度低（60℃以下）、线膨胀系数大，热成型不良。其制品有管、棒、板、焊条及管件，主要用于耐腐蚀的结构或设备衬里，代替有色合金、不锈钢和橡胶等材料。

（2）低压聚乙烯（LDPE）　LDPE 具有优良的介电性能，耐冲击、耐水性好，化学稳定性高，使用温度可达 80～100℃，摩擦性能和耐寒性能好,但机械强度不高,质软,成型收缩率大。主要用作耐腐蚀的管道、阀、泵的结构材料,亦可喷涂于金属表面,非耐磨、减磨及防腐蚀涂层。

(3) 聚丙烯(PP) PP 为最轻的塑料之一,其屈服、拉伸和压缩强度及硬度均优于聚乙烯,刚性好,高温(90℃)下应力松弛性能好,耐热性能较好,可在 100℃ 以上使用,除浓硫酸、浓硝酸外,在许多介质中均稳定,几乎不吸水,成型容易,但收缩率大,低温呈脆性,耐磨性不高。可用作一般结构零件,电气绝缘零件和耐蚀化工设备。

(4) 尼龙-66 尼龙-66 的特点是疲劳强度和刚性较高,耐热性较好,摩擦系数低,耐磨性好,但吸湿性大,尺寸稳定性差。可用于温度≤100～120℃、中等载荷、无润滑条件下工作的耐磨受力的传动零件,如轴承、齿轮、齿条、蜗轮、凸轮、辊子、联轴器等。

(5) 聚四氟乙烯(PTFE) PTFE 的摩擦系数最低,几乎不吸水;耐腐蚀性突出,可耐沸腾的盐酸、硫酸、硝酸及王水等腐蚀介质的腐蚀。它可用玻纤粉末、石墨、二硫化钼等填充以提高承载能力和刚性,广泛应用在化工生产中,可用来做各种化工设备中的零件,如密封圈、化工隔膜阀的隔膜;还可用于制作在高温条件下或腐蚀性介质中工作的干摩擦零件,如无油润滑活塞环、密封圈、轴承等。

(6) 玻璃钢 玻璃钢是一种新型的非金属材料,具有优良的耐腐蚀性能;强度高,弹性好;有良好的工艺性能。因而,在化工生产中应用日益广泛,可做容器、贮槽、塔、鼓风机、泵、管道、阀门等。

二、橡胶

橡胶是高分子材料,有高弹性、优良的伸缩性能和可贵的积蓄能量的能力,是常用的密封,减震、防震材料及传动材料。橡胶可分为天然橡胶和合成橡胶两类。

橡胶的用途有:用作动、静态密封件(如旋转轴密封、管道接口密封),减震、防震件(如机座减震垫片),传动件(如三角胶带，特制 O 形圈），运输管道和胶管，电线、电缆和电工绝缘材料，滚动件（如轮胎）等。此外，还可制作具有耐辐射、防霉、导电、导磁等特性的橡胶制品。

三、不透性石墨

不透性石墨的特点是耐化学腐蚀性好，导热性好，耐温急变好，线膨胀系数小，相对密度小，机械加工性能好，不污染介质，不结垢，能保证介质纯度。其缺点是机械强度低，性较脆，施工周期较长，并且石墨材料供应紧张，造价较高。主要用作热交换的防腐设备和耐温防腐设备，也可做成膜式吸收器，石墨合成炉、喷射泵、泵、管道等。

四、化工陶瓷

化工陶瓷具有良好的耐腐蚀性能，硬度高，抗压强度大，耐高温、耐磨损及抗氧化性能好等特点。但质脆，缺乏延展性，受力后不易产生塑性形变，经不起敲打、碰撞、弯、拉、剪切，急冷急热性较差。在化工生产中主要用来制作中、小型设备，管道、管件、塔填料、泵的内衬、阀门等。

五、化工搪瓷

化工搪瓷是将含硅量较高的釉料涂在碳钢或铸铁胎的表面上，经过 900℃ 的高温煅烧，使瓷釉紧密地黏着于金属胎表面。它的特点是能耐大多数无机酸、有机酸、有机溶剂等的腐蚀，耐磨，表面光滑洁净及电绝缘性好。常用作设备、管道、管件、泵、阀零部件的搪瓷层。

第四节　化工设备的腐蚀及防腐

腐蚀是材料在环境作用下引起的破坏或变质。金属和合金的腐蚀主要是化学或电化学作用引起的破坏，有时还兼有机械、物理或生物作用。例如应力腐蚀破裂就是应力和化学物质共同作用的结果。单纯物理作用的破坏，如合金在液态金属中的物理溶解，也属于腐蚀范畴，但这类破坏实例不多。单纯的机械破坏，如金属被切削、研磨，不属于腐蚀范畴。

非金属的破坏一般是由于化学或物理作用引起,如氧化、溶解、溶胀等。

据统计,工业发达国家每年由于金属腐蚀的直接损失约占全年国民经济总产值的 2%~4%。中国 1988 年国民生产总值约为一万四千亿元,由于金属腐蚀造成的直接损失约为(300~600)亿元,可见,腐蚀的危害非常巨大。对于石油化工生产,因腐蚀而造成的设备事故很多,如贮酸槽穿孔泄漏,造成重大环境污染;液氨贮罐爆炸,造成人员伤亡;管道和设备跑、冒、滴、漏,一方面损失物料、增加原料损耗,另一方面影响生产环境,恶化劳动条件。据一些化工厂的统计,化工设备的破坏约有 60% 是由于腐蚀引起的,而腐蚀破坏中约 30% 是均匀腐蚀,70% 则属于危险的局部腐蚀,其中以应力腐蚀破裂为最多。因此化工设备的腐蚀与防护问题必须要严肃认真、科学地对待。

一、金属腐蚀的分类及其破坏形式

金属腐蚀一般可分为两大类。

1. 化学腐蚀

化学腐蚀是因金属表面与介质发生化学作用而引起的,它的特点是在作用进行中没有电流产生。化学腐蚀可分为如下两类。

(1)气体腐蚀 金属在干燥气体中(表面上没有湿气冷凝)发生的腐蚀,称为气体腐蚀。气体腐蚀一般是指在高温时金属的腐蚀,例如轧钢时生成厚的氧化皮、内燃机活塞的烧坏等。

(2)在非电解质溶液中的腐蚀 这是指金属在不导电的液体中发生的腐蚀,例如金属在有机液体(如酒精、石油等)中的腐蚀。

2. 电化学腐蚀

电化学腐蚀与化学腐蚀不同之处是前者在进行的过程中有电流产生。

(1)按照所接触环境的不同分类

① 大气腐蚀 腐蚀在潮湿的气体(如空气)中进行。

② 土壤腐蚀 埋设在地下的金属构筑物(如管道、电缆等)的腐蚀。

③ 在电解质溶液中的腐蚀 这是极其广泛的一类腐蚀,天然

水及大部分水溶液对金属结构的腐蚀（如在海水和酸、碱、盐的水溶液中所发生的腐蚀）都属于这一类。

④ 在熔融盐中的腐蚀　例如在热处理车间，熔盐加热炉中的盐炉电极和所处理的金属发生的腐蚀。

（2）按破坏形式分类

按照腐蚀破坏的形式，可以把腐蚀分为两大类：均匀腐蚀和局部腐蚀。均匀腐蚀是腐蚀作用均匀地发生在整个金属表面上，如图4-1(a) 所示；局部腐蚀是腐蚀作用仅局限在一定的区域。局部腐蚀又可分为如下几种。

① 斑点腐蚀　腐蚀像斑点一样分布在金属表面上，所占面积较大，但不很深，如图 4-1(b) 所示。

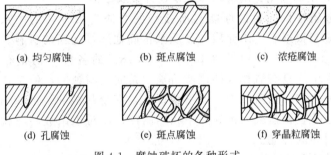

(a) 均匀腐蚀　　　　(b) 斑点腐蚀　　　　(c) 浓疮腐蚀

(d) 孔腐蚀　　　　(e) 斑点腐蚀　　　　(f) 穿晶粒腐蚀

图 4-1　腐蚀破坏的各种形式

② 脓疮腐蚀　金属被腐蚀破坏的情形好像人身上长的脓疮，被损坏的部分较深较大，如图 4-1(c) 所示。

③ 孔腐蚀（又称点腐蚀）　在金属某些部分被腐蚀成为一些小而深的圆孔，有时甚至发生穿孔，如图 4-1(d) 所示。

④ 晶间腐蚀　这种腐蚀发生在金属晶体的边缘上。金属遭受晶间腐蚀时，它的晶粒间的结合力显著减小，内部组织变得很松弛，从而机械强度大大降低，如图 4-1(e) 所示。

⑤ 穿晶粒腐蚀　破坏沿最大张应力线发生的一种局部腐蚀，其特征是腐蚀可以贯穿粒本体，例如金属在周期交变载荷下的腐蚀及在一定的张应力下的腐蚀。穿晶粒腐蚀通常又称腐蚀裂开，如图4-1(f) 所示。

局部腐蚀比均匀腐蚀危害要大得多。例如，一根铁管如果均匀地慢慢腐蚀，则可以使用相当长的时间而并无妨碍，但如果局部腐蚀而烂穿成小孔，则它就要报废。特别是晶间腐蚀对于受应力的器械危害最大，譬如高压锅炉、飞机上侧面薄壁、钢索、机器的轴等。发生晶间腐蚀，就可能突然崩裂以致发生严重事故。

二、金属设备的防腐蚀措施

为了防止石油化工生产设备因腐蚀而造成损坏，延长设备的使用寿命，切实保障生产设备安全、稳定、长时间地运行，必须采取一定的方法和措施来保护金属免遭腐蚀。常用的方法介绍如下。

1. 正确选用金属材料和合理设计金属结构

金属材料的耐蚀性能与所接触的介质有着密切的关系，因此，应当根据它周围介质的性质来正确地选择适当的材料。如含Cr13％，Cr18％，以及含 Cr18％，Ni18％的各种不锈钢在大气中、水中或具有氧化性的硝酸溶液中是完全耐蚀的，但是在非氧化性的盐酸、稀硫酸中，就不能说它是完全耐蚀的。再如铜及铜的合金等在稀盐酸、稀硫酸中相当耐蚀，但对于硝酸溶液就完全没有耐蚀的性能。

设计金属结构时，应当注意避免使电位差别很大的金属材料互相接触，以免产生电化学腐蚀。设计容器时应考虑消除可能产生积聚沉淀的死角。

2. 加入缓蚀剂降低金属的腐蚀速度。

3. 电化学保护法

用改变金属/介质的电极电位来达到保护金属免受腐蚀的办法称电化学保护法。

电化学保护的实质在于把要保护的金属结构通以电流使它进行极化，如果在能导电的介质中将金属联结到直流电源的负极，通以电流，它就进行阴极极化，这种方法叫做阴极保护。另一种方法是把金属联结到电源的正极上，通以电流，使它进行阳极极化，叫做阳极保护。

阴极保护是防止金属腐蚀比较有效的方法之一，其应用范围愈来愈广泛。常应用于地下管道、设备的防护等，对于石油化工生产，它可保护处于腐蚀介质中的设备，如冷凝器、冷却器、塔、热交换器等。

4. 在金属表面上施用覆盖层防止金属腐蚀

这是最普遍而重要的方法。覆盖层的作用在于使金属制品与外界介质隔离开来，以阻碍金属表面层上微电池起作用。

在工业上应用最普遍的覆盖有如下 4 类：金属覆盖层，非金属覆盖层，用化学和电化学方法形成的覆盖层和暂时性覆盖层。

(1) 金属覆盖层是用耐蚀性较强的金属或合金把容易腐蚀的金属表面完全遮盖起来以防止腐蚀的方法，主要用来防止大气腐蚀。常用的方法有电镀、化学镀、喷镀、渗镀、热镀、辗压。

(2) 非金属覆盖层是用有机或无机物质作成的覆盖层，主要有涂料覆盖层、塑料覆盖层、硬橡胶覆盖层、柏油或沥青覆盖层、灰土或混凝土覆盖层及搪瓷或玻璃覆盖层 6 类。其中涂料覆盖层在金属防护工作中用得最为普遍，由于施工方便、成本低廉，现在桥梁、建筑物、船舶和车辆的外壳以及机器等外表都是用涂料的办法来保护。

5. 内部衬里

一般为整片材料，适用于和强腐蚀介质接触的设备内部。如盐酸、稀硫酸的贮槽用橡胶或塑料衬里，贮放硝酸的钢槽用不锈钢薄板衬里等。耐酸砖（硅砖）也广泛用于衬里，它耐强酸。耐火砖衬里则可起隔热作用。

搪瓷实际上是一种玻璃衬里，工业上称为搪瓷玻璃，它的耐酸性强，广泛用于食品、医药等工业，可保证产品质量，但不能烧制太大的设备。

复习思考题

1. 什么是弹性、塑性、刚度？

2. 什么是强度、硬度、冲击韧性？

3. 金属材料的物理性能主要包括什么？

4. 金属材料的化学性能一般包括什么内容？

5. 灰口铸铁有什么特点？一般应用在哪些场合？

6. 球墨铸铁有什么特点？一般应用在哪些场合？

7. 碳钢按含碳量是如何划分的？

8. 按用途合金钢可分为哪几种？

9. 调质钢的特点是什么？常应用于哪些场合？

10. 不锈钢中含有的主要元素是什么？

11. 化学腐蚀是如何引起的？主要分为哪几类？

12. 电化学腐蚀与化学腐蚀有什么不同？

13. 金属设备的防腐常用方法有哪些？

第五章　机械传动

任何工作机都要由原动机（如电机）带动，而原动机与工作机直接相联运转的情况下是很多，一般都要在它们之间加上传动装置，通过它来传递转矩和改变转速，驱动工作机的运转。传动方式可分为机械传动、流体传动和电传动三类，本章将介绍机械传动中常用的带、链、齿轮等传动机构和螺纹、链及销钉等常用连接件。

在机械传动中，人们把输出运动和动力的零件称为主动件，接受由主动件传来的运动和动力的零件称为从动件。

(1) 转速 n　转动零件每分钟的转数为转速，单位是 r/min。

(2) 传动比 i　主动轮（或轴）的转速 n_1 和从动轮（或轴）的转速 n_2 之比称为传动比，即 $i = n_1/n_2$。如果 $n_1 > n_2$，则表示减速；如果 $n_1 < n_2$，则 $i < 1$，表示增速。

(3) 圆周速度与转速的关系　一个转动的物体，其上任一点都绕轴线作圆周运动，在单位时间内，转动物体任一点所转过的弧长，称为该点的圆周速度（线速度），单位是 m/s。

一直径为 D（m）的圆柱体，绕其轴线旋转，若转速为 n，则圆柱面上任一点的圆周速度与转速的关系为：

$$v = \frac{\pi \cdot D \cdot n}{60}$$

(4) 传递功率　对于传动零件，圆周力 F（N）、圆周速度 v（m/s）和所传递的功率 P（kW）之间有如下关系。

$$P = Fv$$

第一节　带　传　动

一、概述

带传动是机械传动中常用的一种传动形式，它的主要作用是传递转矩和改变转速，是靠具有挠性的带与带轮间产生的摩擦力来实现传动的，属摩擦传动。

如图 5-1 所示，带传动由固定于主动轴 O_1 上的带轮 1（主动轮），固定于从动轴上 O_2 上的带轮 2（从动轮）和套在两带轮上的带 3 所组成。带是挠性传动。

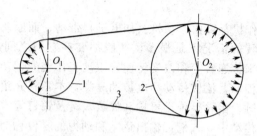

图 5-1 带传动的工作原理
1—主动轮；2—从动轮；3—带

工作原理是带 3 紧套在带轮 1、2 上，因而带与轮的接触表面存在着正压力，当原动机驱动主动轮 1 回转时，在带与主动轮接触表面间便产生摩擦力，使主动轮牵动带，继而带又牵动从动轮，将主动轴上的转矩和运动传给从动轴。

在带传动中，常用的有平型带传动［图 5-2(a)］、三角带传动［图 5-2(b)］和同步齿形带传动等［图 5-2(c)］。

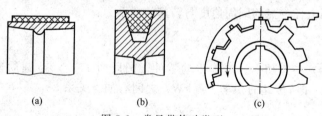

(a)　　　　　　　(b)　　　　　　　(c)

图 5-2 常见带传动类型

1. 平型带传动

平型带传动的传动结构最简单，带轮也容易制造，在传动中心距较大的情况下应用较多。常用的平型带有橡胶布带、缝合棉布带、棉织带和毛织带等数种，其中以橡胶布带应用最广。

2. 三角带传动

三角带传动是应用最广的传动。三角带的横剖面是梯形的，带轮上也做出相应的轮槽。传动时，三角带只和轮槽的两个侧面接触，即以两侧面为工作面，如图5-2（b）所示，根据槽面摩擦的原理，在同样的张紧力下，三角带传动较平型带传动能产生更大的摩擦力。这是它传动性能的最主要优点。同时，三角带传动允许的传动比较大，结构紧凑，以及三角带已标准化并大量生产等优点，使其得到广泛的应用。

另外，还有一种活络三角带。这种带是由多层挂胶帆布贴合，经硫化并冲切成小片，逐节搭叠后用螺栓联接而成，如图5-3所示。活络三角带的长度可以根据需要加长或缩短，适应于中心距不能调整的传动中。一般地说，它可以代替同型号的三角胶带，但在速度较高时，传动平稳性较差，而且使用寿命也较短。

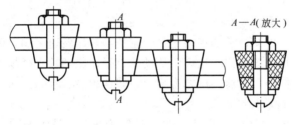

图 5-3 活络三角带

3. 同步齿形带传动

同步齿形带传动综合了带传动和链传动的优点，通常是由钢丝绳或玻璃纤维等为强力层、聚氨酯或橡胶为基体、工作面上带齿的环状带所组成。工作时，带的凸轮与带轮外缘上的齿槽进行啮合传动，参见图5-2(c)。由于强力层承载后变形小，能保持齿形带的周节不变，故带与带轮间没有相对滑动，这就保证了同步传动。

同步齿形带传动的优点是：

① 无滑动，能保证正确的传动比；

② 初拉力较小，轴和轴承上所受的载荷小；

③ 带的厚度小，单位长度的质量小，允许的线速度较高；

④ 带的柔性好，所用带轮的直径可以较小。

其缺点是安装时中心距的要求严格，且目前价格较高。主要应用于要求传动比准确的中、小功率传动中，如电子计算机、放映机、录音机、磨床、纺织机械等。

二、传动比及其特点

1. 传动比

在带传动中，如果带与带轮之间没有滑动，则主动轮与从动轮圆周速度必然相等，都等于带的移动速度。如图 5-1 所示，设主动轮与从动轮的直径和转速分别为 D_1，D_2 和 n_1，n_2，由主动轮圆周速度 v_1 与从动轮圆周速度 v_2 相等得：

$$v_1 = v_2 = \pi D_1 n_1 = \pi D_2 n_2$$

于是得传动比 i：

$$i = \frac{n_1}{n_2} = \frac{D_2}{D_1}$$

从上式可知，带的传动比等于主从动轮的转速之比，两带轮的转速则与直径成反比，这说明从动轮直径比主动轮直径越大，转速越低，其传动为减速；反之为增速，转速越高。

2. 带传动的特点

① 带是挠性体，富有弹性，能缓和冲击，吸收振动，因而工作平稳，噪声小。

② 传动过载时，带在小带轮上打滑，因而可保护其他零件不致损坏，但是它不能用于某些安全性要求高的传动（如起重机械）中。

③ 由于带传动靠摩擦力传递动力，所以传动效率低，传动比不准确。

④ 结构简单，对制造、安装要求不高，成本较低。但带的寿命较短，一般只能使用 2000～3000h，且不宜用于高温、易燃场合。

⑤ 与啮合传动相比，带传动适应于中心距较大的场合；但尺寸不紧凑，且轴上压力大。

3. 带传动的应用范围

由于带传动的效率和承载能力较低，故不适用于大功率传动，平型带传动的常用功率为 20～30kW，而三角带传动为 50～100kW，工作速度一般为 5～25m/s。在传动比方面，平型带传动一般不超过 3（最大可达 5），有张紧轮时可达 7，三角带传动一般不超过 7（最大可达 10）。

三、三角带的使用和维护

正确使用和妥善保养，是保证三角带正常工作和延长寿命的有效措施。

安装时，主、从动轮中心线应与轴中心线重合；两轮中心线必须保持平行，且两带轮轮槽的对称平面必须在同一平面内，否则会引起三角带侧面过早磨损，使带扭曲，轴承工作恶化，如图 5-4 所示。

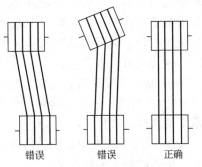

错误　　　错误　　　正确

图 5-4　三角带轮轴线安装情况

三角带在轮槽中应有一正确位置，如图 5-5 所示。带顶面应和带轮外缘相平，这样三角带工作面和轮槽工作面能很好接触。如果三角带嵌入太深，将使带底面与轮槽底面接触，失去三角带传动的优点（楔面接触）；如果位置过高，则接触面减少，使传动能力降低，加剧带的磨损。

正确　　　　　错误　　　　　错误

图 5-5　三角带在轮槽中的位置

成组使用的三角带长度应经挑选，长短相差不宜过大，否则将使各根带受力不均匀。

带轮安装轴上不得摇晃，轴或轴端不应弯曲，带轮本身应经过动平衡试验。

使用中应保持三角带清洁，不可与油接触，污垢多时，可用温水或1.5%的稀碱溶液洗涤。另外，还应避免日光直接暴晒。

为了保证运行安全，带传动必须用防护罩罩起来。

第二节　链　传　动

一、概述

链传动由主动链轮、从动链轮和链条组成。工作时，通过和链轮啮合的链条把运动和转矩由主动链轮传给从动链轮。链传动和带传动都是挠性传动，但其工作原理不同：链传动是依靠链节与链轮轮齿的啮合；而带传动则依靠带与带轮之间的摩擦力。

链传动有许多优点：

① 能够保证平均传动比不变；

② 在相同工况下，链传动的尺寸比带传动小，作用在轴和轴承上的力也比带传动小；

③ 可用于较大中心距的传动，传动效率比较高。

链传动的主要缺点是：

① 瞬时传动比是变化的，不适用于传动比要求为常数的场合；

② 工作时有冲击和噪声，仅适用于平行轴间的传动；

③ 制造成本较高，安装要求精确，需要适当的润滑和张紧措施。

一般链传动的功率 $P \leqslant 100kW$，传动比 $i \leqslant 6$，低速时可达到10，链速 $v \leqslant 12 \sim 15m/s$。

传动链按其构造主要有两

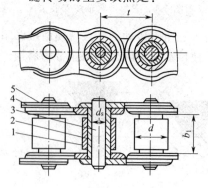

图 5-6　套筒滚子链的结构
1—滚子；2—套筒；3—销轴；
4—内链片；5—外链片

种形式：套筒滚子链和齿形链。

1. 套筒滚子链

其结构如图 5-6 所示。它和链轮啮合的基本参数是节距 t、滚子直径 d 和内链节内宽 b_1，其中节距 t 是滚子链的主要参数，节距增大时链条中各零件的尺寸也要相应地增大，可传递的功率也随着增大。当传递大功率时，可采用双列链或多列链。

2. 齿形链

由各组用铰链联接起来的齿形链片所组成，如图 5-7 所示。按铰链结构不同可分为圆

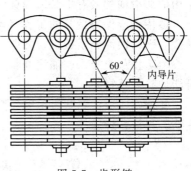

图 5-7　齿形链

销式、轴瓦式、滚柱式三种，与滚子链相比，齿形链传动平稳、无噪声，承受冲击性能好，工作可靠。它既适宜于高速传动，又适宜于传动比大和中心距较小的场合。其传动效率一般为 $0.95\sim0.98$，润滑良好的传动可达 $0.98\sim0.99$。但齿形链比套筒滚子链结构复杂，价格较高，且制造较难，故多用于高速或运动精度要求较高的传动装置中。

二、传动比

1. 链速 v

$$v=\frac{z_1 \cdot n_1 \cdot t}{60\times1000}=\frac{z_2 \cdot n_2 \cdot t}{60\times1000}$$

式中，z_1、z_2 分别为主、从动链轮的齿数；n_1、n_2 分别为主、从动链轮的转数，r/min；t 为链的节距，mm。

2. 链传动的传动比 i_{12}

$$i_{12}=\frac{n_1}{n_2}=\frac{z_2}{z_1}$$

上面两式可求链速和传动比，但应注意它们反映的仅是平均值。

三、安装、使用和维护

安装时，两链轮的回转平面应在同一铅垂平面内，以避免脱链

和不正常的磨损。

要保证良好的润滑，一般低速的链传动可每隔 20 小时左右人工添加润滑油；速度较高的可采用定期浸油润滑或滴油连续润滑。常用的润滑油牌号有 HJ20、HJ30、HJ40。

链传动应保持良好的工作环境，避免泥沙等污物侵入或与酸、碱盐等强腐蚀性介质接触，并要定期清洗。

为防止灰尘浸入、油滴外溅、减少噪音和保证人身安全，应尽可能加防护罩封闭。

此外，还应注意防松，需经常进行张紧调节等，张紧方式可用重物、弹簧、螺旋等。

第三节　齿　轮　传　动

一、概述

齿轮传动是依靠轮齿间的啮合来传递或变换角速度及转矩的，它极其广泛地应用于各类机器中。随着机器制造业的迅速发展，目前齿轮传动传递的转矩可大到几千万牛·米，圆周速度可高达 300m/s，传递功率可达数万千瓦。

1. 齿轮传动的主要型式

按互相啮合的两齿轮轴线的相对位置，齿轮传动可分为以下几种。

① 圆柱齿轮在两根相互平行的轴间传动，如图 5-8(a)、(b)、(c)、(d)。其中外啮合圆柱齿轮是用得最多的一种。

② 圆锥齿轮在相交轴间进行传动。常用的是直齿［图 5-8(f)］和曲齿［图 5-8(h)］，斜齿圆锥齿轮［图 5-8(g)］则很少应用。

③ 齿轮、齿条将旋转运动变成移动或反之［图 5-8(e)］。

2. 齿轮传动的优缺点

(1) 优点

① 承载能力高，尺寸紧凑；

② 传动效率高，一对润滑、加工良好的圆柱齿轮传动，效率可达 99%；

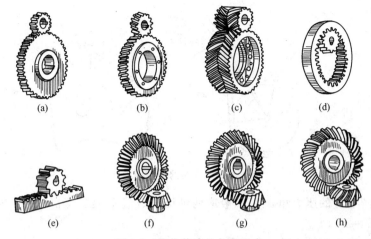

图 5-8　齿轮传动的主要型式

③ 使用寿命长，可靠性高；

④ 理论上可以保持瞬时传动比恒定；

⑤ 适用范围广，传递功率和圆周速度范围很大。

（2）缺点

① 需要专门的制造工具与设备；

② 在高速运行时，要求较高的制造及安装精度，否则传动的噪声及振动较大；

③ 不宜用于两轴间距离较大的场合，否则要增加惰轮，使机器结构复杂。

二、标准渐开线直齿圆柱齿轮

齿轮的齿廓曲线是渐开线，圆的渐开线由于它具有良好的综合性能而作为最常用的一种齿廓曲线。渐开线的形成原理如图 5-9 所示，在一个圆盘上绕一根棉线，线头口上拴一支铅笔，拉紧棉线并逐渐展开，铅笔尖在纸上画出来的曲线称为圆的渐开线。圆盘的外圆称为基圆，直径 bc 称为发生线，它与基圆相切，而且是渐开线在 b 点的法线。

在直角三角形 boc 中的 α 角，称为渐开线在 b 点的压力角，渐开线上各点压力角是不相同的。通常所说的压力角是指渐开线在分

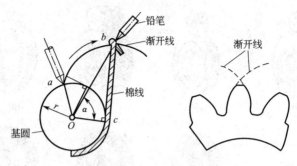

图 5-9 渐开线的形成原理

度圆上点的压力角 α_0，一般取两种标准数值 $\alpha = 20°$ 或 $\alpha = 15°$，常用 $\alpha = 20°$。

直齿圆柱齿轮的各参数如图 5-10 所示，分述如下。

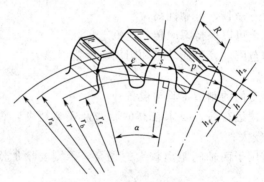

图 5-10 直齿圆柱齿轮的参数

（1）分度圆半径 r 它是度量齿轮轮齿位置的基准，分度圆是一个假想圆。

（2）齿顶圆半径 r_a 通过齿顶的圆，由分度圆至齿顶圆之间的径向距离称作齿顶高，以 h_a 表示。

（3）齿根圆半径 r_f 通过齿根的圆的半径。由分度圆至齿根圆之间的径向距离称作齿根高，以 h_f 表示。

（4）齿厚 s 从轮齿的周向度量，一个轮齿占分度圆上的弧长。

（5）齿槽宽 e　两个相邻轮齿齿廓在分度圆上的弧长。

（6）齿距或周节 p　两相邻同侧齿廓在分度圆上的弧长。

（7）模数 m　周节 p 与 π 的商称为齿轮的模数，单位为 mm。

渐开线的齿形是由齿轮基本参数：压力角 α、模数 m 和齿数 z 三者的数值决定的，此外还有齿顶高系数 h_a^* 和顶隙系数 c^* 等。各参数的关系为：

$$r = \frac{zm}{2}$$

$$p = \pi m$$

$$s = e = \frac{\pi m}{2}$$

$h_a = h_a^* m$，正常齿高制（$h_a^* = 1$，$c^* = 0.25$）

$h_f = (h_a^* + c^*)m$，短齿制（$h_a^* = 0.8$，$c^* = 0.3$）

$$r_a = r + h_a = \frac{m}{2}(z + 2h_a^*)$$

$$r_f = r - h_f = \frac{m}{2}(z - 2h_a^* - 2c^*)$$

$$h = h_a + h_f = (2h_a^* + c^*)m$$

$$r_b = r\cos\alpha = \frac{mz}{2}\cos\alpha \quad (r_b \text{ 为基圆半径})$$

可以看出：模数增大，齿轮半径增大，传递动力也增大；两个齿轮如要正确啮合，必须满足两齿轮压力角与模数分别相等的条件。

三、渐开线斜齿圆柱齿轮

1. 斜齿轮的优缺点

具有渐开线齿廓的两直齿圆柱齿轮，在进入啮合的一瞬间，是沿整个齿宽上同时接触受载的，接触线平行于轴线［图 5-11（c）中 K—K' 线］，在退出啮合时，也是沿着全齿宽同时脱离，这种接触方式对齿轮制造误差比较敏感，工作时容易产生振动与噪声，因此人们在实践中创造了斜齿轮［如图 5-11（b）所示］，一对斜齿在啮合过程中，它的齿是一端比另一端领先，当轮齿上领先的一端刚进入啮合时［图 5-11（a）］，轮齿的其余部分尚未进入啮合，只有 K

点接触，当齿轮继续转动时，轮齿进入啮合的部分逐渐增大，由点接触变成线接触［图 5-11(b)］，而且接触线是倾斜的。接触线先逐渐增长，然后逐渐减短，最后在 K'' 点脱离啮合。它比直齿沿全齿宽同时进入和退出啮合的工作情况要好得多，所以可减少传动时的冲击、振动和噪声，提高了传动的平稳性。

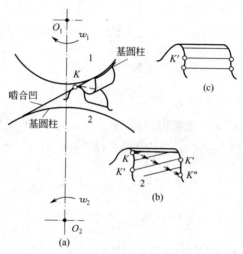

图 5-11 斜齿轮的接触线变化情况

斜齿轮的缺点是在啮合时产生轴向分力，往往要用推力轴承或向心推力轴承来加以承受，使得支承结构复杂化。若采用人字齿轮［图 5-11(c)］，则可抵消轴向力，但人字齿轮制造困难，它主要用于轧钢机等大功率的重型机械中。

2. 斜齿轮的几何关系

斜齿轮的轮齿从端面看与直齿圆柱齿轮有相同之处，但还有它的特殊之处，下面就讨论斜齿圆柱齿轮在端面和法面内的两种情形。

将斜齿轮的分度圆柱展开（图 5-12），展开后为一长方形，

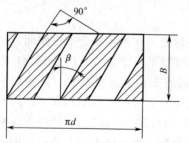

图 5-12 端面参数和法面参数的关系

其底边长是分度圆的周长 πd，高是齿轮的宽度 B。这时齿面与分度圆柱面相交而产生的螺旋线便成了斜直线，它和轴线的夹角 β 就是分度圆柱面上螺旋线的螺旋角，通常就用这个 β 角来表示斜齿轮轮齿的倾斜程度。

斜齿轮在端面与法面各有一套参数，端面参数用下标 t 表示，法面参数用下标 n 表示，由图 5-12 可得，法面周节 p_n 是端面周节 p_t 在法向（垂直于轮齿的方向）的投影。

$$p_n = p_t \cos\beta$$

由于法面模数 $\qquad m_n = p_n/\pi$

端面模数 $\qquad m_t = p_t/\pi$

因此 $\qquad m_n = m_t \cos\beta$

法面压力角 α_n 与端面压力角 α_t 的关系相应为：

$$\tan\alpha_n = \tan\alpha_t \cdot \cos\beta$$

斜齿轮的法面模数 m_n 和法面压力角 α_n 的标准值和直齿轮一样，而斜齿轮的几何尺寸是在端面进行计算的，这就要求掌握上面关于端面和法面模数的换算关系。

四、直齿圆锥齿轮

常用的直齿圆锥齿轮传动的两轴相交成直角 [图 5-8(f)、(g)、(h)]，它的几何参数和某些运动关系与圆柱齿轮传动很相似，只不过圆柱齿轮上的各个圆（分度圆、齿顶圆、齿根圆等）在圆锥齿轮上都成了相应的各个圆锥（分度圆锥、顶圆锥、根圆锥）等。

圆锥齿轮的齿厚是向锥顶逐渐收缩的，相应的两个端面即为大端和小端。大端上的各部分尺寸（分度圆直径 d、顶圆直径、齿顶高等）较大，小端各部分尺寸较小，一般按大端尺寸作为度量尺寸，并将大端模数取为标准值。

对于标准直齿圆锥传动，当两轴夹角为 90° 时，齿数比 u 与分度圆锥角 δ 之间有如下关系（图 5-13）：

$$u = \frac{z_2}{z_1} = \frac{d_2}{d_1} = \cot\delta_1 = \tan\delta_2$$

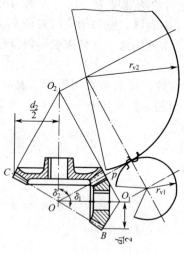

图 5-13 圆锥齿轮的当量齿轮

在图 5-13 中与分度圆 OPB、OPC 成正交的圆锥 O_1PB、O_2PC 称为背锥。背锥上的齿形可以视为圆锥齿轮轮齿的正确齿形。把两背锥假想地沿一母线剪开，展成平面，就得到两个扇形的齿轮。这两个扇形齿轮的齿廓形状是圆锥齿轮在背锥上的齿形展开而得的，它十分接近于平面渐开线。如果假想地将此二扇形补足为完整的圆形，就得到一对完整的圆柱齿轮，称为当量齿轮。

扇形齿轮的齿数是原来圆锥齿轮的实际齿数名 z_1 和 z_2。补足为圆形后，齿数相应地增加为 z_{v1} 和 z_{v2}，这就是当量齿数。

扇形的半径分别为：

$$r_{v1} = \frac{d_1}{2\cos\delta_1} = \frac{mz_1}{2\cos\delta_1}, \quad r_{v2} = \frac{d_2}{2\cos\delta_2} = \frac{mz_2}{2\cos\delta_2}$$

由于当量齿轮的周节与圆锥齿轮的周节相等，即模数相等，因此，当量齿数为：

$$z_{v1} = \frac{d_{v1}}{m} = \frac{2r_{v1}}{m} = \frac{z_1}{\cos\delta_1}, \quad z_{v2} = \frac{d_{v2}}{m} = \frac{2r_{v2}}{m} = \frac{z_2}{\cos\delta_2}$$

得到了当量齿数，就可以简易地对圆锥齿轮进行强度计算和选择铣刀了。

五、齿轮传动的传动比

对于直齿、斜齿及圆锥齿轮传动，两轮在正确啮合的情况下，必然是两分度圆相切并作纯滚动，单位时间内两轮转过的分度圆弧长一定相等，即：

$$n_1 \pi d_{分1} = n_2 \pi d_{分2} \quad 或 \quad n_1 mz_1 = n_2 mz_2$$

所以，齿轮传动的传动比应为：

$$i = \frac{n_1}{n_2} = \frac{d_{分2}}{d_{分1}} \quad 或 \quad i = \frac{n_1}{n_2} = \frac{z_2}{z_1}$$

即齿轮传动的传动比等于从动轮分度圆直径与主动轮分度圆直径之比，也等于从动轮齿数与主动轮齿数之比。

六、蜗杆蜗轮传动

1. 蜗杆蜗轮传动的特点

它用于传递空间交错的两轴之间的运动和转矩，通常两轴间的交错角 $\Sigma = 90°$。绝大多数是蜗杆为主动，蜗轮为从动。与齿轮传动相比，蜗杆传动的主要优点是传动比大、结构紧凑，传动平稳，无噪声；在一定条件下，蜗杆传动可以自锁，有完全保护作用。缺点是摩擦发热大，效率低，成本较高。

蜗杆与螺杆相仿，有左、右旋之分。在分度圆柱上只有一根螺旋线的叫单头蜗杆，显然蜗杆的头数就是它的齿数 z_1，一般 $z_1 = 1 \sim 4$。z_1 小，传动比大而效率低；z_1 大，效率高，但加工困难。

2. 蜗杆蜗轮传动的传动比

$$i = \frac{n_1}{n_2} = \frac{z_2}{z_1}$$

式中，n_1 和 z_1 为蜗杆转速和其螺纹头数；n_2 和 z_2 为蜗轮转速和其齿数。

蜗杆传动广泛应用于各类机床、矿山机械、起重运输机械的传动系统中，但因其效率低，所以通常用于传递 50kW 以下的中小功率。

七、安装、使用和维护

安装时，各齿轮与轴的同轴度，圆柱齿轮两轴的平行度，锥齿轮两轴相交的角度公差和蜗杆蜗轮两轴交错的角度公差等都必须符合设计规定要求。安装完毕后要进行试车检查，检查齿面是否接触均匀，重要齿轮要进行涂色检查来确定齿轮的接触情况。

运行时，要按规定保持正常的润滑条件；闭式齿轮传动主要用润滑油来润滑，一般将大齿轮的轮齿浸入油池中润滑；对于开式齿轮传动，为了避免灰尘等杂物侵入和确保人身与设备安全，开式传动装置应加防护罩。操作人员一定要熟悉齿轮传动运行时的正常声音，一般可重点检查轴承、齿轮等处的位置，当发生异常声音或油温过高时，应立即停车进行检查。

要定期对齿轮传动的各部件进行检查，包括拆卸、清洗、清除润滑油中杂质、检查轴承状况等，一般可进行小修、中修及有计划的大修等。

第四节 常用联接件

一、螺纹联接件

螺纹联接件是机械中最常用的零件之一。它具有结构简单、形式多样、连接可靠、装拆迅速和成本低廉等优点，所以应用极为广泛。

1. 常用螺纹

常用的螺纹主要是牙型角为 60°的三角形螺纹（称为普通螺纹）。由于其当量摩擦角大，自锁性能好，所以广泛用于联接中。三角形螺纹按照螺距（升角）又可分为粗牙和细牙两种。一般联接用粗牙螺纹又称基本螺纹。细牙螺纹自锁性更好，常用于受载荷大或有振动、变载荷作用的联接以及薄壁零件、微调装置中等，如图 5-14(a) 所示。

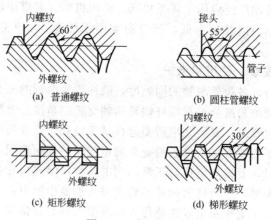

图 5-14　常用螺纹

圆柱管螺纹［图 5-14(b)］也是一种三角形螺纹。常用的是牙型角为 55°，用于管联接，适用于压力为 1.6MPa 以下的水、煤气管路、润滑和电缆管路系统。

还有矩形螺纹、梯形螺纹［图 5-14(c)、(d)］和锯齿形螺纹，由于自锁性差，但螺纹副间的摩擦力较小，故均用于传动中。

2. 螺纹联接的类型

(1) 螺栓联接 如图 5-15(a) 所示，用一端有螺栓头另一端制有螺纹的螺栓，穿过被联接件的通孔，旋紧螺母，将被联接件联接起来。螺母与被联接件之间常放置垫圈。它的特点是被联接件上不必切制螺纹，装拆方便，成本低，常用在被联接件不太厚且需要经常拆装的地方。

(2) 双头螺柱联接 如图 5-15(b) 所示，其应用在被联件之一因太厚不便穿孔，经常装拆的地方。

(3) 螺钉联接 如图 5-15(c) 所示，常应用在被联接件之一较厚，不经常装拆，受力不太大的场合。

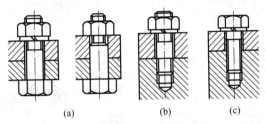

(a)　　　　　(b)　　　　　(c)

图 5-15　螺纹连接的基本型式

3. 螺纹联接的预紧和防松

(1) 螺纹联接的预紧 联接装配时通常要将螺母适当旋紧，称为预紧。其目的是为了防止接合面受外力作用而发生松动，保证联接的正常工作并可提高螺栓的疲劳强度。对于一般螺纹联接，大多数使用普通扳手来旋紧螺母。

(2) 螺纹联接的防松 螺纹联接在工作时，由于载荷的变化、机器的振动以及工作温度的变化等因素，联接中的锁紧作用就会减弱，螺母发生松退，致使螺纹联接失效，引起机器故障甚至发生严重事故。因此，为避免这种情况，常常需要加防松结构，防止螺母自动松退。根据工作原理可分为如下两种。

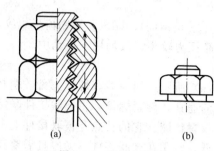

图 5-16　摩擦力防松

① 摩擦力防松　常见的具体结构有双螺母防松[图 5-16(a)]和弹簧垫圈防松[图 5-16(b)]。前者的原理是将上下两个螺母同时旋紧，这样两者与螺栓间保持一定的拉力，此力将增加螺母与螺栓间的摩擦力，从而防止螺母松动。后者是利用垫圈的反弹力产生附加摩擦力防松。弹簧垫圈防松简单、可靠，应用较普遍。

② 机械防松　即用机械的方法将螺母固定，常用结构有：开口销[图 5-17(a)]、止动垫片[图 5-17(b)]，带翅垫片[图 5-17(c)]和串联钢丝[图 5-17(d)]等。机械防松比摩擦力防松可靠。

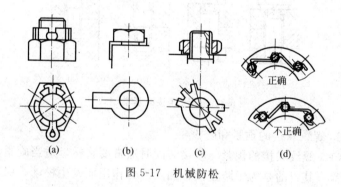

图 5-17　机械防松

二、键联接

键是一种标准零件，通常用来联接轴和轴上的旋转零件或摆动零件，起到周向固定的作用，以便传递扭矩。它具有结构简单、装拆方便等优点。

键可分为平键、半圆键、楔键、切面键等几类。

（1）平键联接　它具有结构简单、装拆方便、对中性较好等优点，因而得到广泛应用。键的两侧面是工作面，靠它来传递扭矩，但不能承受轴向力，不能对轴上的零件起到轴向固定的作用。按键构造分，有圆头（A 型）、方头（B 型）及单圆头（C 型）三种，如图 5-18 所示。键一般用抗拉强度如 $\delta_B \geqslant 600\text{MPa}$ 的碳钢或精拔钢制造，常用的材料为 45 号钢。

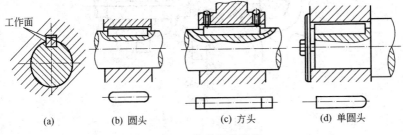

| (a) | (b) 圆头 | (c) 方头 | (d) 单圆头 |

图 5-18　普通平键联接

（2）半圆键　键在槽中能绕其几何中心摆动以适应轮毂中键槽的斜度，工作时，靠其侧面来传递扭矩。特点是：工艺性较好，装配方便、尤其适用于锥形轴与轮毂的联接。缺点是键槽较深，对轴的强度削弱较大，故一般只用于轻载联接中，如图 5-18（c）所示。

（3）楔键　工作时，靠键的楔紧作用来传递扭矩，同时还可承受单向的轴向载荷，对轮毂起到单向的轴向定位作用。它分为普通楔键及钩头楔键两种，如图 5-19 所示。常用于一些低速、轻载和对传动精度要求不高的联接中。

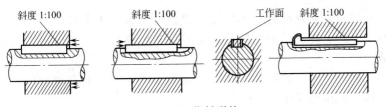

图 5-19　楔键联接

（4）切向键　工作时，靠工作面上的挤压力和轴与轮毂间的摩擦力来传递扭矩。用一个切向键时，只能单向传动；有反转要求时，必须用两个切向键，常用于重型机械、直径较粗的轴等场合，如图 5-20 所示。

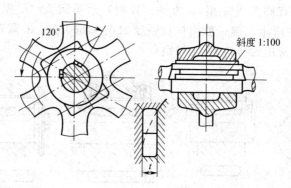

図 5-20　切向键

三、销联接

销主要用来固定零件之间的相对位置，也用于轴与毂的联接或其他零件的联接，并可传递不大的载荷。还可作为安全装置中的过载剪断元件。各种销如图 5-21 所示。

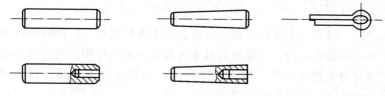

图 5-21　各种销钉

（1）普通圆柱销　主要用于定位，也可用于联接。销孔需铰制，多次装拆就会破坏联接的可靠性和精确性，只能传递不大的载荷。

（2）普通圆锥销　具有 1∶100 的锥度，以使具有可靠的自锁性能，定位精度比圆柱销高。

（3）开口销　一种防松零件，常用 Q235A 及 10、15 等低碳钢丝来制造。常与槽形螺母合用以防螺母松动。

（4）安全销　用于传动装置或机器的过载保护，当扭矩过大时，销被切断，工作构件便与驱动部分脱离，从而避免机器损坏。

复习思考题

1. 传动方式一般分为哪几类？
2. 带传动是如何实现传动的？常用的方式有哪几种？
3. 三角带的安装应注意什么？
4. 链传动是如何工作的？优、缺点分别是什么？
5. 齿轮传动的优、缺点分别是什么？
6. 渐开线的形成原理是什么？
7. 标准直齿圆柱齿轮的主要参数有哪些？
8. 斜齿轮有什么优、缺点？
9. 螺纹联接主要有哪几种类型？分别应用在什么场合？
10. 键联接中，键可分为哪几类？

第六章 轴 与 轴 承

机械传动中的带轮、链轮和齿轮等旋转件是不能单独使用的，它们一定要安装在轴上，而轴又必须安装在轴承上。本章将介绍有关轴、轴承及联轴器等内容。

第一节 轴

轴是组成机器的主要零件之一。一切作回转运动的传动零件（例如齿轮、蜗轮等），都必须安装在轴上才能进行运动及动力的传递。轴的功用是：①支持回转零件（如齿轮、带轮等），使其具有确定的工作位置；②传递运动和转矩。

一、轴的分类

根据所受载荷的不同，轴可分为心轴、转轴和传动轴三种。

（1）心轴　只受弯矩而不受转矩的轴，心轴又可分为转动的心轴和不转动的心轴。

（2）转轴　同时承受弯矩和转矩的轴。

（3）传动轴　只受转矩不受弯矩，或所受弯矩很小的轴。

按照轴的轴线形状的不同，轴可分为曲轴［图 6-1(a)］和直轴［图 6-1(b)、(c)］两大类。

曲轴（通过连杆机构）可以将旋转运动改变为往复直线运动，或作相反的运动转换，例如汽车内燃机中曲轴可将活塞的往复运动转换为旋转运动，带动车轮转动。

直轴根据外形的不同，可分为光轴［图 6-1(b)］和阶梯轴［图 6-1(c)］两种。光轴形状简单，加工容易，轴上应力集中减少。但零件在其上安装和固定不便。光轴常用于纺织机械、农业机械和机床上。阶梯轴各截面的直径不同，便于轴上零件的安装和定

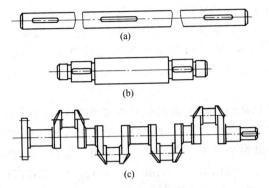

图 6-1　常见轴类型

位，而且由于轴上载荷通常是不均匀分布的，所以阶梯轴受载比较合理，接近等强度梁，广泛地应用在各种转动机构中。

　　直轴一般都制实心的。但有时因机器结构要求而需在轴中装其他零件，或者在轴孔中输送润滑油、冷却液，或者对减轻轴的重量有重大作用时（如大型水轮机的轴、航空发动机的轴），则将轴制成空心的（图 6-2）。由于传递转矩主要靠轴的外表面材料，所以空心轴比实心轴在材料利用方面较为合理，可节约材料。通常空心轴内径与外径的比值为 0.5～0.6，以保证轴的刚度及扭转稳定性。

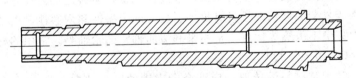

图 6-2　空心轴

　　此外，还有一些特殊用途的轴，如凸轮轴（即凸轮与轴制成一体）和钢丝软轴等。

二、轴的常用材料

　　轴的材料首先应有足够的强度，对应力集中敏感性低。其次应满足刚度、耐磨性、耐腐蚀性、可加工性等要求，同时还要考虑价格供应等情况。

　　轴的常用材料主要是碳钢和合金钢，其次是球墨铸铁。

碳钢有足够高的强度，对应力集中不太敏感，便于进行各种热处理及机械加工，价格低廉，应用最为广泛。一般机器的轴，可用30号、40号、45号、50号等牌号的优质中碳钢来制造，尤以45号钢最为常用。对低速轻载或不重要的轴，一般不需要进行热处理。

合金钢比碳钢具有更高的机械性能和更好的淬火性能。因此，在传递大动力，并要求减小尺寸与重量、提高轴颈的耐磨性，以及处于高温或低温条件下工作的轴，常采用合金钢。一般常用的合金钢有：40Cr、40MnB、35CrMo、2Cr13、1Cr18Ni9Ti 等，其中2Cr13、1Cr18Ni9Ti 为不锈钢，常用于化工设备中处于腐蚀环境中工作的轴等。合金钢的缺点是对应力集中比较敏感。因此，合金钢轴不但应有合理的结构形状，而且要有较高的表面质量。

应该注意，在一般工作温度下（低于200℃）合金钢和碳钢的弹性模量十分接近，因此靠选用合金钢来提高轴的刚度是不行的，此时应采用增大轴的直径、改进结构等方法来提高轴的刚度。

各种热处理（如高频淬火、渗碳、氮化、氰化等）以及表面强化处理（如喷丸、滚压等），对提高轴的抗疲劳强度都有显著的效果。

高强度铸铁和球墨铸铁虽然强度比钢低，但铸造工艺性好，容易做成复杂的形状，且具有价廉、良好的吸振性和耐磨性，以及对应力集中不敏感等优点，常用来制造曲轴、凸轮轴等。常用的材料有：QT40-10、QT45-5、QT60-2 等。

对于轴材料的选取，应综合考虑轴的工作状况（所受应力的大小及性质、转速高低、周围环境等）、重要性和结构复杂性、生产批量、材料可加工性以及经济性等因素，全面衡量后，合理选取。

第二节 轴 承

轴承是机器中用来支持轴的重要组成部分，它能使轴旋转时确保其几何轴线的空间位置，承受轴上的作用力，并把作用传到机座上。

机器中所用的轴承，按照它们工作时摩擦性质的不同，可分为滚动（摩擦）轴承和滑动（摩擦）轴承两大类。

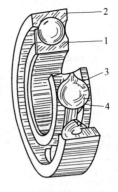

图 6-3 滚动轴承结构
1—内圈；2—外圈；
3—滚动体；4—保持架

一、滚动轴承

1. 滚动轴承的结构与分类

滚动轴承的基本结构如图 6-3 所示。内圈用来和轴颈装配，外圈用来和轴承座装配。通常是内圈随轴颈回转，外圈固定，但也可以使外圈回转而内圈不动，或者内、外圈同时回转。当内、外圈相对转动时，滚动体即在内外圈的滚道间滚动。

根据滚动体的形状（图 6-4），滚动轴承分为球轴承和滚子轴承，滚子轴承中又有短圆柱滚子轴承、滚针轴承（直径大于 6mm 的称长圆柱滚子轴承）、圆锥滚子轴承、球面滚子轴承和螺旋滚子轴承等之分。

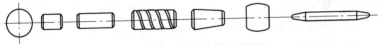

图 6-4 滚动体的形状

滚动轴承运转时，由于内圈与外圈之间隔有滚动体，形成滚动摩擦，其摩擦系数比滑动摩擦系数小得多，因此具有摩擦阻力小、功耗小、启动容易等优点。目前，滚动轴承已被广泛应用在机器制造业的各个部门中，并已形成国家标准。

2. 滚动轴承的基本类型及其代号

（1）滚动轴承的主要类型

按照轴承内部的结构和承受的外载荷的不同，主要分为向心轴承、推力轴承和向心推力轴承三大类，图 6-5 为它们承载情况的示意图。主要承受径向载荷 R 的轴承叫做向心轴承，其中有几种类型还可以承受不大的轴向载荷；只能承受轴向载荷 A 的轴承叫做推力轴承；能同时承受径向载荷 R 和轴向载荷 A 的轴承叫做向心

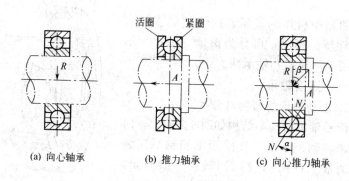

图 6-5 不同类型轴承的承载情况

推力轴承。

(2) 轴承的代号

轴承代号由基本代号、前置代号和后置式号构成。

基本代号表示轴承的基本类型、结构和尺寸，是轴承代号的基础。基本代号由轴承类型代号、尺寸系列代号、内径代号构成。其中类型代号用阿拉伯数字或大写拉丁字母表示，尺寸系列代号和内径代号用数字表示。

例：N2210 N—类型代号，22—尺寸系列代号，10—内径代号

内径代号所表示的轴承内径尺寸见表 6-1。

表 6-1　轴承内径代号

内径代号	00	01	02	03	04~96
轴承内径/mm	10	12	15	17	代号乘 5 即为轴承尺寸 20~480

内径小于 10mm 和大于 480mm 的轴承，国家标准另有规定。

轴承类型代号用数字或字母按表 6-2 表示。

轴承尺寸系列代号按 GB/T 272—1993 标准。尺寸系列代号由轴承的宽（高度）系列代号和直径系列代号组合而成。

前置、后置代号是轴承在结构形状、尺寸、公差、技术要求等有改变时，在其基本代号左右添加的补充代号。前置代号用字母表示，后置代号用字母（或加数字）表示。可在标准中查找。

表 6-2 轴承类型代号

代号	轴 承 类 型	代号	轴 承 类 型
0	双列角接触球轴承	7	角接触球轴承
1	调心球轴承	8	推力圆柱滚子轴承
2	调心滚子轴承和推力调心滚子轴承	N	圆柱滚子轴承
3	圆锥滚子轴承		双列或多列用字母 NN 表示
4	双列滚沟球轴承	U	外球面球轴承
5	推力球轴承	QJ	四点接触球轴承
6	深沟球轴承		

注：在表中代号后或前加字母或数字表示该类轴承中的不同结构。

代号举例：

62301 6 表示深沟球轴承，2 表示宽度系列代号为 2（宽）系列，3 表示直径系列代号为 3（中）系列，01 表示轴承直径 $d=12\text{mm}$；

7（0）310ACP5 7 表示角接触球轴承，（0）表示宽度系列代号为 0（窄）系列，3 表示直径系列代号为 3（中）系列，10 表示轴承直径 $d=50\text{mm}$，AC 表示公称接触角 $\alpha=25°$，P5 表示公差等级 5 级。

3. 滚动轴承的润滑与密封

滚动轴承各元件间在运转中虽作相对滚动，但亦伴有相对滑动。在载荷作用下，接触处产生很大的接触应力和摩擦力，同时发出热量引起高温，导致接触表面的磨损、点蚀乃至胶合。因此，必须进行有效的润滑，借以降低摩擦阻力、散热、减轻磨损、吸振缓冲和防止锈蚀等。

滚动轴承常用的润滑方式有油润滑和脂润滑两种。

脂润滑结构简单，油膜强度高，不易流失，便于密封。但润滑脂 104 的黏度大，高速时发热严重。所以只适于较低速度下采用。

润滑脂的主要性能指标为稠度和滴点。轴承的载荷大、速度较低时，可选稠度小的润滑脂；反之，应选稠度较大的润滑脂。为了不使润滑脂流失，轴承的工作温度应低于润滑脂的滴点。另外，选用润滑脂种类必须考虑工作环境的要求，例如抗湿、耐水、耐蚀等。

此外，轴承中润滑脂的充填量以填满轴承空隙的 $1/3\sim1/2$ 为宜，高速下，只能充填至 $1/3$，充填过满，将使摩擦加剧，温度升高，使油脂黏度下降，影响轴承工作。

当载荷大、速度较高和工作温度高时，脂润滑已不能满足要求而必须采用油润滑。油润滑的主要性能指标是黏度。轴承所受载荷愈大，工作温度愈高，需选黏度愈大的油。而轴承的转速愈高，则应选用黏度愈低的油。常见的油润滑方法主要有以下几种。

（1）油浴润滑 这种方式是将轴承的一部分浸入油池中进行润滑。如图 6-6 所示。这是在低速和中速轴承中用得最多的一种润滑方式。在转速高于每分钟一万转时不允许用这种方式润滑，因这时的搅动损失很大，会引起油液和轴承的严重过热。

（2）飞溅及油环润滑 用于闭式润滑，利用回转零件（如齿轮、甩油盘等）把油击成油星飞溅至箱盖，通过油沟送至轴承，或利用轴上油环浸于油中，转动时将油带入轴承，如图 6-7 所示。这种润滑方式方便，但溅油零件的圆周速度不宜过高，浸入油内不宜过深，其缺点是易使沉积的磨粒进入轴承，致使轴承过早磨损。

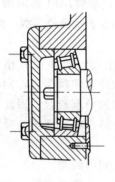

图 6-6 油浴润滑

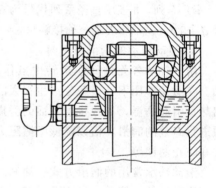

图 6-7 飞溅润滑

（3）循环润滑 这种方式是用油泵把油连续输入到轴承中进行润滑。它可以控制轴承温度，常用于给油点多及重载、振动大或承受交变载荷的工作条件下以及高速轴承中，是很好的供油方式。

（4）喷雾润滑 这种方式是用滤过的洁净压缩空气把净化的润滑油雾化，然后吹入轴承，使油雾可靠地达到轴承摩擦面上。这种方式润滑效果好，冷却效果也好，适合于高速轻载的轴承。其缺点是耗空气量大，排出的油雾污染环境等，多用于中小型轴承，如图 6-8 所示。

（5）喷射润滑　如轴承的温度较高，达到 120℃时，喷雾油嘴易被油的积炭堵塞，而轴承回转时产生的气流使油难以进入轴承，此时，可将油用 9810～49000N/m² 的压力，用喷嘴对准滚动轴承内圈与保持架之间的间隙喷射，如图 6-9 所示。

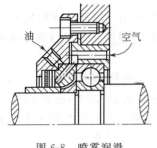
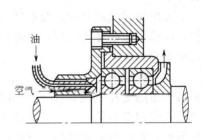

　　　　图 6-8　喷雾润滑　　　　　　　图 6-9　喷射润滑

除上述几种润滑方法外，还有滴油、油杯、油绳润滑等。

润滑油的使用要定期检查、更换，油的更换期要看油的变质情况而定，如油的黏度超过规定值的 10%～15%、水分超过 1%～3%时，就应当更换。通常，在设备连续运转时，如轴承温度在 50℃左右，一般可一年更换一次润滑油；如外界温度较高，轴承温度在 100℃时，就要一年更换两三次；如油中水分及异物侵入较多时，就要适当增加更换次数。

滚动轴承密封的主要作用是为了防止灰尘、水分、酸气和其他物质侵入轴承以及阻止润滑剂漏失。常用的密封装置可分为接触式及非接触式两类。

接触式密封即在轴承端盖内放置软质材料与转轴直接接触而起密封作用。常用形式有如下两种。

（1）皮碗密封 ［图 6-10(a)］ 密封件是用耐油橡胶或皮革制成的碗形件，放进轴承盖中，用环形螺旋弹簧压紧皮碗的唇部，使皮碗与轴颈密切接触，密封唇的方向应朝向需密封的部位，如图示，密封部分即主要是为了防漏。皮碗密封的结构简单，安装方便，易于更换，密封可靠，但接触面滑动速度口不能太高，一般用于 v <10m/s 的油润滑或者脂润滑处，而且轴颈表面径精车和抛光。

（2）毡圈密封环［图 6-10（b）］ 密封件为用细毛毡制成的环形毡圈。轴承盖上开出梯形槽，毡圈嵌入梯形槽中与轴颈密切接触。这种密封结构简单，安装方便，但是密封压紧力小，且不易调节。一般只能用于低速（$v < 5\text{m/s}$）的脂润滑和很低速度的油润滑装置中。

采用接触式密封时，接触处总要产生滑动摩擦，导致发热和磨损，而选用非接触式密封，就能避免这种缺点。常用的非接触式密封形式有如下三种。

（1）隙缝密封［图 6-10（e）、（f）］ 最简单的结构形式是在轴和轴承盖的通孔之间留出半径间隙约为 $0.1 \sim 0.3\text{mm}$ 的隙缝。这对使用脂润滑的轴承具有一定的密封效果。在轴承盖的通孔内车出环形槽，槽中填充润滑脂，可以提高密封的效果。

（2）迷宫式密封［图 6-10（c）］ 迷宫是指由旋转的和固定的密封件之间构成的隙缝是曲折的。通常迷宫沿径向布置，隙缝最小取为 $0.2 \sim 0.5\text{mm}$。隙缝中常填入润滑脂。

迷宫式密封用于脂润滑和油润滑都有效。特别是当环境比较脏和潮湿时，应用迷宫式密封是相当可靠的。

（3）甩油环密封 在轴上开出沟槽或装上油环，借离心力将沿

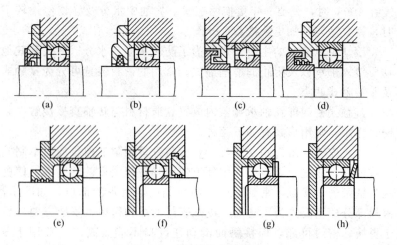

图 6-10 密封的主要形式

轴表面外流的油甩掉，集结后流回油池，因而起到密封的作用。但是，停车后便失去密封效果，故常和其他形式的密封联合使用。图6-10(g)、(h)中轴承内侧装设的甩油盘就是借离心作用将可能进入轴承内部的油甩掉，起到密封的作用。

在重要的机器中，为了获得可靠的密封效果，常将多种密封形式合理地组合使用，如迷宫式加隙缝式［图6-10(d)］的组合等。

二、滑动轴承

1. 滑动轴承的特点

滑动轴承和滚动轴承一样，也是作为一种支承来支持转轴和心轴的。与滚动轴承不同之处在于前者的轴颈和轴承表面工作时形成滑动摩擦，而后者主要形成滚动摩擦。

滑动轴承按其承载方向可分为向心滑动轴承、推力滑动轴承、向心和推力组合滑动轴承。与滚动轴承相比滑动轴承具有以下特点：

①寿命长，适于高速　如设计正确，可保证在液体摩擦的条件长期工作，例如大型汽轮机、发电机多采用液体摩擦滑动轴承；

②能承受冲击和振动载荷　滑动轴承工作表面间的油膜能起缓冲和吸振的作用，如冲床、轧钢机械以及往复式机械中多采用滑动轴承；

③运转精度高，工作平稳，无噪音；

④结构简单，装拆方便　滑动轴承常做成剖分式的，这给装拆带来很多方便，如曲轴轴承，多采用剖分式滑动轴承；

⑤承载能力大，可用于重载场合；

⑥非液体摩擦滑动轴承，摩擦损失大，液体摩擦滑动轴承、摩擦损失与滚动轴承相差不多，但设计、制造润滑及维护要求较高。

由此，滑动轴承的应用不如滚动轴承那样普遍，但在大型汽轮机、发电机、压缩机、轧钢机以及高速磨床等设备中仍然得到广泛的应用。在这些设备中，滑动轴承往往是关键性的部件之一，其工作性能的好坏直接影响整个机器的运转稳定性。下面将主要介绍向心滑动轴承。

2. 向心滑动轴承的类型及结构

（1）整体式径向滑动轴承 这种轴承分为有轴套和无轴套两种。如图 6-11 所示，轴套压装在轴承座中，并加止动螺钉以防相对运动。轴承座的顶部设有装有油杯的螺纹孔。轴承用螺栓固定在机架上。这种轴承结构简单、制造方便、成本低，但轴必须从轴承端部装入，装配不便，且轴承磨损后径向间隙不能调整，故多用于低速、轻载及间歇工作的地方，如绞车、手摇起重机等。

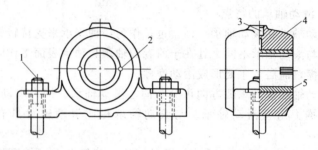

图 6-11 整体式径向滑动轴承
1—固定螺栓；2—止动螺钉；3—装油杯的螺纹孔；4—轴承体；5—轴套

（2）剖分式滑动轴承 如图 6-12 所示，这种轴承由轴承座、轴承盖、剖分式轴瓦、润滑装置和连接螺栓等组成。轴承座和轴承盖的剖分处有止口，以便定位和防止轴向移动；止口处上下面有一定间隙，当轴瓦磨损经修整后，可适当减少放在此间隙中的垫片来调整轴承盖的位置以夹紧轴瓦。装拆这种轴承时，轴不需轴向移动，故装拆方便，被广泛地应用。

（3）调心式径向滑动轴承 当安装有误差或轴的弯曲变形较大时，轴承两端会产生接触磨损，因此对于较长的轴，轴的挠度较大不能保证两轴承孔的同轴度时，常采用调心轴承，如图 6-13 所示，调心轴承又称自位轴承。这种轴承的轴瓦和轴承体之间采用球面配合。球面中心位于轴颈轴线上。轴瓦能随轴的弯曲变形沿任意方向转动以适应轴颈的偏斜，可避免轴承端部的载荷集中和过度磨损。

3. 轴瓦和轴承衬

轴瓦是滑动轴承的主要组成部分，它直接与轴颈接触，其性能

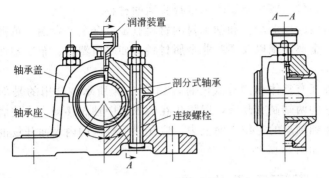

图 6-12　剖分式滑动轴承

的好坏对轴承的工作影响很大。为了节省贵重的合金材料或者由于结构上的需要，常在轴瓦的内表面上浇铸或轧制一层轴承合金，这层轴承合金称为轴承衬。具有轴承衬的轴瓦，轴承衬直接与轴颈接触，轴瓦只起支承作用。

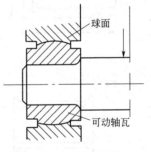

图 6-13　调心式径向
滑动轴承

　　一般情况下，滑动轴承的主要失效形式是磨损和胶合，其他还有疲劳剥伤、刮伤、腐蚀等。因此，轴瓦和轴承衬的材料应具备下列性能。

　　① 有足够的疲劳强度，以防在载荷作用下产生疲劳裂纹和剥伤；有足够的抗压强度，以防过度的塑性变形。

　　② 有良好的可塑性，使轴承能适应轴颈少量的偏斜和变形，使落入间隙的微小硬粒能嵌入轴瓦（衬）表面，以免擦伤轴颈。

　　③ 有良好的耐磨性和减摩性，使轴承工作时摩擦系数低并且不致研损轴颈。

　　④ 有良好的加工性和跑合性，加工性好，易于获得光滑的加工表面，跑合性好，可缩短跑合期，延长使用期限。

　　⑤ 其他性能，如导热性好，热膨胀系数低，耐磨蚀，易于浇铸，价格便宜等。

　　任何一种材料都不可能全面满足上述要求，因此，只能根据具体工作条件，按主要要求来选择合适的材料。

目前常用的轴瓦和轴承衬的材料有轴承合金、青铜、黄铜、灰铸铁、金属陶瓷以及某些非金属材料，如木质塑料、布质塑性、尼龙等。

轴瓦有整体和剖分式两种，如图 6-14 所示。常用的是剖分式的，它的两端制有凸缘，以防止在轴承座中轴向移动。为使润滑油能分布到轴承的工作表面上去，应在非承载区的内表面开设油沟和油孔，如图 6-15 所示。

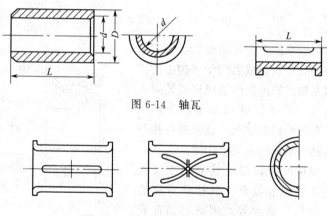

图 6-14 轴瓦

图 6-15 轴瓦的油孔和油沟型式

第三节 联 轴 器

联轴器是机械传动中常用的部件。它主要用来连接轴与轴（有时也连接轴与其他回转零件），以传递运动与扭矩。此外，联轴器还应能对两轴可能发生的位移进行补偿，并具有吸收振动、缓和冲击的能力。

联轴器种类很多，根据其内部是否包含有弹性元件，可划分为刚性联轴器与弹性联轴器两大类。弹性联轴器具有弹性元件，故能吸收振动、缓和冲击，同时也可利用弹性元件的弹性变形不同程度地补偿两轴线可能发生的偏移。刚性联轴器根据其结构特点可分为固定式与平移式两类，前者没有补偿位移的能力，后者利用其中某些元件的相对运动来补偿两轴线的偏移。通常刚性可移式联轴器补偿能力高于弹性联轴器，但无吸收振动、缓和冲击的能力。

一、刚性联轴器

（1）套筒联轴器　如图 6-16 所示，由套筒、链、紧定螺钉或销钉组成。特点是结构简单，径向尺寸小，但安装或拆卸时轴须作较大的轴向移动，很不方便。此联轴器适用于载荷不大、工作平稳、两轴线严格对中、径向尺寸小的场合，在机床中应用较广。套筒常用 35 号或 45 号钢制造。

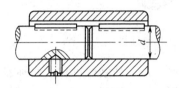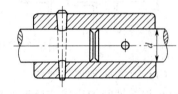

图 6-16　套筒联轴器

（2）凸缘联轴器　是应用较广的一种固定式联轴器，由两个分装在轴端的半联轴器及联接螺栓所组成（图 6-17）。安装时借助于半联轴器上的凸肩与凹槽［图 6-17（a）］或剖分圆环［图 6-17（b）］对中；工作时依靠两半轴接触面间的摩擦力或螺栓受剪来传递转矩。其特点是结构简单、价廉、能传递较大的转矩，但无吸振缓冲作用，适用于转速低、无冲击、轴的刚性大、对中性较好的

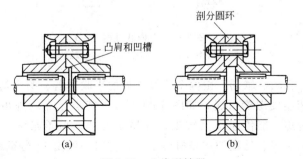

图 6-17　凸缘联轴器

场合。半联轴器常用铸铁（HT150 或 HT250）制造。

（3）NZ 挠性爪型联轴器 是一种刚性手移式联轴器，由两个带较宽凹槽的半联轴器和一个中间滑块组成（图 6-18）。其特点是：重量轻（中间滑块由夹布胶木或尼龙制成），惯性力小，适用于联接小转矩而转速高的两根轴。材料一般用铸铁（HT300）等。

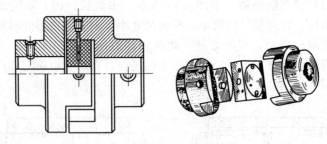

图 6-18 NZ 挠性爪型联轴器

（4）万向联轴器 如图 6-19 所示，是一种刚性可移式联轴器，用于两相交轴间的连接，所连两轴的轴线夹角可达 40°～45°。万向联轴器广泛应用于汽车、拖拉机和机床中。

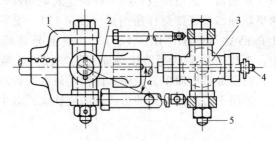

图 6-19 万向联轴器
1,2—叉形接头；3—十字接头；4,5—轴销

（5）齿轮联轴器 由两个具有外齿的半联轴器、两个具有内齿的外壳和连接螺栓组成，如图 6-20 所示。特点是靠内外齿的啮合来传递转矩，能传递很大转矩，并易于安装，但重量大，成本较高，常用于中、低速的重型机械中。其材料一般由 45 号钢或 ZG45 铸钢制造。

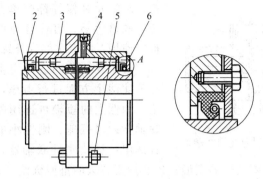

图 6-20　齿轮联轴器

1—内套筒；2—密封端盖；3—外套筒；4—油孔；

5—连接螺栓；6—密封圈

二、弹性联轴器

（1）弹性圈柱销联轴器　由两个半联轴器和带有弹性圈的柱销所组成（图 6-21）。它的结构与凸缘联轴器相似，只是用柱销代替了联接螺栓，弹性圈常用橡胶制成，因而可补偿两轴线的径向偏移和角度位移，并具有吸振和缓冲作用。其结构简单，价格便宜，故应用较广，但弹性圈易磨损，寿命较短。它适用于联接载荷平稳、需正反转或起动频繁的传递的小扭矩的轴。

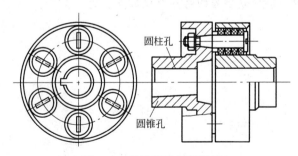

图 6-21　弹性圈柱销联轴器

（2）柱销联轴器的结构如图 6-22 所示，工作时扭矩是通过半联轴器、柱销而传到从动轴上去的，为了防止柱销滑出，柱销外侧设有挡板。柱销的材料有尼龙-6、榆木、胡桃木等。其特点是制

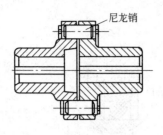

图 6-22 尼龙柱销联轴器

造、装配及维修等都简单方便，寿命长，取材容易，可代替弹性圈柱销联轴器使用，缺点主要为外廓尺寸较大。

对于联轴器的选择应主要从类型和尺寸两个方面进行考虑，一般对低速、刚性大的短轴可选用固定式刚性联轴器；对低速、刚性小的长轴，则宜选用可移式刚性联轴器，以补偿长轴的安装误差及轴的变形；传递扭矩较大的重型机械（如起重机），则可选用齿轮联轴器；对高速有振动的轴，应选用弹性联轴器；对于轴线相交的两轴，则宜选用万向联轴器。

复习思考题

1. 根据所受载荷不同，轴可分为哪几种？
2. 为了提高轴的抗疲劳强度，一般可进行什么处理？
3. 说明滚动轴承的基本结构。
4. 滚动轴承润滑的目的是什么？
5. 向心滑动轴承有哪几种类型？
6. 轴瓦和轴承衬分别起什么作用？
7. 说明套筒联轴器的特点及优缺点。

第二篇 化工机械

第七章 流体输送机械

第一节 泵

一、泵的类型

泵是一种输送液体的机器。它以一定的方式将来自原动机的机械能传递给进入（吸入或灌入）泵内的被送液体，使液体的能量（位能、压力能或动能）增大，依靠泵内被送液体与液体接纳处（即输送液体的目的地）之间的能量差，将被送液体压送到液体接纳处，从而完成对液体的输送。泵的类型可按以下方式分类。

（1）依据泵向被送液体传递能量的方式分类

① 动力式泵　泵连续地将能量传递给被送液体，使其速度（动能）和压力能（位能）均增大（主要是速度增大），然后再将其速度降低，使大部分动能转换为压力能，被送液体以升高后的压力实现输送。

② 容积式泵　泵在周期性地改变泵腔容积的过程中，以作用和位移的周期性变化将能量传递给被送液体，使其压力直接升高到所需的压力值后实现输送。

（2）依据泵的用途分类

① 水泵　输送的液体为水，如供水泵、排水泵、灌溉泵、消防泵、污水泵等。

② 工业泵　输送各种工业生产所需的液体物料（也包括工艺用水），如化学工业用泵、石油工业用泵、热电站用泵、矿山用泵、

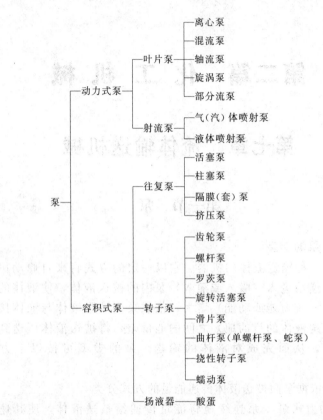

建筑用泵、船舶用泵、航空用泵、航天用泵、核工业用泵、食品工业用泵、造纸工业用泵等。

二、化工用泵的特点

化工用泵是用于化工（包括石油化工）生产中，输送所需各种液体物料的泵，如进料泵、回流泵、循环泵、注入泵、冲洗泵、放料泵、产品输送泵等。

化工生产的各种化工过程都是在一定的压力和温度下进行的，且参与各化工过程的液体物料也是多种多样、性能各异，如：含有固体颗粒或悬浮物，有腐蚀性、易燃易爆、高黏度等，因此化工用泵的品种和规格很多。按照化工生产的特点，对化工用泵提出以下不同于一般泵类的要求：

① 泵的流量、排出压力以及泵的耐温、耐压能力等都必须满足化工工艺的要求；

② 泵必须具有良好的密封性，其轴封的泄漏量应在允许的范围之内，必要时应采用无泄漏结构；

③ 泵的结构必须适应被送液体的特性，以正常、顺利地输送各种化工液体物料，并应从结构上消除或减少温度应力、腐蚀疲劳、应力腐蚀等引起泵失效；

④ 泵的材料应符合被送液体化工物料的化学性质和化工生产操作工况；

⑤ 泵的易损件（如轴承等）的寿命应满足化工生产长期、连续运行的要求；

⑥ 泵必须便于安装、拆检和维修；

⑦ 泵应具有较高的效率；

⑧ 泵的设计、选材、制造和检验应遵照有关的标准和规范。

随着化工生产装置规模的不断扩大，对其使用的机械设备提出了更高的要求，在化工用泵中发展出了适合大型化工装置使用的化工流程泵。

第二节 离 心 泵

一、构造

离心泵的主要工作部件有叶轮，叶轮上有一定数目的叶片（一般 6～12 片），结构如图 7-1 所示。离心泵的叶片是弯曲后向式的，叶轮固定在主轴上，由主轴带动旋转，将机械能传给水，水在叶轮中首先获得动能。叶轮外面是通常称为蜗壳的螺旋形压水室，蜗壳的作用是一方面收集从叶轮甩出的水，另一方面使部分动能转变为压能，而后导向出水管。

叶轮是叶片泵的心脏部件，是泵最重要的工作元件。叶轮由盖板和中间的叶片组成，见图 7-2。

二、工作原理

离心泵工作时，除泵本身以外，还装有吸入管路、底阀、压水

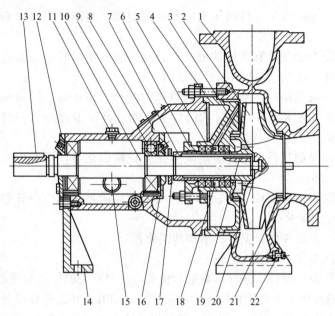

图 7-1 叶片式离心泵

1—泵体；2—叶轮；3—叶轮螺母；4—后盖；5—填料；6—填料压盖；7—轴套；
8—轴承体；9—深沟球轴承；10—轴；11—油孔盖；12—轴承端盖；13—泵
联轴器键；14—支架；15—油标；16—毡圈；17—挡水圈；18—水封环；
19—叶轮键；20—防松垫片；21—密封环；22—四方螺塞

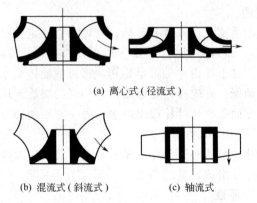

(a) 离心式 (径流式)

(b) 混流式 (斜流式)   (c) 轴流式

图 7-2 叶轮

管等。其整个装置如图 7-3 所示。离心泵在开泵起动以前，先由充水栓往泵壳中注水，将吸水管与泵壳中充满水，然后起动泵。此时动力机带动泵轴，使叶轮旋转，充满叶片流道间的水在离心力作用下，从叶轮中心被甩向叶轮外缘，水以高速进入泵壳。水从叶轮流出时，获得了能量（动能与压能）。这些高能量的水经过泵壳导流（搜集被叶轮甩出的水），流向压水管。由于液体在叶轮旋转中产生离心力，就像转动雨伞雨滴被甩出去一样，所以叫做离心水泵。在水流向压水管的同时，在叶轮的进口处产生真空，水池中的水在大气压力作用下，通过吸水管被吸向水泵，进入叶轮。叶轮不断旋转，液体便源源不断地从水池经离心泵由低处送至高处。

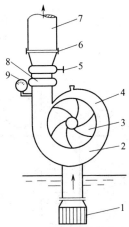

图 7-3　离心泵工作状态
1—底阀；2—压水室；3—叶轮；4—蜗壳；5—闸阀；6—接头；7—压水管；8—止回阀；9—压力表

三、主要性能参数

1. 流量

流量是指单位时间内所输送的流体数量。它可以用体积流量 q_V 表示，也可以用质量流量 q_m 表示。体积流量的常用单位为 m^3/s 或 m^3/h，质量流量的常用单位为 kg/s 或 t/h。质量流量与体积流量的关系为

$$q_m = \rho q_V \tag{7-1}$$

式中　ρ——流体密度，kg/m^3。

2. 扬程

扬程是指单位重量液体通过泵后所获得的能量，如图 7-4 所示，即流体从泵进口断面 1—1 到泵出口断面 2—2 所获得的能量增加值，用符号 H 表示，则水泵的扬程为

$$H = E_2 - E_1$$

式中，E_2 为泵出口断面处单位重量液体的机械能头，m；E_1

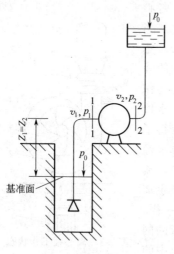

图 7-4 泵的扬程

为泵进口断面处单位重量液体的机械能头，m。

由流体力学可知，单位重量液体的机械能通常由压力水头 $\left(\dfrac{p}{\rho g}\right)$、速度水头 $\left(\dfrac{v^2}{2g}\right)$ 和位置水头（Z）三部分组成，即

$$E_2 = \frac{p_2}{\rho g} + \frac{v_2^2}{2g} + Z_2$$

$$E_1 = \frac{p_1}{\rho g} + \frac{v_1^2}{2g} + Z_1$$

式中，p_1，p_2 为泵进出口断面处液体的表压力，Pa；v_1，v_2 为泵进出口断面处液体的绝对速度，m/s；Z_1，Z_2 为泵进出口断面中心到基准面的距离，m。

因此，泵的扬程可写为

$$H = \frac{p_2 - p_1}{\rho g} + \frac{v_2^2 - v_1^2}{2g} + (Z_2 - Z_1) \tag{7-2}$$

3. 功率与效率

泵的功率分为有效功率、轴功率和原动机功率。

有效功率是指单位时间内通过泵的流体所获得的功率，即泵的输出功率，用符号 P_e 表示，单位为 kW。

轴功率即原动机传到泵轴上的功率，用符号 P 表示。

轴功率与有效功率之差是泵内的损失功率。泵的效率为有效功率与轴功率之比。效率的表达式为

$$\eta = \frac{P_e}{P} \times 100\% \tag{7-3}$$

由于原动机轴与泵轴的连接存在机械损失，所以，原动机功率通常要比轴功率大。

4. 转速

转速是指泵轴每分钟的转数，用符号 n 表示，单位为 r/min。

对于同一台泵来说，转速固定，产生一定的流量、扬程，并对应着一定的轴功率，当转速改变时，流量、扬程以及轴功率都随之改变。

四、性能曲线

离心泵的主要性能参数有流量 q_V、扬程 H、转数 n、功率 P 和效率 η。这些参数之间有着一定的相互联系，而反映这些性能参数间变化关系的曲线，称为性能曲线。性能曲线通常是指在一定转速下，以流量 q_V 作为基本变量，其他各参数随流量改变而变化的曲线。因此，以流量 q_V 为横坐标，扬程 H、功率 P、效率 η、汽蚀余量 Δh 为纵坐标，绘制出 $q_V\text{-}H$、$q_V\text{-}P$、$q_V\text{-}\eta$、$q_V\text{-}\Delta h$ 等曲线。该曲线直观地反映了泵的总体性能。性能曲线对泵的选型、经济合理的运行都起着十分重要的作用。

各种离心泵都有各自的性能曲线。图 7-5 为国产 300MW 机组配套用的锅炉给水泵的性能曲线。

离心泵的性能曲线，通常是以清水为试验液体，在泵的转速保持一定的情况下，用实验方法测出的。

实验时，通过泵出口阀门调节不同的流量。对于每一流量都可

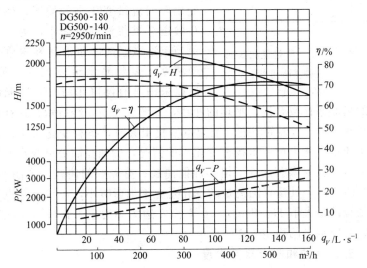

图 7-5　DG500-180/DG500-140 型锅炉给水泵性能曲线

注：虚线为 DG500—140 型泵的性能曲线。

同时测得相应的扬程、功率和效率等参数值。通常把这些相应的性能参数值在坐标线上标出相应点，再把这些相应点绘出曲线即得性能曲线，这些点称为工况点，离心泵的 $q_V\text{-}H$ 性能曲线中最高效率那一点称为最佳工况点。显然，离心泵在最佳工况点工作是最经济的，这时能量损失最小。但实际上是不可能做到完全吻合的，通常是选在最佳工况点左右高效区内运行。

离心泵过流部分各零件的结构、形状和大小对性能曲线的形状也有很大的影响，如叶轮外径、叶轮出口宽度、叶片弯曲程度以及吸入室和泵壳的几何尺寸等。根据离心泵的性能曲线形状，可以了解离心泵的工作性能，为选择离心泵提供依据。根据 $q_V\text{-}H$ 性能曲线形状不同，可用于不同场合。

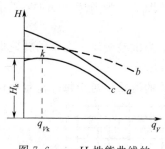

图 7-6 $q_V\text{-}H$ 性能曲线的
三种基本形状

常见的 $q_V\text{-}H$ 性能曲线可以分为三种基本类型：陡降的曲线，如图 7-6 中 a 线所示，这种曲线有 25%～30% 的斜度，当流量变动很小时，扬程变化很大，适用于扬程变化大而流量变化小的情况，例如在输送纤维浆液的过程中，为了避免当流速减慢时，浆液在输送管路中堵塞，需要泵供给较大的压能。所以采用具有陡降形 $q_V\text{-}H$ 性能曲线的离心泵比较合适；平坦的曲线，如图 7-6 中 b 线所示，这种曲线具有 8%～12% 的斜度，当流量变化很大时，扬程变化很小，适用于流量变化大而要求扬程变化小的情况，例如往锅炉里送水的锅炉给水泵就要求有这种平坦形性能曲线；有驼峰的曲线，如图 7-6 中 c 线所示，其扬程随流量的变化是先增加后减小，曲线上 k 点对应扬程的最大值 H_k 和 q_{Vk}，在 k 点左边为不稳定工作段，在该区域，会影响泵的稳定工作。

五、汽蚀和吸上真空高度

1. 汽蚀现象

水和汽可以互相转化，这是液体所固有的物理特性，而温度和压力则是造成它们转化的条件。人们知道，0.1MPa 大气压力下的水，当温度上升到 100℃时，就开始汽化。但在高山上，由于气压较低，水不到 100℃时就开始汽化。如果使水的某一温度保持不变，逐渐降低液面上的绝对压力，当该压力降低到某一数值时，水同样也会发生汽化，把这个压力称为水在该温度下的汽化压力，用符号 p_v 表示。如当水温为 20℃时，其相应的汽化压力为 2.4kPa。如果在流动过程中，某一局部地区的压力等于或低于与水温相对应的汽化压力时，水就在该处发生汽化。

汽化发生后，就有大量的蒸汽及溶解在水中的气体逸出，形成许多蒸汽与气体混合的小气泡。当气泡随同水流从低压区流向高压区时，在高压的作用下，气泡迅速凝结而破裂，在气泡破裂的瞬间，产生局部空穴，高压水以极高的速度流向这些原气泡占有的空间，形成一个冲击力。由于气泡中的气体和蒸汽来不及在瞬间全部溶解和凝结，因此，在冲击力的作用下又分成小气泡，再被高压水压缩、凝结，如此形成多次反复，在流道表面形成极微小的冲蚀。冲击力形成的压力可高达几百甚至上千 MPa，冲击频率可达每秒几万次。流道材料表面在水击压力作用下，形成疲劳而遭到严重破坏，从开始的点蚀到严重的蜂窝状空洞，最后甚至把材料壁面蚀穿，通常把这种破坏现象称为剥蚀。

另外，由液体中逸出的氧气等活性气体，借助气泡凝结时放出的热量，也会对金属起化学腐蚀作用。这种气泡的形成、发展和破裂以致材料受到破坏的全过程，称为汽蚀现象。汽蚀发生时，由于机械剥蚀与化学腐蚀的共同作用，致使材料受到破坏，还会出现噪声和振动。汽蚀发展严重时，大量气泡的存在会堵塞流道的截面，减少流体从叶轮获得的能量，导致扬程下降，效率也相应降低。

2. 吸上真空高度

泵轴中心线至吸入池液面的垂直高度，称几何安装高度 H_g，如图 7-7 所示。当增加泵的几何安装高度时，会在更小的流量下发生汽蚀，对某一台水泵来说，尽管其性能可以满足使用要求，但是如果几何安装高度不合适，由于汽蚀的原因，会限制流量的增加，从而导致性能达不到设计要求。因此，正确确定泵的几何安装高度

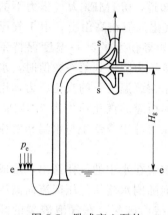

图 7-7 卧式离心泵的
几何安装高度

是保证泵在设计工况下工作时不发生汽蚀的重要条件。

在泵样本中，有一项性能指标，称为允许吸上真空高度，用符号 $[H_s]$ 表示，这项性能指标和泵的几何安装高度有关。几何安装高度就是根据这一数值计算确定的。

泵在发生断裂工况时的 H_s 称为最大吸上真空高度或临界吸上真空高度，用符号 H_{smax} 表示。最大吸上真空高度是由试验确定的。为保证泵不发生汽蚀，允许吸上真空高度通常取为

$$[H_s]=H_{smax}-(0.3\sim0.5)\text{m} \tag{7-4}$$

允许几何安装高度 $[H_g]$ 为

$$[H_g]=[H_s]-\frac{v_s^2}{2g}-h_w \tag{7-5}$$

式中，v_s 为泵吸入口平均速度，m/s；h_w 为吸入管路中的流动损失，m。

从上式可以看出，离心泵的流量增加时流速必然增大，流速增大则速度头和阻力损失增大，离心泵的允许吸上真空高度 $[H_s]$ 则必然下降。确定离心泵的允许安装高度 $[H_g]$ 时，应按离心泵运转时可能出现的最大流量所对应的 $[H_s]$ 来进行计算，以保证离心泵在大流量工作情况下运行时不发生汽蚀。

通常，在泵样本中所给出的 $[H_s]$ 值是已换算成大气压力为 101.3kPa、水温为 20℃时常态下的数值。如果泵的使用条件与常态不同，则应把样本上给出的 $[H_s]$ 值换算为使用条件下 $[H_s]'$ 值，其换算公式为

$$[H_s]'=[H_s]-10.33\text{m}+H_{amb}+0.24\text{m}-H_v \tag{7-6}$$

式中，$[H_s]'$ 为泵使用地点的允许吸上真空高度，m；$[H_s]$ 为泵样本中给出的允许吸上真空高度，m；H_{amb} 为泵使用地点的大

气压头，m；H_s 为泵所输送液体温度下的饱和蒸汽压头，m；10.33，0.24 为标准大气压头和 20℃时水的饱和蒸汽压头，m。

泵制造厂只能给出 $[H_s]$ 值，而不能直接给出 $[H_g]$ 值，因为每台泵由于使用地区不同、水温不同，吸入管路的布置情况也各异。因此，只能由用户根据具体条件进行计算确定 $[H_g]$。

六、主要零部件

离心泵的结构型式繁多，但工作原理相同，因而主要部件的作用和形状也大体相似。

1. 叶轮

叶轮是将原动机输入的机械能传递给液体、提高液体能量的核心部件。其型式有封闭式、半开式及开式三种，如图 7-8 所示。封闭式叶轮有单吸式及双吸式两种。封闭式叶轮由前盖板、后盖板、叶片及轮毂组成。在前后盖板之间装有叶片形成流道，液体由叶轮中心进入，沿叶片间流道向轮缘排出。一般用于输送清水。半开式叶轮只有后盖板；而开式叶轮前后盖板均没有。半开式和开式叶轮适合于输送含杂质的液体。水泵叶片都采用后弯式，叶片数目在 6～12 片之间，叶片型式有圆柱形和扭曲形。

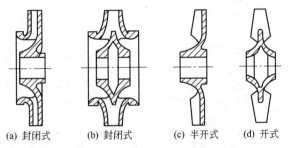

(a) 封闭式　　(b) 封闭式　　(c) 半开式　　(d) 开式

图 7-8　叶轮的型式

2. 轴

轴是传递扭矩的主要部件。轴径按强度、刚度及临界转速确定。中小型泵多采用水平轴，叶轮滑配在轴上，叶轮间距离用轴套定位。近代大型泵则采用阶梯轴，不等孔径的叶轮用热套法装在轴上，并利用渐开线花键代替过去的短键。此种方法，叶轮与轴之间没有间隙，不致使轴间窜水和冲刷，但拆装困难。

3. 吸入室

离心泵吸入管法兰至叶轮进口前的空间过流部分称为吸入室。其作用是在最小水力损失情况下，引导液体平稳地进入叶轮，并使叶轮进口处的流速尽可能均匀地分布。

按结构吸入室可分为：直锥形吸入室，如图 7-9 所示；弯管形吸入室，如图 7-10 所示；环形吸入室，如图 7-11 所示；半螺旋形吸入室，如图 7-12 所示。

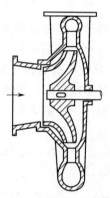

图 7-9　直锥形吸入室

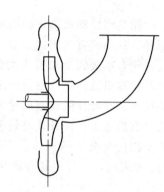

图 7-10　弯管形吸入室

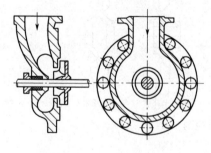

图 7-11　环形吸入室

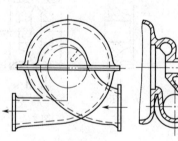

图 7-12　半螺旋形吸入室

4. 压水室

压水室是指叶轮出口到泵出口法兰（对节段式多级泵是到后级叶轮进口前）的过流部分。其作用是收集从叶轮流出的高速液体，并将液体的大部分动能转换为压力能，然后引入压水管或后级叶轮进口。

压水室按结构分为螺旋形压水室、环形压水室和导叶式压水室。

螺旋形压水室如图 7-13 所示，它不仅起收集液体的作用，同时在螺旋形的扩散管中将部分液体动能转换成压能。螺旋形压水室具有制造方便、效率高的特点。

环形压水室如图 7-14 所示，在节段式多级泵的出水段上采用。环形压水室的流道断面面积是相等的，所以各处流速就不相等。因此，不论在设计工况还是非设计工况时总有冲击损失，故效率低于螺旋形压水室。

图 7-13　螺旋形压水室　　　　　图 7-14　环形压水室

5. 密封装置

离心泵密封装置有密封环（又称口环、卡圈）和轴端密封两部分。

（1）密封环　由于离心泵叶轮出口液体是高压，入口是低压，高压液体经叶轮与泵体之间的间隙泄漏而流回吸入处，所以需要装密封环。其作用是减小叶轮与泵体之间的泄漏损失，另一方面可保护叶轮，避免与泵体摩擦。

密封环型式如图 7-15 所示，有平环式、角接式和迷宫式。一般泵，使用前两者，而高压泵由于单级扬程高，为减少泄漏量，常

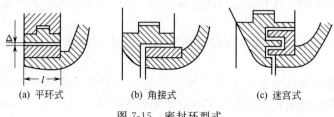

(a) 平环式　　　　　(b) 角接式　　　　　(c) 迷宫式

图 7-15　密封环型式

用迷宫式。

（2）轴端密封（简称轴封）　在泵的转轴与泵壳之间有间隙，为防止泵内液体流出，或防止空气漏入泵内（当入口为真空时），需要进行密封。轴端密封装置有填料密封、机械密封、迷宫式密封和浮动环密封。

填料密封装置由填料箱、填料、水封环和填料压盖等组成，其结构如图 7-16 所示。填料密封主要是靠轴的外表面与填料紧密接触来实现密封，用以阻止泵内液体向外泄漏。填料又称盘根，常用的填料是黄油浸透的棉织物或编织的石棉绳，有时还在其中加入石墨、二硫化钼等固体润滑剂。密封高温液体用的填料，常采用金属箔包扎石棉芯子等材料。密封的严密性可用增加填料厚度和拧紧填料压盖来调节。

机械密封是无填料的密封装置，其结构如图 7-17 所示。它由动环、静环、弹簧和密封圈等组成。动环随轴一起旋转，并能作轴向移动；静环装在泵体上静止不动。这种密封装置是动环靠密封腔中液体的压力和弹簧的压力，使其端面贴合在静环的端面上（又称端面密封），形成微小的轴向间隙而达到密封的。为了保证动静环的正常工作，轴向间隙的端面上需保持一层水膜，起冷却和润滑作用。

这种密封的优点：转子转动或静止时，密封效果都好，安装正确后能自动调整，轴向尺寸较小，摩擦功耗较少；使用寿命长等。在近代高温、高压和高转速的给水泵上得到了广泛的应用。其缺点是：结构较复杂，制造精度要求高，价格较贵，安装技术要求高等。

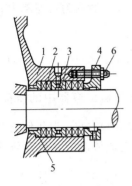

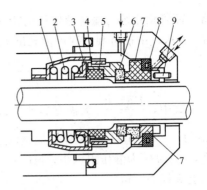

图 7-16　填料密封装置

1—填料箱；2—填料；3—水封环；4—填料压盖；5—底衬套；6—螺栓

图 7-17　机械密封装置

1—传动座；2—弹簧；3—推环；4—密封垫圈；5—动环密封圈；6—动环；7—静环；8—静环密封圈；9—防转销

近年来，机械密封有了新发展，其中有在动环座轴套上增设了名叫高鲁皮夫反向螺旋槽，这一结构实际上就是使旋转套上的螺纹与静止衬套里口的螺纹方向相反，因而在几乎所有的情况下，都能使泄漏返回水提高压力，以带走摩擦热和冲掉气泡杂质等。

七、离心泵的运行及维护

泵的性能曲线，只能说明泵自身的性能，但泵在管路中工作时，不仅取决于其本身的性能，而且还取决于管路系统的性能，即管路特性曲线。由这两条曲线的交点来决定泵在管路系统中的运行工况。

1. 管路特性曲线

管路特性曲线，就是管路中通过的流量与所需要消耗的能头之间的关系曲线。如图 7-18 所示，泵从吸入容器水面 A—A 处抽水，经泵输送至压力容器 B—B，其中需经吸水管路和压水管

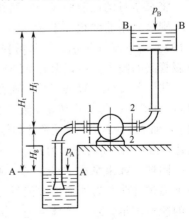

图 7-18　管路系统装置

路。而管路系统为输送液体所消耗的总能头，通称为管路阻力，以 H_c 表示。由伯努利方程可推导出 H_c 为

$$H_c = \frac{P_B - P_A}{\rho g} + H_t + h_w \tag{7-7}$$

式中，$\dfrac{P_B - P_A}{\rho g}$ 为需克服的吸入容器与输出容器中的压头差，m；$H_t = H_g + H_j$ 为流体被提升的总高度，m；H_g 为几何安装高度，m；H_j 为静压出水头，m；h_w 为输送流体时在管路系统中的总能头损失，m。

$\dfrac{P_B - P_A}{\rho g}$ 和 H_t 两项均与流量无关，故称其和为静压头，用符号 H_{st} 表示。而管路系统中的损失 h_w，从流体力学知道，与流量平方成正比，故可写为 $h_w = \varphi q_V^2$

对于某一定的泵装置而言，φ 为常数，故 h_w 与 q_V 为二次抛物线关系。因此，式(7-7) 又可写成如下形式：

$$H_c = H_{st} + \varphi q_V^2 \tag{7-8}$$

式(7-8) 是泵的管路特性曲线方程。可见，当流量发生变化时，阻力 H_c 也要发生变化。

2. 工作点

将泵本身的性能曲线与管路特性曲线按同一比例绘在同一张图上，则这两条曲线相交于 M 点，M 点即泵在管路中的工作点（图7-19）。该点流量为 q_{VM}，总扬程为 H_M，这时泵产生的能量等于克服管路的阻力，所以泵在 M 点工作时达到能量平衡，工作稳定。

如果水泵不在 M 点工作，而在 A 点工作，此时泵产生的能量是 H_A，由图 7-19 可知；在 q_{VA} 流量下通过管路装置所需要的能量则为 $H_{A'}$，而 $H_A > H_{A'}$，说明流体的能量有富裕，此富裕能量将促使流体加速，流量则由 q_{VA} 增加到 q_{VM}，只能在 M 点又重新达到平衡。

同样，如果泵在 B 点工作，则泵产生的能量是 H_B，在 q_{VB} 流量下通过管路装置所需要的能量是 $H_{B'}$，而 $H_B < H_{B'}$，由于泵产生的能量不足，致使流体减速，流量 q_{VB} 减少至 q_{VM}，这时工作点必然移到 M 点方能平衡。因此，可以看出，只有 M 点才是稳定工

作点。正常工作应在 M 点左右的有效区内。

3. 运行工况的调节

泵运行时，由于外界负荷的变化而要求改变其工况，用人为的方法改变工况点则称为调节。工况点的调节就是流量的调节，而流量的大小取决于工作点的位置，因此，工况调节就是改变工作点的位置。通常有以下方法：一是改变泵本身性能曲线；二是改变管路特性曲线；三是两条曲线同时改变。

改变泵性能曲线的方法有变速调节、切割叶轮外圆等。

(1) 改变泵的性能曲线法

① 变速调节　在管路特性曲线不变时，用变转速来改变泵的性能曲线，从而改变它们的工作点，如图 7-20 所示。当转速改变后，扬程和流量都会改变，而且随着转速 n 的提高，q_V 与 H 都将增大，用此法来调节流量和扬程，不会产生附加的能量损失，所以这种方法是最经济的。但对原动机提出了新的要求，即原动机应是可调转速的，如蒸汽机、内燃机等，或增设变速装置，因变速装置投资较大，一般中小型泵很少采用。

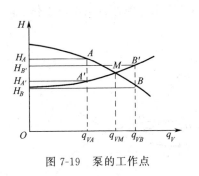

图 7-19　泵的工作点

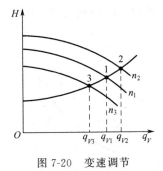

图 7-20　变速调节

② 切割叶轮外圆　叶轮切割后直径变小，可以改变泵的 q_V-H 曲线，泵的工作点也随之改变。用这种方法调节流量，一台基本型号的离心泵可配备几个不同直径的叶轮，当流量定期改变时，按需要选定。采用这种方法是较经济的。

(2) 改变管路特性曲线法

改变管路特性曲线最常用的方法是调节离心泵出口阀的开度。

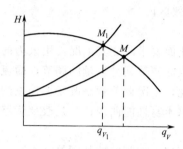

图 7-21 改变阀门开度法

由式(7-8) 可见，阻力大小与流量有直接关系。如图 7-21 所示，当关小阀门时，管路局部阻力增大，管路特性曲线变陡，使泵的工作点移到 M_1，其流量 q_{V_1} 也相应变小；当开大阀门时局部阻力减小，管路特性曲线变得平坦，其流量 q_V 增大。显然，用这种方法调整流量，有额外的能量损失，是不经济的。

但由于方法简单，调节方便，尤其对小流量、高扬程的离心泵，在起动泵的瞬间，关死调节阀门，还可以减小起动功率，所以，用这种方法调节流量，得到广泛应用。

4. 串联和并联

当输送系统需要高的扬程或大的流量时，现有的泵不能满足要求，一般可以选用几台泵串联或并联工作。

(1) 串联　泵的串联工作特点是各台泵流量相等，总扬程则等于各台泵的扬程之和。图 7-22(a) 所示，为两台泵串联工作。

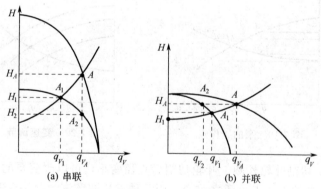

(a) 串联　　　　(b) 并联

图 7-22　泵串、并联工作特性图

从图中可以看出：两台相同泵串联工作点为 A，每台泵的工作点为 A_2，此时 $H_A = 2H_2$。若管路系统特性曲线不变，则单台泵操作时的工作点为 A_1，此时 $H_1 > H_2$，而 $q_{V_1} < q_{V_A}$。因此，两

台泵串联时的扬程不可能为单台泵操作时的扬程的两倍。

在两台泵串联工作时，应注意第二台泵的泵体强度、轴封的密封性能和其他部件是否满足要求。

在两台泵相距较远时，应计入两台泵之间的管路系统阻力损失。在开、停泵时应注意配合问题。

（2）并联　泵的并联工作的特点是总流量等于各台泵的流量之和。而总扬程与各台泵的扬程相同。图 7-22（b）所示，为两台泵并联工作。

从图中可以看出：两台相同泵并联工作点为 A，每台泵的工作点为 A_2，此时 $q_{V_A} = 2q_{V_2}$。若管路系统特性曲线不变，则单台泵工作时的工作点为 A_1，此时 $q_{V_1} > q_{V_2}$ 而 $H_1 < H_A$。因此，两台泵并联时的流量也不可能为单台泵操作时的流量的两倍。

不论是串联或并联，均应尽可能使每台泵的工作点处于高效率区内。在利用特性不同的两台泵串、并联工作时，应注意其特性的配合问题。

5. 离心泵的维护

泵运行情况的好坏，对于安全生产、节约能量和产品质量都有很大影响。日常维护不当，会引起泵的性能和零部件的形状、尺寸等改变。为了保证正常生产，防止发生故障，要做好维护工作。

泵在运行时应注意以下维护工作：

① 经常注意压力表、真空表和电流表的读数是否正常，发现异常现象，应查明原因，及时消除；

② 经常观察润滑油标，使油量保持在规定范围内，定期检查润滑油质量，发现有变化应立即按规定牌号及时更换；

③ 经常观察润滑油、封油及冷却水的供应情况；

④ 经常检查离心泵和电动机地脚螺栓的紧固情况、泵体和轴承的温度及泵运行时的声音等，如有问题应及时处理；

⑤ 对结构复杂和自动化程度较高的离心泵，必须按有关规定的操作规程进行起动、维护和停车，在没有科学根据和经过实验证明之前，不得随便改变操作方法。

八、离心泵的分类及型号

1. 分类

离心泵的分类方法很多，一般按级数分为单级泵和多级泵。其中单级泵包括单吸式及双吸式；多级泵包括节段式、蜗壳式、双壳体筒型式。按泵的用途和输送的液体性质分为清水泵、油泵、耐腐蚀泵、低温泵和高温泵等。

2. 型号

离心泵的种类很多，用户可查阅泵产品目录。表7-1为部分离心泵的基本型式及其代号。

表 7-1 离心泵的基本型式及其代号

泵 的 型 式	型式代号	泵 的 型 式	型式代号
单级单吸离心泵	IS,IB	卧式凝结水泵	NB
单级双吸离心泵	S,Sh	立式凝结水泵	NL
分段式多级离心泵	D	立式筒袋型离心凝结水泵	LDTN
分段式多级离心泵（首级为双吸）	DS	卧式疏水泵	NW
分段式多级锅炉给水泵	DG	单级离心油泵	Y
卧式圆筒型双壳体多级离心泵	YG	筒式离心油泵	YT
中开式多级离心泵	DK	单级单吸卧式离心灰渣泵	PH
多级前置泵（离心泵）	DQ	长轴离心深井泵	JC
热水循环泵	R	单级单吸耐腐蚀离心泵	IH

除上述基本型号表示泵的名称外，还有一系列补充型号表示该泵的性能参数或结构特点。根据泵的用途和要求不同，其型号的编制方法也不同，现以下列示例说明。

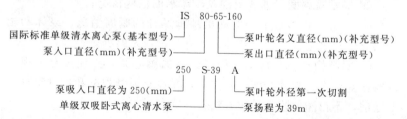

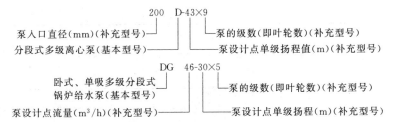

九、离心泵常见故障及排除方法

离心泵在运行中常发生各种故障,原因很多,发生的部位也各不相同,多因检修、安装质量欠佳,或操作、维护方法不当所造成。现将离心泵常见故障的排除方法列出以供参考(表7-2)。

表7-2　离心泵常见故障及其排除方法

故障现象	产生故障的原因	处理方法
泵灌不满	①底阀闭合不严,吸液管路泄漏 ②底阀已坏	①检修底阀和吸液管路 ②修理或更换底阀
泵不吸液,真空表指示高度真空	①底阀开启不灵或滤网部分淤塞 ②吸液管阻力太大 ③吸入高度过高 ④吸液部分浸没深度不够	①检修底阀或清洗滤网部分 ②清洗或更换吸液管 ③适当降低吸液高度 ④增加吸液部分浸没深度
泵不吸液,真空和压力表的指针剧烈跳动	①开车前泵内灌液不足 ②吸液系统管子或仪表漏气 ③吸液管没有浸在液中或浸入深度不够	①停车将泵内液体灌满 ②检查吸液管内和仪表,并消除漏气处或堵住漏气部分 ③降低吸液管,使之浸入液中有一定深度
压力表虽有压力,但排液管不出液体	①排液管阻力太大 ②塔内操作压力过高 ③叶轮转向不对 ④叶轮流道堵塞 ⑤泵的扬程不够 ⑥排液管路阀门关闭	①清洗排液管或减少管路弯头 ②与操作工联系,调整塔内压力 ③调换电动机接线 ④清洗叶轮 ⑤调换高扬程泵或将泵串联使用 ⑥打开排液阀门

故障现象	产生故障的原因	处理方法
流量不足或不吸液	①密封环径向间隙增大,内滑增大	①检修密封环
	②叶轮流道堵塞,影响流通	②清洗叶轮流道
	③吸液部分阻力太大,如滤网部分淤塞、弯头过多、底阀太小等	③清洗滤网,减少弯头和更换底阀
	④吸上高度过大	④降低吸上高度
	⑤吸液部分浸没深度不够,有空气进入	⑤增加吸液部分浸没深度
	⑥吸液部分密封不严密	⑥检修吸液部分各联接处密封情况,拧紧螺帽或更换填料
	⑦吸液管安装不正确,使管内有聚积空气的地方存在	⑦重新安装吸液管
	⑧排液管阻力太大,或出口阀门开得不够	⑧清洗管子,或适当开启出口阀门
	⑨塔内操作压力过高	⑨与操作工联系,调整塔内压力
	⑩输送液体温度过高,泵内产生汽蚀现象,不能连续出水	⑩适当降低输送液体的温度,降低泵的安装高度,留有允许汽蚀余量
	⑪泵的流量偏小	⑪更换大流量泵
填料函漏液过多	①填料磨损	①更换填料
	②填料压得不紧	②拧紧填料压盖或补加填料
	③填料安装错误	③重新安装填料
	④泵轴弯曲或磨损	④修理或更换泵轴
填料过热	①填料压得太紧	①适当放松填料
	②填料内冷却水进不去	②松弛填料或检查输液管填料环孔是否堵塞
	③轴和轴套表面有损坏	③修理轴表面或更换轴套

续表

故障现象	产生故障的原因	处理方法
轴承过热	①轴承内润滑油不良或油量不足	①更换合格新油,并加足油量
	②轴已弯曲或轴承滚珠失圆	②检修或更换零件
	③轴承安装不正确或间隙不适当	③检查并加以修理
	④泵轴与电动机轴同轴度不符合要求	④重新找正
	⑤轴承已磨损或松动	⑤检查或更换轴承
	⑥平衡盘失去作用	⑥检查平衡管是否堵塞,检修平衡盘及平衡环,两者应相互平行并使其分别与泵轴垂直,更换平衡环或平衡盘
振动	①叶轮磨损不均匀或部分流道堵塞,造成叶轮不平衡	①对叶轮作平衡校正或清洗叶轮
	②轴承磨损	②修理或更换轴承
	③泵轴弯曲	③校直或更换泵轴
	④泵体的密封环、平衡环等与转子吻合部分有摩擦	④消除摩擦同时保证较小的密封间隙
	⑤转动部分零件松弛或破裂	⑤检修或更换磨损零件
	⑥泵内发生汽蚀现象	⑥消除产生汽蚀原因
	⑦两联轴器结合不良	⑦重新调整安装
	⑧地脚螺栓松动	⑧拧紧地脚螺帽

第三节　特　殊　泵

一、往复泵

往复泵是容积式泵的一种,它是依靠泵缸内的活塞作往复运动来改变工作容积,从而达到输送液体的目的。

现以活塞式为例来说明其工作原理。如图 7-23 所示,活塞泵主要由活塞 1 在泵缸 2 内作往复运动来吸入和排除液体。当活塞 1 开始自极左端位置向右移动时,工作室 3 的容积逐渐扩大,室内压力降低,流体顶开吸水阀 4,进入活塞 1 所让出的空间,直至活塞 1 移动到极右端为止,此过程为泵的吸水过程。当活塞 1 从右端开始向左端移动时，充满泵的流体受挤压，将吸水阀 4 关闭，并打开压水阀 5 而排出，此过程称为泵的压水过程。

活塞不断往复运动，泵的吸水与压水过程就连续不断地交替进行。此泵特点是：压力可以无限高，流量与压力无关，具有自吸能力，流量不均匀。此泵适用于小流量、高压力的输液系统。

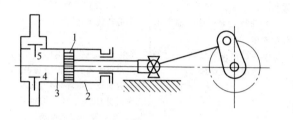 

图 7-23 往复泵示意图

1—活塞；2—泵缸；3—工作室；4—吸水阀；5—压水阀

图 7-24 齿轮泵示意图

1—主动轮；2—从动轮；

3—吸油管；4—压油管

二、齿轮泵

齿轮泵是容积式回转泵的一种，其工作原理是：齿轮泵具有一对互相啮合的齿轮，如图 7-24 所示，齿轮 1（主动轮）固定在主动轴上，轴的一端伸出壳外由原动机驱动，另一个齿轮 2（从动轮）装在另一个轴上，齿轮旋转时，液体沿吸油管 3 进入到吸入空间，沿上下壳壁被两个齿轮分别挤压到排出空间汇合（齿与齿啮合前），然后进入压油管 4 排出。

齿轮泵的主要特点是结构紧凑、体积小、重量轻、造价低。但与其他类型泵比较，有效率低、振动大、噪声大和易磨损的缺点。齿轮泵适合于输送黏稠液体。

三、螺杆泵

螺杆泵有单螺杆泵（图 7-25）、双螺杆泵和三螺杆泵。

其工作原理为：螺杆泵工作时，液体被吸入后就进入螺纹与泵壳所围的密封空间，当主动螺杆旋转时，密封容积在螺牙的挤压下提高其压力，并沿轴向移动。由于螺杆是等速旋转，所以液体流出流量也是均匀的。

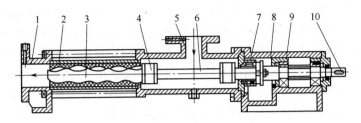

图 7-25　单螺杆泵

1—压出管；2—衬套；3—螺杆；4—万向联轴器；5—吸入管；
6—传动轴；7—轴封；8—托架；9—轴承；10—泵轴

螺杆泵特点为：损失小，经济性能好；压力高而均匀，流量均匀；转速高，能与原动机直联。

螺杆泵可以输送润滑油，输送燃油，输送各种油类及高分子聚合物，用于输送黏稠液体。

四、真空泵

凡是从设备中抽出气体，使设备内部达到真空的机械称为真空抽气机或真空泵。

从结构上真空泵大致可分为：往复式、回转式和射流式等。

（1）往复式真空泵　适用于抽送不含固体颗粒、无腐蚀性的气体。这种真空泵的抽气速率较大，真空度较高。故在化工厂中广泛采用。但其结构复杂，维修量大。

（2）水环式真空泵　是回转真空泵的一种，其结构如图 7-26 所示。其工作原理为：圆柱形泵缸 2 内注入一定量的水，星形叶轮 1 偏心地装在泵缸内，当叶轮旋转时，水受离心力作用被甩向四周而形成一个相对于叶轮为偏心的封闭水环。被

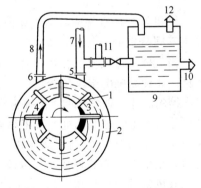

图 7-26　水环式真空泵的装置结构

1—星形叶轮；2—泵缸；3—吸气孔；
4—排气孔；5,6—接头；7—吸气管；
8—排气管；9—水箱；10—放水管；
11—阀；12—放气管

抽吸的气体沿吸气管 7 及接头 5 由吸气孔 3 进入水环与叶轮之间的空间，右边月牙形部分，由于叶轮的旋转，这个空间容积由小逐渐增大，因而产生真空抽吸气体。随着叶轮的旋转，气体进入左边月牙形部分。因叶轮是偏心旋转的，此空间逐渐缩小，气体逐渐受到压缩升压，气与水便由排气孔 4 经接头 6 沿排气管 8 进入水箱 9 中，自动分离后再由放气管 12 放出。废弃的水和空气一起被排到水箱里。

这种泵的特点是结构紧凑、工作平稳可靠和流量均匀，所以化工生产中多用来输送或抽吸易燃、易爆和有腐蚀性的气体。由于叶轮搅拌液体，损失能量较大，故其效率很低。

（3）射流式真空泵　是利用一种压力较高的工作流体来输送另一种流体的泵。工作流体可分为高压蒸汽、空气或高压水，它与所输送的流体（液体或气体）混合，共同排出。它的优点是：结构简单，工作可靠，便于操作，不需要任何原动机，在化工生产中常用以抽送有毒或腐蚀性气体。

第四节　风　　机

风机是驱动空气或其他气体流动的机械，风机是个统称，按其风压不同分别命名。

当气体通过风机后排出气体的相对压力小于 15000Pa 时，叫通风机。此种风机由于风压较低，一般认为气体通过它时输送的是不可压缩的流体，即气体的密度视为常数。按通风机产生风压的大小，又可分为：①低压通风机，风压小于 1000Pa；②中压通风机，风压在 1000～3000Pa；③高压通风机，风压在 3000Pa 以上至 15000Pa 之间，主要有离心式通风机、混流式通风机、轴流式通风机。

鼓风机的出口风压可达 0.3MPa，因这时的压力变化较大，所以要考虑气体的压缩性。但温度变化不大，故一般不装冷却设备。鼓风机有离心式鼓风机（有单级叶轮或多级叶轮）、轴流式鼓风机、回转式鼓风机（主要有罗茨鼓风机、叶氏鼓风机和转动滑片鼓风机三种）。

本节主要介绍离心式通风机。

1. 构造

离心式通风机主要由叶轮、机壳、导流器、集流器、进气箱以及扩散器等组成，如图 7-27 所示。叶轮是通风机的主要工作零件，它的前后盘之间有许多较短叶片，叶片的形式有三种，有向前弯曲的、径向的和向后弯曲的。

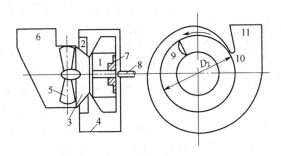

图 7-27　离心式风机结构示意图

1—叶轮；2—稳压器；3—集流器；4—机壳；5—导流器；6—进气箱；
7—轮毂；8—主轴；9—叶片；10—蜗舌；11—扩散器

2. 工作原理

离心式通风机的工作原理与单级离心泵相似，基本结构也相同，是依靠在机壳内高速旋转的叶轮，使气体受到叶片的作用而产生离心力，来增加气体的动能和压力的。

3. 主要性能参数

(1) 风量 Q　风量就是风机单位时间的出气量，单位为 m^3/s 或 m^3/h。

(2) 风压 p　单位体积的气体通过风机后所获得的能量叫通风机的风压，单位为 Pa。它可分为全风压和静风压两种，如不特殊说明，通常所说风压指全风压。

(3) 转数 n　风机的转数是指叶轮（即机轴）每分钟之转数。

(4) 功率与效率　风机的功率可分为有效功率、轴功率和原动机功率。有效功率是指单位时间内通过风机的流体所获得的功率，用符号 P_e 表示，单位为 kW。轴功率即原动机传到风机轴上的功率，用符号 P 表示。

效率为有效功率与轴功率之比。效率的表达式为

$$\eta = \frac{P_e}{P} \times 100\%\qquad(7-9)$$

4. 性能曲线

风机在额定转数 n 下的风量 Q 与压力 p、风量 Q 与轴功率 P、

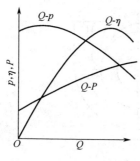

风量 Q 与效率 η 之间的关系曲线，叫风机的性能曲线，如图 7-28 所示。

Q-p 叫全压性能曲线，Q-P 叫功率性能曲线，Q-η 叫效率曲线，这三根曲线都是在额定转数 n 下，通过实验得到的。需要注意的是，风机各参数的数值都是对标准状况而言的，即大气压力 $p_a=101325\mathrm{Pa}$。大气温度 $20℃$，大气密度 $1.205\mathrm{kg/m^3}$，大气相对湿度 50%。若吸入气体的状态不同，则其特性曲线形状

图 7-28　风机性能曲线

要发生变化，为此，必须将实际工作状态下的性能参数值换算为标准状态下的性能参数值，才能与设计性能参数值吻合。

5. 常用通风机代号

我国生产各种用途的风机，在风机名称之前冠以用途的书写代号，见表 7-3。

表 7-3　离心式通风机用途及代号

风机用途	代号	风机用途	代号
排送灰土	C	防腐蚀气体	F
输送煤粉	M	耐高温气体	W
工业炉用	L	防爆用	B
锅炉送风	G	锅炉引风	Y

6. 离心式通风机的故障、原因及消除方法

离心式通风机在运行中可能发生的故障很多，但基本上可归纳为两大类，即通风机性能上的故障和机械上的故障。

有关离心式通风机的故障、原因及消除方法列于表 7-4 及表 7-5 中。

表 7-4　性能故障、原因及消除方法

常见故障	产生故障原因	消除方法
压力过高,流量减小	①进出口管道过长、过细、转弯过多 ②风机旋转方向相反 ③管道、闸门被灰尘和杂物堵塞 ④出口闸门开度过小 ⑤叶轮与入口间隙过大,或叶片严重磨损,增大了泄漏量 ⑥风机选择时转速不符 ⑦导向器装反 ⑧风机轴与叶轮松动 ⑨出气管破裂,管道法兰不严 ⑩气体温度过低,气体密度增加	①改变管路系统 ②改变电动机电源接法 ③消除堵塞物、使其畅通 ④调整闸门 ⑤调整间隙、修复或更换叶轮 ⑥改变转速进行调节 ⑦重安装 ⑧检修紧固叶轮 ⑨修补管路,紧固法兰 ⑩提高气体温度
压力偏低,流量增大	①气体温度过高,气体密度减小 ②出口阀门开启过大 ③进风管法兰不严	①降低气体温度 ②调整阀门 ③紧固
风机出力降低	①风机在不稳定工况区工作 ②风机转速低 ③风机严重磨损 ④风机制造不良	①调整工况区 ②提高转速 ③修补 ④修补更换
噪音大	①管道调节阀松动 ②隔音设备(如消声器)损坏	①紧固 ②修复

表 7-5　机械方面故障、原因及消除方法

常见故障	产生故障原因	消除方法
转子不平衡引起的振动	①风机叶片被腐蚀或磨损严重 ②风机叶片总装后不运转,由于叶轮和主轴本身重量,使轴弯曲 ③叶轮表面不均匀的附着物,如铁锈、积灰或沥青等 ④运输、安装或其他原因,造成叶轮变形,引起叶轮失去平衡 ⑤叶轮上的平衡块脱落或检修后未找平衡	①修理或更换 ②重新检修,总装后如长期不用应定期盘车以防止轴弯曲 ③清除附着物 ④修复叶轮,重新做动静平衡试验 ⑤找平衡

常见故障	产生故障原因	消除方法
风机的固定件引起共振	①水泥基础太轻或灌浆不良或平面尺寸过小,引起风机基础与地基脱节,地脚螺栓松动,机座连接不牢固使其基础刚度不够	①加固基础或重新灌浆,紧固螺母
	②风机底座或蜗壳刚度过低	②加强其刚度
	③与风机连接的进出口管道未加支撑和软联结	③加支撑和软联接
	④邻近设施与风机的基础过近,或其刚度过小	④增加刚度
轴承过热	①主轴或主轴上的部件与轴承箱摩擦	①检查哪个部位摩擦,然后加以处理
	②电机轴与风机轴不同心,使轴承箱内的内滚动轴承别劲	②调整两轴同心度
	③轴承箱体内润滑脂过多	③箱内润滑脂为箱体空间的$\frac{1}{3} \sim \frac{1}{2}$
	④轴承与轴承箱孔之间有间隙而松动,轴承箱的螺栓过紧或过松	④调整螺栓
轴承磨损	①滚动轴承滚珠表面出现麻点、磨点、锈痕及起皮现象	①修理或更换
	②筒式轴承内圆与滚动轴承外圆间隙超过 0.1mm	②应更换轴承箱或将箱内圆加大后镶入内套
润滑系统故障	①油泵轴承孔与齿轮轴间的间隙过小,外壳内孔与齿轮间的径向间隙过小	①检修,使之间隙达到要求的范围
	②齿轮端面与轴承端面和侧盖端面的间隙过小	②调整间隙
	③润滑油质量不良,黏度大小不合适或水分过多	③更换润滑油

第五节 压 缩 机

压缩机是一种用来压缩气体以提高气体压力或输送气体的机械。随着生产技术的不断发展,压缩机的种类和结构型式也日益增多，目前不但广泛地应用在采矿业、冶金业、机械制造业、土木工程、石油化工、制冷与气体分离工程以及国防工业中，而且医疗、纺织、食品、农业、交通等部门，对压缩机的需要也在不断地增加。

压缩机种类很多，分类方法各异，结构及工作特点各有不同，总分类如下：

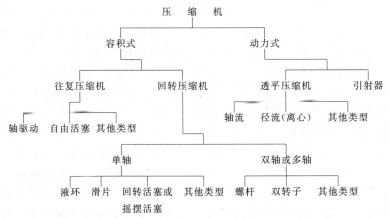

本节重点讨论活塞式压缩机的基本结构、工作原理和操作维护等有关内容。

一、基本结构

活塞式压缩机由主机和附属装置组成。主机一般有以下几大部分。

（1）机体　它是压缩机的定位基础构件，由机身、中体和曲轴箱三部分构成。小型机有时将三者制为一体。

（2）传动机构　由离合器、带轮或联轴器等传动装置，以及曲轴、连杆、十字头等运动部件组成。通过它们将驱动机的旋转运动转变为活塞的往复直线运动。

（3）压缩机构　由汽缸，活塞组件，进、排气阀等组成。活塞往复运动时，循环地完成工作过程（双作用式的则在活塞两侧同时进行）。

（4）润滑机构　由齿轮泵（有的为转子泵）、注油泵、油过滤器和油冷却器等组成。齿轮油泵由曲轴驱动，向运动部件低压供油润滑。

（5）冷却系统 风冷式的主要由散热风扇（用曲轴经 V 带驱动）和中间冷却器等组成。水冷式的由各级汽缸水套、中间冷却器、管道、阀门等组成。系统中通以压力冷却水，借水的流动带走压缩空气时和运动部件所产生的热量。

（6）操纵控制系统 它包括减荷阀、卸荷阀、负荷（压力）调节器等调节装置，安全阀、仪表以及润滑油、冷却水及排气的压力和温度等声光报警与自动停机的保护装置，自动排油水装置等。

附属装置主要包括：空气过滤器、盘车装置、传动装置（指机外的）、后冷却器、缓冲器、油水分离器、储气罐、冷却水泵、冷却塔、各种管路、阀门、电气设备及其保护装置、安全防护罩、网等，有的还设有便于压缩机轻载启动（尤其是二次带压启动）和控制冷却水通断的电磁阀，以及压缩空气的净化装置和干燥装置等。

如图 7-29 为活塞式空气压缩机 D 型的剖面图。它由曲轴箱和中体组成机身，电动机悬挂于曲轴一端，用联轴器同曲轴连接直接传动。一级活塞为整体空心盘形，二级活塞为整体闭式鼓形体。箱形结构的曲轴箱底部为润滑油池，池内装有蛇管式油冷却器。分布于左右两侧的一、二级汽缸，由中体和中间接筒用螺栓连接在曲轴箱上，中间冷却器横跨于机身上部。汽缸、填料用注油器润滑，曲轴、连杆、十字头等运动部件由齿轮油泵压力润滑。

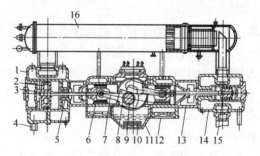

图 7-29 D 型空气压缩机

1——级汽缸；2——级活塞；3—活塞杆；4——级冷却水管；5—填料；6—十字头；7—连杆；8—连杆轴承；9—曲轴；10—润滑油蛇形冷却管；11—曲轴箱；12—中间接筒；13—中体；14—二级汽缸；15—二级活塞；16—中间冷却器

该机配备有油压、水压的自动报警与停机的保护装置。

二、工作原理

活塞式压缩机压缩气体的过程，主要是通过活塞在汽缸内不断地往复运动来完成的。活塞在汽缸内一次往复的全过程分为吸气、压缩和排气三个过程，合称为一个工作过程。为了叙述方便，现将单级单作用和双作用式活塞式压缩机的一个汽缸分别简化，如图7-30所示。

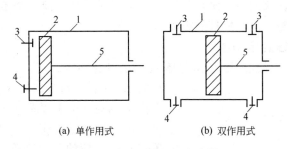

(a) 单作用式   (b) 双作用式

图 7-30 单级压缩机的汽缸简图

1—汽缸；2—活塞；3—进气阀；4—排气阀；5—活塞杆

（1）吸气过程 当活塞 2［图 7-30(a)］向右边移动时，汽缸左边的容积增大，压力下降；当压力降到稍低于进气管中压力时，管内气体便顶开进气阀 3 进入汽缸，并随着活塞的向右移动继续进入汽缸，直到活塞移至右边的末端为止。

（2）压缩过程 当活塞向左边移动时，汽缸左边容积开始缩小，气体被压缩，压力随之上升。由于进气阀的止逆作用，使缸内气体不能倒流回进气管中。同时，因排气管内气体压力又高于缸内气体压力，气体无法从排气阀 4 流出缸外，排气管中气体也因排气阀的止逆作用而不能流回缸内，所以，这时汽缸内形成一个封闭容积。当活塞继续向左移动，缸内容积缩小，气体体积也随之缩小，压力不断提高。

（3）排气过程 随着活塞的不断左移压缩缸内气体，使压力继续升高。当压力稍高于排气管中气体压力时，缸内气体便顶开排气阀而排入排气管中，并继续排出到活塞移至左边末端为止。然后，活塞又向右移动，重复上述的吸气、压缩、排气这三个连续的工作过程。

双作用式［图 7-30（b）］由于汽缸两端都装有进、排气阀，因此，在相同时间里，不论活塞向右或向左运动，都能在其前方完成压缩和排气过程，在其后方完成吸气过程，即曲轴旋转一周能完成两个工作过程。

由于活塞在汽缸内不断地往复运动，汽缸便循环地吸气、压缩和排气。活塞的每一次往复称为一个工作循环，即一个工作过程，活塞每往复一次所经过的距离称为行程。

三、理论示功图

气体在汽缸内压力 p 与体积 V 的变化情况，可以从示功仪描绘的示功图，即以 p 为纵坐标、V 为横坐标的函数关系的 p-V 图上看出；还可根据示功图的面积计算出压缩机所消耗的指示功率。图 7-31 即为一单级单作用式压缩机的汽缸示意图及理论示功图。

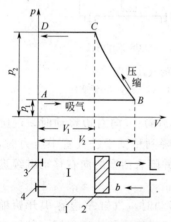

图 7-31 单级单作用式压缩机的
汽缸示意图及理论示功图
1—汽缸；2—活塞；
3—进气阀；4—排气阀

在分析这种活塞式压缩机的理论工作过程前，需做如下假设：汽缸中没有余隙容积，被压缩气体能全部排出汽缸，进、排气管中气体状态相同（即无阻力、无气流脉动、无热交换）；气阀启闭及时，气体无阻力损失；压缩容积绝对密封、无任何泄漏；气体压缩过程中，不论有无热交换，其过程指数为定值。

上述假设，实际上不可能存在，但它对掌握压缩机原理和工作特点是十分重要的。

当活塞 2 按 a 方向向右移动时，汽缸 I 内的容积增大，压力稍低于进气管中空气压力时，进气阀 3 打开，吸气过程开始。设进入汽缸的空气压力为 p_1，则活塞由外止点移至内止点时所进行的吸气过程，在示功图中，可用一段平行于 V 轴、并相距为 p_1 的直线 AB 表示。线段 AB 称为吸气线，它说明：在整个吸气过程中，缸内空气的压力 p_1 保持不变，体积 V_1 却在不断地增加；V_2 为吸气终了时空气的体积。

当活塞按 b 方向向左移动时，缸内 Ⅰ 的容积缩小，同时进气阀关闭，空气开始被压缩，并随活塞的左移，压力逐渐升高。此过程为压缩过程，在示功图中用曲线 BC 表示，称为压缩曲线，在压缩过程中，随着空气压力的不断升高，其体积是逐渐缩小的。

当缸内空气的压力升高到稍大于排气管中空气的压力 p_2 时，排气阀 4 被顶开，排气过程开始。在示功图中用一段平行 V 轴，并相距为 p_2 的直线段 CD（称为排气线）表示。在排气过程中，缸内压力一直保持不变，容积逐渐缩小。当活塞移到汽缸外止点时，排气过程便结束，此时，压缩机的曲轴正好旋转一周而完成一个工作循环。

当活塞在外止点改向右移时，缸内压力下降，吸气过程又重新开始；缸内空气压力 p_2 降到 p_1 的过程，在示功图中以垂直于 V 轴的直线段 DA（纵坐标）来表示。

在理论示功图中，以 AB、BC、CD 和 DA 线为界的 $ABCDA$ 图形的面积，表示完成一个工作过程所消耗的功，也就是推动活塞所必需的理论压缩功；其面积愈小，则将空气压缩到所需压力时消耗的理论功就愈少。

四、实际示功图

前述理论示功图是在许多假设的条件下得到的，属于理想的工作过程，实际上并不存在。我们把装在压缩机上的示功仪实测下来的示功图，称为实际示功图，如图 7-32 所示。由图可见，实际示功图与理论示功图有很大差异，其特征为：

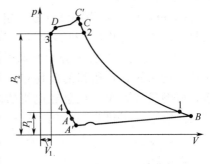

图 7-32　单级单作用式
压缩机实际示功图

① 存在气体膨胀线 DA ，即完成一个工作循环中除吸气、压缩和排气过程外，还有膨胀过程；

② 吸气过程线 AB 低于名义吸气压力线 p_1 ，排气过程线 CD 高于名义排气压力线 p_2 ，且吸、排气过程线呈波浪形；

③ 压缩、膨胀过程线的指数值是变化的。

理论与实际示功图差别较大，是因为压缩机在实际工作过程中受到余隙容积、压力损失、气流脉动、空气泄漏及热交换等诸多因素的影响。

五、活塞式压缩机的分类与型号

1. 分类

活塞式压缩机可以从不同角度分类，下面是按排气量及汽缸排列方式进行的分类。

（1）按排气量大小分

① 微型压缩机　排气量 $<1m^3/min$ ；

② 小型压缩机　排气量为 $1\sim10m^3/min$ ；

③ 中型压缩机　排气量为 $10\sim100m^3/min$ ；

④ 大型压缩机　排气量 $>100m^3/min$ 。

（2）按汽缸排列方式分

① 直列式　分为立式、卧式。立式，汽缸中心线与地面垂直，机型代号 Z；卧式，汽缸中心线呈水平，且汽缸只布置在机身的单侧，机型代号 P。

② 角式　汽缸中心线互成一定角度，分别以其汽缸排列的方式呈 L、V、W 形为其机型代号，扇形用 S 表示。

③ 对置式　对置式分为对动型、对置型。对动型汽缸水平置于机身的两侧，且相邻的曲拐相差 $180°$ ，其中汽缸在电机的单侧者，机型代号为 M；汽缸在电机的两侧者，机型代号为 H。对置型汽缸水平置于机身的两侧，且相邻的曲拐相差非 $180°$ ，机型代号为 DZ。

2. 型号

活塞压缩机的使用范围十分广泛，为了选择使用的方便，原机械工业部标准（JB 2589—2015）规定了容积式压缩机型号的编制方法，此标准适用于容积式压缩机（制冷压缩机及有独立的产品标准规定的除外）。容积式压缩机型号由大写汉语拼音字母和阿拉伯数字组成，表示方法如下：

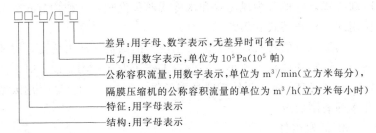

示例：

（1）VD—0.25/7 型空气压缩机

往复活塞式，V 型，低噪声罩式，公称容积流量 $0.25\text{m}^3/\text{min}$，额定排气表压力 $7\times10^5\text{Pa}$。

（2）WWD—0.8/10 型空气压缩机

往复活塞式，W 型，无润滑、低噪声罩式。公称容积流量 $0.8\text{m}^3/\text{min}$，额定排气表压力 $10\times10^5\text{Pa}$。

（3）VY—6/7 型空气压缩机

往复活塞式，V 型，移动式，公称容积流量 $6\text{m}^3/\text{min}$，额定排气表压力 $7\times10^5\text{Pa}$。

六、活塞式压缩机的主要零部件

活塞式压缩机的主要零部件有机体、汽缸、活塞组件、曲轴、轴承、连杆、十字头、填料、气阀等。

1. 机体

它是压缩机定位的基础构件，一般由机身、中体和曲轴箱（机座）三部分组成。机体内部安装各运动部件，并为传动部件定位和导向。曲轴箱内存装润滑油，外部连接汽缸、电动机和其他装置。运转时，机体要承受活塞与气体的作用力和运动部件的惯性力，并将本身重量和压缩机全部或部分的重量传到基础上。

机体的结构形式随压缩机形式的不同分为立式、卧式、角度式和对置型等。

2. 汽缸

汽缸是压缩机产生压缩气体的重要部件,由于承受气体压力大、热交换方向多变、结构较复杂,故对其技术要求也较高。根据冷却方式,一般分为风冷式和水冷式两种汽缸;按作用方式分为单作用式、双作用式和级差式汽缸。

制造汽缸的材料,主要取决于压力的高低,压力愈高,材质愈坚韧,汽缸的体积也愈小。一般当工作压力在 6MPa 以下时多为铸铁,6~20MPa 时采用铸钢或球墨铸铁,20MPa 以上时采用碳钢或合金钢锻制而成。

3. 活塞组件

它们由活塞、活塞环、活塞杆(或活塞销)等部分组成,活塞与汽缸组成压缩容积,通过活塞组件的往复运动来完成气体的压缩循环过程。活塞承受气体作用力,经活塞杆(它与活塞销还要承受交变载荷)、十字头和连杆传给曲轴。

活塞组件的结构和材质取决于压缩机的排气量、排气压力、汽缸的结构以及被压缩气体。

(1)活塞 它分为筒形活塞、盘形活塞、级差式活塞和柱塞等。

(2)活塞环 它是汽缸工作表面与活塞之间的密封零件,同时起着布油和散热的作用。它一般用铸铁制成。但在高压活塞上,为了延长环的使用寿命和防止汽缸"拉毛",常在铸铁环上镶嵌青铜或轴承合金,或者镶填聚四氟乙烯。

(3)活塞杆 活塞杆一般采用优质碳素钢或合金钢制成,其一端与十字头连接,另一端与活塞连接。

4. 填料

它是阻止汽缸内的压缩气体沿活塞杆泄漏和防止润滑油随活塞杆进入汽缸内的密封部件。

压缩机的填料通常采用自紧式密封,一般分为非金属密封环(主要为聚四氟乙烯,或其他耐磨塑料、尼龙等)和金属密封环两大类。

5. 气阀

气阀是压缩机上直接影响运行经济性和可靠性的最重要的部件

之一。它是利用气阀两侧的气压差，加上弹簧的作用力，使阀片及时、自动地开启和关闭，让气体能顺利地吸入和排出汽缸。因此，要求气阀达到如下要求：密封性能好，阻力小，阀片的启闭要及时、迅速和完全，气阀所造成的余隙容积要小，结构力求简单，材料强度高，韧性好，耐磨、耐腐蚀，机械性能好，便于制造、维修和安装，并且通用化、标准化。

为了确保气阀尤其是阀片和弹簧有足够的使用寿命，对气阀的结构、材料、制造质量及安装等技术要求极高。

七、活塞式压缩机运行中的异常现象及产生原因和解决方法

活塞式压缩机有受交变载荷的部件，还有很多在高压下滑动的部件，而且气体产生压缩热、机械振动和气体压力脉动等，所以高效率运行的压缩机，安全运转和保养是重要的。由于压缩机在运转中往往发生一些故障，其原因是复杂的，因此，必须经过细心观察研究，多方面试验和丰富的实践经验，才能判断出发生故障的真正原因。

压缩机运行中的异常现象主要有以下几方面：

① 压缩机异常振动；

② 压缩机声音异常；

③ 压缩机异常过热；

④ 压缩机吸排气压力异常；

⑤ 压缩机排气量达不到设计要求；

⑥ 压缩机油路供油异常；

⑦ 压缩机水路供水异常；

⑧ 压缩机易损件寿命短；

⑨ 压缩机出现折断与断裂；

⑩ 压缩机出现着火和爆炸；

⑪ 指示图上显示的故障。

表 7-6 列出了压缩机运行中的异常现象及其原因和一般解决方法的部分内容。

表 7-6 压缩机异常现象的原因及解决方法（部分）

出现问题	发生原因	解决方法
汽缸部分异常振动	①安装时，没有调整好汽缸支腿与底座各处间隙，造成支撑不良	复查汽缸支腿各处间隙与螺栓受力的情况使之支撑良好
	②安装压缩机各水管、气管之间的配管不符合要求，产生松动或过大的附加应力而造成管道振动，从而导致汽缸的振动	要彻底检查各管道的匹配和连接安装是否符合技术要求，消除管路的振动
	③汽缸余隙过小，上下死点造成活塞碰撞汽缸内径面，造成严重的撞击和振动	进行检查，并应按规定留出合适的汽缸余隙
	④活塞的压紧螺帽松动，会发生敲击和振动	应立即停车检查，并加以可靠的紧固和止动
	⑤在安装、检修时，由于工作不慎，使杂物掉入汽缸，又没有进行有效的清理，导致撞击声和振动	必须拆开汽缸仔细进行检查和清洗，清除异物
	⑥由于曲轴平衡铁装配不当或飞轮动平衡性不良造成汽缸部分振动	更换平衡铁，对飞轮进行动平衡找正
电动机声音异常	①因超负荷产生的不正常响声	检查载荷情况并进行检修
	②回转部位接触产生的不正常声响	检查确定并进行检修
活塞杆温度过热	①活塞杆与填料函装配时产生偏斜	重新进行装配，不得偏斜
	②活塞杆与填料配合间隙过小（包括编织塞线塞得太紧）	活塞杆与填料应按规定的间隙装配，塞线要合适
	③活塞杆与填料的润滑油有污垢，或润滑油不足造成干摩擦	清洗油污垢，保证有足够的供油量或重新更换润滑油
	④填料函中有杂物	取出填料函拆开清洗
	⑤填料函中的金属盘密封圈卡住，不能自由移动	在安装时应试一下，活动要自由，并按规定保持一定间隙
	⑥填料函中的金属盘密封圈装错，油路堵住，润滑油供不上	拆开检查，看看是否装错，若错应及时改装过来
	⑦填料函往机身上装配时螺栓紧得不正，使其与活塞杆产生倾斜，活塞杆在运转时与填料中的金属盘摩擦加剧发热	重新检查填料函，将其倾斜过来

续表

出现问题	发生原因	解决方法
排气压力异常	排气阀、逆止阀阻力大,排气管路异常	检查逆止阀、全开排气阀过程,检查排除故障
活塞环的故障引起的排气量异常	①活塞环因润滑油质量差或注入量不够,使汽缸内温度过高,形成咬死现象,使排气量减少,而且可能引起压力在各级中重新分配	把活塞拆出来检查活塞环,并清洗活塞上的槽,经检查合格的活塞环可继续使用,损坏严重的更换。检查注油器及油路路,保证汽缸中有良好的润滑油
	②活塞环与活塞上的槽间隙过大(包括径向、轴向间隙)	装配时应进行选配
	③活塞环装入汽缸中的开口间隙过小,受热膨胀卡住	装配活塞环时,应按技术要求检查开口间隙
	④活塞环使用时间长了,磨损过大	更换新的活塞环
填料函不严、漏气	①填料函中密封盘上的弹簧损坏或弹力小,使密封盘不能与活塞杆完全密封	检查弹簧是否有折断,对弹力小、不合格的弹簧进行更换
	②填料函中的金属密封装置不当,与活塞杆有缝隙	重新装配填料函中的金属密封盘使金属密封盘在填料函中能自由窜动,与活塞杆密封
	③填料函的金属密封盘内径磨损严重,与活塞杆密封不严	检查或更换金属密封盘
	④活塞杆磨损拉伤,部分磨偏不圆等也会产生漏气	检查修理活塞杆或更换新活塞杆
	⑤润滑油供应不足,填料函部分气密性恶化,形成漏气	保证填料函中有适量的润滑油

复习思考题

1. 按照化工生产的特点,对化工用泵提出了哪几项不同于一般泵类的要求?

2. 泵的主要性能参数中,流量、扬程的定义是什么?

3. 何谓离心泵的性能曲线?哪些因素对性能曲线的形状影响大?

4. 什么是气蚀现象?

5. 正确确定泵的几何安装高度的重要性是什么?

6. 离心泵在运行时应注意哪几项维护工作?

7. 风机的工作原理是什么?

8. 活塞式压缩机一个工作过程包括哪几个阶段?

第八章　固体物料机械

第一节　固体物料输送机械

固体物料输送机械分为连续式和间断式。

连续式输送机械有带式输送机、螺旋输送机、埋刮板输送机和斗式提升机等。

间断式输送机械有有轨行车（包括悬挂输送机）、无轨行车、专用输送机等。

一、带式输送机

带式输送机的应用比较广泛，可输送粉粒料与块料及成包的物料。带式输送机不仅可作水平方向的输送，也可按一定倾斜角度向上输送。输送粉粒料时，其倾斜角度不宜超过物料运动时自然休止角的 2/3，一般不超过 $17°\sim18°$。

带式输送机输送能力大，最高可达每小时数百吨甚至数千吨，运输距离长，操作方便，看管工作量少，噪音小，在整个机长内的任何处都可装料或卸料。

1. 输送原理及结构

图 8-1 为带式输送机，带条由主动轮 1 带动，另一端由张紧轮 6 借重力张紧（或借螺旋张紧），带的承载段由支承装置的上托辊 4 支承，空载段由下托辊 8 支承，物料由加料斗 5 加在带上，到末端卸落。若中途卸料，则右承载段上设置卸料装置。

皮带的托辊分槽型和平型（图 8-2）。

(1) 输送带　有普通型橡胶带和塑料带两种。塑料带不仅具有耐磨、耐酸碱、耐油、耐腐蚀等性能，而且原料立足于国内，特别适用于温度变化不大的地方。目前国内橡胶输送带的品种及生产宽

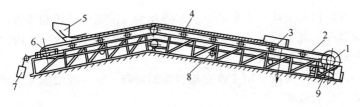

图 8-1　带式输送机

1—主动轮；2—带条；3—卸料装置；4—上托辊；5—加料斗；
6—张紧轮；7—重锤；8—下托辊；9—清扫器

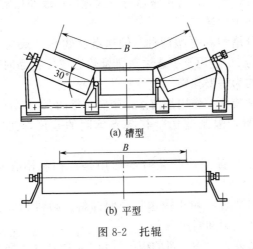

(a) 槽型

(b) 平型

图 8-2　托辊

度见表 8-1。

表 8-1　输送带的品种及生产宽度

宽度 B/mm	普通型	300	400	500	650	800	1000	1200	1400	1600
	耐热型	—	400	500	650	800	1000	1200	1400	1600

　　塑料输送带有多层芯和整芯两种。多层芯塑料带和普通型橡胶带相似，整芯塑料带工艺简单、生产率高、成本低、质量好。目前整芯厚度有 4mm 和 5mm 两种。塑料带接头方式有机械及塑化两种。

　　(2) 驱动装置　由电动机、减速器、柱销联轴器、十字滑块联轴器组成。

（3）传动滚筒 把电动机、减速器装入滚筒内的传动装置。其结构紧凑、外形尺寸小，易于安装布置，可以代替一般的电动机、减速器驱动的驱动装置。

（4）改向滚筒 用于改变输送带的运行方向，或增加输送带与传动滚筒的包角。

（5）托辊 用于支承输送带和带上物料，使其稳定运行。槽型托辊用于散状物料；平型托辊一般用于输送成件物料；调心托辊用于调整输送带，使它保持正常运行不致跑偏；缓冲托辊装于输送机受料处，以保护输送带。

上托辊分槽型和平型两种。输送散状物料一般均采用槽型托辊，其槽角为30°，用于手选输送机及输送成件物品时采用平型托辊。下托辊均为平型托辊。

（6）拉紧装置 作用是使输送带有足够的张力，保证输送带和辊筒间不打滑，限制输送带在各支承间的垂度，使输送机正常运转。

（7）清扫装置 清扫装置的作用是清扫黏附在输送带上的物料。

（8）卸料装置 用于输送机中间卸料。卸料装置分犁式卸料器、卸料车和重型卸料车三种。

（9）制动装置 输送机的极限倾角＞4°时，为了防止满载停车时发生事故，应设制动装置。制动装置有滚柱逆止器、带式逆止器和液压电磁闸瓦制动器三种。

2. 带式输送机的型式

下面分别介绍几种带式输送机。

（1）TD75型带式输送机 一般用途的带式输送机，输送各种块状、粒状、粉状物料，也可输送成件物品。带宽有500mm、650mm、800mm、1000mm、1200mm、1400mm六种。输送带有普通橡胶带和塑料带两种。物料温度不超过70℃时，输送酸性、碱性、油类物质需采用耐酸、耐碱、耐油的橡胶带或塑料带。

（2）DX型钢绳芯胶带输送机 输送带抗张强度高，输送距离长。输送带寿命长，比普通输送带寿命长 2～3 倍，一般可用 6～10 年。输送带伸长率小，仅为普通带的 1/5。输送带抗冲击力强。输送带弯曲次数可超过 10^7。输送带可用于高速。输送带成槽性好，不仅适用于深槽输送机，而且由于输送带与托辊贴合紧密，与普通输送带比较，相同带宽输送能力大。

（3）QD80 型固定式胶带输送机　为化工、轻工、食品、粮食、邮电等部门设计的通用固定式连续输送机，可输送各种散状物料和成件物品。带宽有 300、400、500、650、800、1000 和 1200mm 七种，输送速度有 0.25、0.5、0.8、1.0、1.25、1.6、2.0 和 2.5m/s 八种，能满足一般运输作业线的工艺要求。

工作环境温度为 −15～+40℃。亦可满足耐酸、耐碱、耐油、耐热、无毒和防污染等特殊要求。

水平式输送机带面距地面的标准高度有 500mm 和 800mm 两种。对于倾斜式输送机，带面距地面高度可在 800～2000mm 范围内任意选择，超过 2000mm 时，选用单位需自行设计头架和中间支架，供图制作或与制造厂面洽。

（4）特轻型带式输送机　具有负荷轻、线速度低的特点，主要用于橡胶工厂连续运送胶条或返回胶边，也可用于其他行业作轻荷载成件物品的连续输送。

二、螺旋输送机

螺旋输送机在化工厂中用途较广，主要用于输送粉状、颗粒状和小块状物料，如煤粉、纯碱、再生胶粉、氧化锌、碳酸钙及小块煤等，不适宜输送易变质、黏性大和易结块的物料。

1. 输送原理及结构

螺旋输送机的总体结构如图 8-3 所示，旋转的螺旋叶片将物料推移而进行输送，使物料不与螺旋叶片一起旋转的力是物料自身重量和机壳对物料的摩擦阻力。

旋转轴上焊有螺旋叶片，叶片的面型根据输送物料的不同有实体面型、带式面型、叶片面型等型式（图 8-4）。螺旋轴在物料运动方向的终端有止推轴承以承受物料给螺旋的轴向反力，在机身较长时，应加中间吊挂轴承。

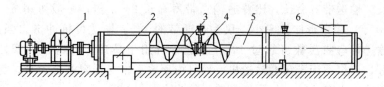

图 8-3 螺旋输送机总体结构

1—驱动装置；2—出料口；3—旋转螺旋轴；

4—中间吊挂轴承；5—壳体；6—进料口

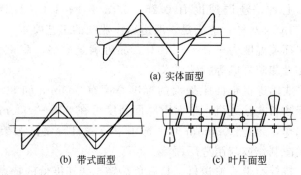

(a) 实体面型

(b) 带式面型　　　　(c) 叶片面型

图 8-4 螺旋叶片面型

2. 特点及分类

螺旋输送机的特点是结构简单，横截面尺寸小，密封性能好，可以中间多点装料和卸料，操作安全方便以及制造成本低等。但是机件磨损较严重，输送量较低，消耗功率大，物料在运输过程中易破碎。使用的环境温度为 $-20 \sim +50\,℃$；物料温度小于 $200\,℃$；输送机的倾角 $\beta \leqslant 20°$；输送长度一般小于 40m，最长不超过 70m。

螺旋输送机的类型有水平固定式、垂直式及弹簧式三种。

水平固定式螺旋输送机最常用。其输送倾角小于 20°，输送长度一般在 40m 以下。垂直式螺旋输送机用于短距离提升物料，输送高度一般不大于 6m，螺旋叶片为实体面型，它必须有水平螺旋喂料，以保证必要的进料压力。

三、埋刮板输送机

埋刮板输送机是输送粉尘状、小颗粒及小块状等散料的连续输送设备，可以水平、倾斜和垂直输送。输送物料时，刮板链条全埋在物料之中，故称埋刮板输送机。

埋刮板输送机的分类见表 8-2。

表 8-2　埋刮板输送机类型

型号及名称	结构型号	代号举例	型号及名称	结构型号	代号举例
水平型埋刮板输送机（倾角 0°≤α≤15°）	S	MS	垂直环型埋刮板输送机	L	ML
垂直型埋刮板输送机（倾角 60°≤α≤90°）	C	MC	普通型埋刮板输送机	R	MSR 或 MR
Z 型埋刮板输送机	Z	MZ	热料型埋刮板输送机		
扣环型埋刮板输送机（水平-垂直布置）	K	MK	气密型埋刮板输送机	F	MF
水平环型埋刮板输送机	P	MP	耐磨损型埋刮板输送机	M	MM

1. 输送原理及结构

输送方案如图 8-5 所示。埋刮板输送机主要由封闭的壳体（机槽）、刮板链条、驱动装置及张紧装置等部件组成。

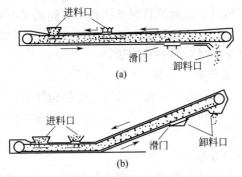

图 8-5　埋刮板输送机输送方案

埋刮板输送机水平输送时，物料受到刮板链条在运动方向的推力。当料层间的内摩擦力大于物料与槽壁间的外摩擦力时，物料就随着刮板链条向前运动。在料层高度与机槽宽度之比值满足一定的条件时，料流是稳定的。

埋刮板输送机垂直输送时，主要依赖物料所具有的起拱特性。封闭于机槽内的物料受到刮板链条在运动方向的推力，且受到下部不断给料而阻止上部物料下滑的阻力时，产生横向侧压力，从而增加物料的内摩擦力，当物料之间的内摩擦力大于物料和槽壁间的外摩擦力及物料自重时，物料就随刮板链条向上输送，形成连续料流。由于刮板链条在运动中有振动，有些物料的料拱会时而被破坏时而又形成，因此使物料在输送过程中对于链条产生一种滞后现象，影响输送能力。

2. 特点

埋刮板输送机的特点是：设备结构简单，重量轻，体积小，密封性能好，安装维修比较方便；能多点加料、多点卸料，工艺选型及布置较为灵活；在输送飞扬性、有毒、高温、易燃易爆的物料时，可改善工作条件，减少环境污染。

一般机型适用于物料温度小于 100℃；耐高温型埋刮板输送机输送物料温度可达 650～800℃。

具有下述性能的物料，一般不宜采用埋刮板输送机：悬浮性大的物料；块度过大的物料；磨损性很大的物料；压缩性过大的物料；黏性大的物料；流动性特强的物料；易碎而又不希望在输送过程中被破碎的物料；特别坚硬的物料。腐蚀性大的物料，如不采用防腐型埋刮板输送机，也不宜输送。

四、斗式提升机

斗式提升机是在链条或皮带等挠性牵引构件上，每隔一定间距安装一钢质斗，物料放在斗中提升运送，其运送方向可以垂直，也可以倾斜。

1. 输送原理及结构

斗式提升机的输送原理是：料斗把物料从下面的贮槽中舀起，随着输送带或链提升到顶部，绕过顶轮后向下翻转，将物料倾入接受槽内。其结构如图 8-6 所示。

带传动的斗式提升机的传动带一般采用橡胶带，装在下（或上）面的传动滚筒和上（或下）面的改向滚筒上。链传动的斗式提升机一般装有两条平行的传动链，上（或下）面有一对传动链轮，下（或上）面是一对改向链轮。斗式提升机一般都装有机壳，以防止粉尘飞扬。

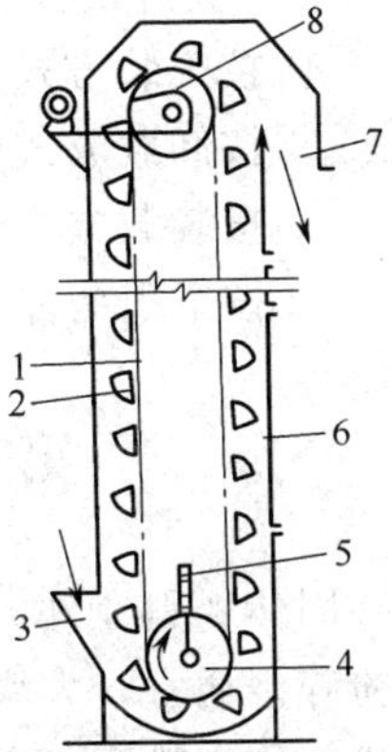

2. 装载和卸载

（1）装载

① 掏取式装载：如图 8-7（a）所示，料斗在尾部掏取物料而实现装载。它主要用于输送粉状、粒状物料，掏取时阻力不大，料斗运动速度为 0.8～2m/s。

② 流入式装载：如图 8-7（b）所示，物料直接流入料斗而实现装载。流入式用于运输大块或摩擦性大的物料。流入式料斗应密切相连布置，以防物料在料斗之间散落。料斗运动速度小于 1m/s。

（2）卸载　斗式提升机卸载形式有三种，即离心式、离心-重力式、重力式。

3. 特点及分类

斗式提升机适用于垂直或倾斜地提升散状物料，其结构紧凑，提升高度大，密封性好。对超载较敏感，料斗和链条易损坏。

图 8-6　斗式提升
机示意

1—链条；2—斗；
3—进料斗；4,8—链轮；
5—张紧装置；6—机壳；
7—卸料口

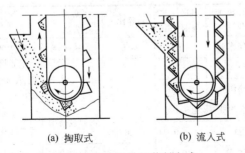

(a) 掏取式　　　　　　(b) 流入式

图 8-7　斗式提升机装料方式

斗式提升机的提升高度可达 30m，一般为 10～20m。输送能力在 30t/h 以下时，通常使用垂直式斗式提升机。

斗式提升机分类如下：

① 按安装方式可分为垂直式和倾斜式；

② 按卸载方式可分为离心式、离心-重力式、重力式；

③ 按装载方式分为掏取式、流入式；

④ 按牵引构件分为带式、链式。

第二节 固体物料粉碎机械

固体物料在外力作用下，由大块碎裂成小块或细粉的操作，称为粉碎。通常，大块物料破裂成小块，称为破碎；小块物料碎裂成细粉，称为粉磨。完成破碎和粉磨操作的机械，分别称为破碎机械和粉磨机械，它们又统称为粉碎机械。

物料粉碎前后尺寸大小之比，称为粉碎比。粉碎比说明物料的粉碎程度，是确定粉碎工艺及机械设备选型的重要依据。

$$i = \frac{D}{d} \tag{8-1}$$

式中，i 为粉碎比；D 为物料粉碎前的粒径尺寸；d 为物料粉碎后的粒径尺寸。

粉碎机械设备按工艺要求分类见表 8-3。

表 8-3 粉碎机械设备按工艺要求分类

粉碎机械分类	粉碎作业分类	出料尺寸范围/mm	粉碎比 i	主要粉碎方法	常用机械举例
破碎机械	粗碎作业	≥100	<6	压碎	颚式破碎机
	中碎作业	20～100	3～20	压碎或击碎	颚式破碎机、锤式破碎机、反击式破碎机、辊式破碎机
	细碎作业	3～20	6～30		
粉磨机械	粗磨作业	2～0.1	>600	击碎或研磨	轮碾机、悬辊磨机、球磨机
	细磨作业	0.1～0.04	>800		
	超细磨作业	<0.01	>1000	高频率击碎	振动磨机、气流粉碎机

一、颚式破碎机

颚式破碎机用于各种脆性矿物原料的破碎，广泛用于破碎石英、长石、石膏等原料。

1. 主要结构及工作原理

颚式破碎机有简单摆动式（又称简摆式）、复杂摆动式（又称复摆式）、组合摆动式、简摆液压式等多种型式。它们的主要结构部分都是由电机、机架、固定颚板（定颚）、活动颚板（动颚）、悬挂轴（偏心轴）、飞轮、推力板和排料口调节装置等组成。

一般采用的颚式破碎机多为简单摆动式，见图8-8。当电动机带动偏心轴转动时，动颚作平面运动，时而靠近定颚，时而离开定颚，使动颚、定颚及两块侧板组成的颚膛容积发生变化。喂入颚膛内的物料在动颚向定颚靠近时受到压力、弯折、研磨作用而被破碎。当动颚离开定颚时，碎裂成小块的物料靠自重由底部出料口排出。

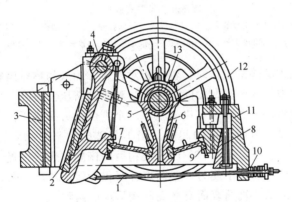

图 8-8　颚式破碎机

1—拉杆；2—活动颚板；3—固定颚板；4—活动颚板轴；5—偏心轴；6—连杆；
7—推板；8,9—调节螺钉；10—弹簧；11—机座；12—飞轮；13—皮带轮

2. 特点

工作安全可靠，操作维修方便；破碎力大，适用范围广；粉碎比小，出料粒度不均匀；由于间歇工作引起附加的动载荷和振动，容易使零件损坏。

二、辊式破碎机

辊式破碎机适用于软质物料、低硬度脆性物料的粗碎或中碎作

业，带黏性或塑性物料的细碎作业。

1. 主要结构及工作原理

辊式破碎机主要有双辊式和单辊式两种类型。图 8-9 所示为双辊式破碎机。

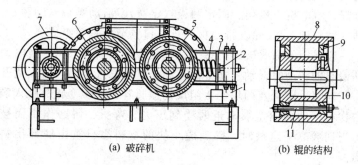

(a) 破碎机   (b) 辊的结构

图 8-9 双辊式破碎机

1—框架；2—支撑螺钉；3—护板；4—承压弹簧；5—活动辊；6—不动辊；
7—三角皮带轮；8—轮箍；9—锥形环；10—锥形板；11—螺钉

双辊式破碎机工作时，辊筒相对回转，加入的物料因辊筒的摩擦作用而被带入两辊筒的间隙中，物料受到挤压而破碎。两个平行安装的辊筒，一个固定在机架上，一个则由强力弹簧压紧，可沿机架滑动，以调节两辊筒的间隙。当不能破碎的坚硬物料进入机内时，弹簧被压缩，辊筒移位卸出硬物后即恢复原来的位置，以保护机件不致损坏。为了使另一辊筒离开时仍能保证转动，两辊筒采用长齿齿轮传动。辊筒表面有光面和槽形齿面两种。

单辊式破碎机（又称颚辊式破碎机）只有一个辊筒，辊筒表面装有带齿形的护套，它与弧形的颚板构成上大下小的破碎空腔，依靠辊筒的回转破碎物料。

2. 特点

宜于破碎黏性或潮湿的块状物料；生产能力较低，设备重量与占地面积大；辊筒磨损不均匀，需经常更换护套；操作时粉尘较大，劳动条件差。

三、轮碾机

轮碾机用于中等硬度物料的细碎或粗磨以及多种物料的揉拌

混合。

1. 主要结构及工作原理

轮碾机主要由动力装置、机架、碾轮、碾盘、刮板等组成。按实现碾轮和碾盘相对运动的方法，可分为盘动式、轮动式两种基本形式。如图 8-10 所示为一种盘动式轮碾机。盘动式轮碾机的碾盘由动力传动装置驱动旋转，碾轮则由和碾盘接触产生的摩擦力作用而绕水平轴（横轴）自转，刮板固定不动。物料在碾盘中经碾轮与碾盘的挤压、研磨而被粉碎。被粉碎的物料由刮板刮至筛板上，由筛孔漏下，未能通过筛孔的物料则仍被刮回碾轮下继续进行粉碎。轮转式轮碾机碾盘固定不动，碾轮和刮板则绕主轴旋转，同时碾轮亦绕水平轴自转。通过碾轮转动产生挤压、揉研使物料粉碎。

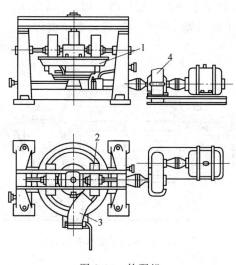

图 8-10　轮碾机

1—碾盘；2—碾轮；3—卸料口；4—传动器

2. 特点

粉碎过程中伴有碾揉混合作用，对改善和提高物料的工艺性能有明显的作用；便于控制产品的粒度，易于实现连续化；碾轮用石质材料制成，可避免粉碎时铁质混入；生产效率低，单位功耗大；

不宜干法作业，因粉尘污染严重；采用湿法作业可避免污染，提高产量，降低功耗。

四、球磨机

球磨机可供各种物料细磨和混合。

1. 主要结构及工作原理

球磨机由筒体、主轴承、轴承座、机架、电机和传动减速器组成的动力传动装置以及进出料附属装置等组成。按传动方式分类，球磨机有周边传动式、中心传动式、托轮传动式等多种型式。

球磨操作多数都采用间歇式干法或湿法作业。

如图 8-11 所示为湿式格子型球磨机结构示意图，由筒体 3 及带有中空轴颈的端盖 2 和 6 构成回转部分，该回转部分被支承在主轴承 7 上。筒体内，装有不同直径的研磨介质（钢球、钢棒、钢段、砾石）。筒体由电动机、减速器、周边传动齿轮 5 等拖动旋转。被粉碎的物料由给料器 1 经中空轴送入磨矿机内。

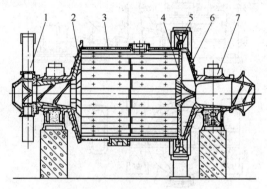

图 8-11 湿式格子型球磨机结构

1—给料器；2,6—进出料端盖；3—筒体；4—格板；5—周边传动齿轮；7—轴承

当筒体旋转时，装在筒体内的研磨介质在摩擦力和离心力作用下，随着筒体回转而被提升到一定高度，然后按一定的线速度而抛落，于是对筒内物料产生冲击、磨削和挤压，使物料粉碎。工业上连续工作的磨矿机，被磨物料从磨机一端连续给入，磨细的产品借助连续给入物料的推力、水力（湿法生产）或风力（干法生产），

以及格子板的提取作用，从另一端排出机外。

2. 特点

操作维修方便，适于大规模工业生产；粉碎比大，粒度均匀，物料混合作用好；采用石质、瓷质或橡胶材料作内衬，可避免物料被铁质污染；筒体有效容积利用率低，单位产量功耗大，直至目前能量利用率也只有 5%～7% 左右，噪音大并伴有振动；操作条件差。

第三节 固体物料筛分机械

把固体物料按尺寸大小分为若干级别的操作称为分级。利用具有一定大小孔径的筛面进行分级称为筛分。用于筛分的机械设备按筛面的运动特点可分为振动筛、摇动筛、回转筛等。

编织筛的筛面规格许多国家都订有标准，称为筛制。我国标准筛采用公制筛号，以每平方厘米面积含有的筛孔数目表示筛孔大小，用一厘米长度上筛孔的数目表示筛号。

此外还有英制筛，英制筛以每一英寸长度上筛孔数目表示筛号，称为目数（孔/英寸）。公制筛号和英制筛目可用下式换算，N 表示公制筛号，M 表示英制筛目数。

$$N = \frac{M}{2.54} \tag{8-2}$$

一、振动筛

振动筛是依靠筛面振动及一定的倾角来满足筛分操作的机械。因为筛面作高频率振动，颗粒更易于接近筛孔，并增加了物料与筛面的接触和相对运动，有效地防止了筛孔的堵塞，因而筛分效率较高。振动筛结构简单紧凑、轻便、体积小，是应用较广的一种筛分机械。各种振动筛都是筛箱用弹性支承，依靠振动发生器使筛面产生振动进行工作。

振动筛有惯性振动筛、偏心振动筛、自定中心振动筛和电磁振动筛等类型。

振动筛按振动器的型式可分为单轴振动筛（图 8-12）和双轴

振动筛（图 8-13）。单轴振动筛是利用单不平衡重激振使筛箱振动，筛面倾斜，筛箱的运动轨迹一般为圆形或椭圆形。双轴振动筛是利用同步异向回转的双不平衡重激振，筛面水平或缓倾斜，筛箱的运动轨迹为直线。

振动筛一般由振动器、筛箱、支承或悬挂装置、传动装置等部分组成。

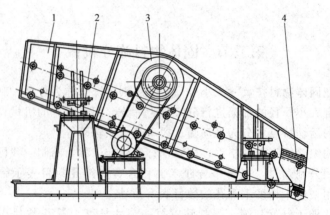

图 8-12 单轴振动筛

1—筛箱；2—支承弹簧；3—振动器；4—筛面

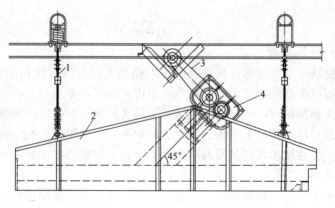

图 8-13 双轴振动筛

1—吊挂装置；2—筛箱；3—传动装置；4—振动器

1. 振动器

单轴和双轴振动筛的振动器,按偏心重配置方式区分一般有两种型式。偏心重的配置方式以块偏心型式较好。

图 8-14 是单轴振动筛常用的一种皮带轮偏心式自定中心振动器构造图。这种振动器的主轴中心与轴承中心在同一直线上,而皮带轮与圆盘的轴孔中心相对于它们的外缘有一与机体振幅相等的偏心距。这样就使皮带轮轮缘不产生振动,从而消除了三角皮带的反复伸缩。这种结构与轴承偏心式自定中心振动器(皮带轮无偏心并与传动轴同心,但两者中心与轴承中心偏离一定距离,偏心距等于振幅)相比,它的优点是使机器结构简化,制造容易。

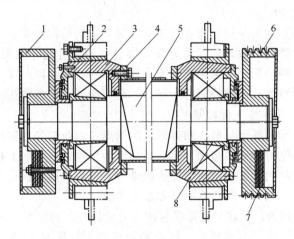

图 8-14　自定中心振动器

1—偏心配重圆盘;2—锥套;3—轴承座;4—套管;
5—偏心轴;6—皮带轮;7—配重块;8—锥套

双轴振动筛的振动器有块偏心的箱式振动器和轴偏心的筒式振动器两种。由于块偏心的箱式振动器具有很多优点,因此已获得广泛应用。

2. 筛箱

筛箱由筛框、筛面及其压紧装置组成。筛框是由侧板和横梁构成。筛框必须要有足够的刚性。筛框各部件的联接方式有铆接、焊接和高强度螺栓联接三种。铆接结构的制造工艺复杂，但对振动负荷有较好的适应能力。焊接结构施工方便，但焊缝内应力较大，容易断裂。为了消除焊接结构的内应力，可采用回火处理。焊接结构适用于中小型振动筛。高强度螺栓联接可靠，可以使筛框在现场装配，特别适用于大型振动筛。

3. 支承装置

振动筛的支承装置有吊式（见图8-13）和座式（见图8-12）两种。座式安装较为简单，且安装高度低，一般应优先选用。

振动筛的支承装置主要由弹性元件组成，常用的有螺旋弹簧、板弹簧和橡胶弹簧。

4. 传动装置

振动筛通常采用三角皮带传动装置，它的结构简单，可以任意选择振动器的转数，但运转时皮带容易打滑，可能导致筛孔堵塞。近年来，振动筛也有采用联轴器直接驱动的。联轴器可以保持振动器的稳定转数，而且使用寿命很长，但振动器的转数调整困难。

二、回转筛（旋转筛）

回转筛的筛面一般为圆锥形、圆筒形、六角形等几何形状，由主轴带动作等速回转运动，靠筛面的转动使物料在筛面上相对滑动达到筛分目的。由于六角形筛面的筛分效率较其他形状高，因此应用较广泛。六角回转筛有单级和多级之分。

其特点为：运转平稳，没有冲击力和振动，可安装在建筑物上层；转速较低，不易损坏；筛面利用率低，一般只占其总面积的12%～17%；筛分效率较低，体积庞大，动力消耗和材料消耗较多。

复习思考题

1. 带式输送机的输送带有哪几种？各自的特点是什么？
2. 螺旋输送机的特点是什么？
3. 埋刮板输送机适于输送哪类物料？
4. 斗式提升机的输送原理是什么？
5. 说明颚式破碎机工作原理及其特点。
6. 说明球磨机的工作原理及其特点。

第九章　其他化工机械

第一节　搅　拌　机　械

以液体为主体与其他液体、固体或气体物料的混合操作称为搅拌。

搅拌设备普遍应用于石油化工、橡胶、农药、染料、医药等工业，用来完成磺化、硝化、氢化、烃化、聚合、缩合等工艺过程，以及有机染料和中间体的许多其他工艺过程。

由于工艺条件、介质不同，反应釜的材料选择及结构也不一样，但基本组成是相同的，它包括传动装置（电动机、减速器）、釜体（上盖、筒体、釜底）、工艺接管等。

化工生产使用的水解反应釜和磺化反应釜的工艺条件见表9-1。

一、搅拌的作用

搅拌的作用有：使不互溶液体混合均匀，制备均匀混合液、乳化液，使传质过程强化；使气体在液体中充分分散，强化传质或化学反应，制备均匀悬浮液，促使固体加速溶解、浸渍或液固化学反应；强化传热，防止局部过热或过冷。

二、反应釜的分类

1. 钢制（或衬瓷板）反应釜

最常见的钢制反应釜的材料为Q235钢（或容器钢）。钢制反应釜的设计、制造与普通的压力容器一样。设计时选用的操作压力、温度为反应过程中最高压力和最高温度。装有夹套的壳体依照外压容器计算，而夹套本身按内压容器计算，附属零部件如人孔、手孔、工艺接管等通常设置在釜盖上，壳体、封头直径及壁厚可参照标准选用。

表 9-1 反应釜实例

工艺条件		水解反应釜	磺化反应釜	工艺条件		水解反应釜	磺化反应釜
压力 /MPa	釜内	0.7	0.3		电动机功率/kW	7.5	7
	夹套或蛇管内		0.6	减速器	型式	针齿摆线	蜗轮蜗杆
温度 /℃	釜内	160	120		速比 i	29	32
	夹套或蛇管内		＞200	传热面积 /m²	夹套		15
介质	釜内	硫化碱溶液	2%硫酸＋苯		蛇管	2.5	
	夹套或蛇管内		蒸汽	搅拌型式		锚式	锚式
	酸度 pH 值	＞7	＞4～7	采用材料		Q235	铸铁
	腐蚀情况	弱腐蚀	强腐蚀	工艺接管直径 DN /mm	蒸汽入口	57	50
设备容积/L		6000	4000		氨水入口		
操作容积/L		4000	3000		人孔	450	450
设备直径/mm		1800	2026		温度计管口	57	100
设备高度/mm		2980	1800		压缩空气管	32	32
设备壁厚/mm		18	40		压料管	57	57
转速/r·min⁻¹		60	40		放料管	76	57
					加料手孔		100

要求采取防腐措施的设备，可将耐酸瓷板用配制好的耐酸胶泥牢固地粘合在釜的内表面，经固化处理后即可使用。衬瓷板的反应釜可耐任何浓度的硝酸、硫酸、盐酸及低浓度的碱液等介质，是目前化工生产中防腐蚀的有效方法。

钢制反应釜的特点是制造工艺简单，造价费用较低，维护检修方便，使用范围广泛，因此，化工生产普遍采用。

2. 铸铁反应釜

铸铁反应釜对于碱性物料有一定抗腐蚀能力。当用于壁温低于 25℃、内压低于 0.6MPa 时，最大直径达 1000mm；当铸铁牌号提高时，最大直径可达 3000mm。

铸铁设备在磺化、硝化、缩合、硫酸增浓等反应过程中使用较多。

3. 搪玻璃反应釜

搪玻璃反应釜是用含高二氧化硅的玻璃，经高温灼烧而牢固地结合于金属设备的内表面上。它具备玻璃的稳定性和金属本身强度高的优点，耐腐蚀，光滑，耐磨而且有一定的稳定性，目前已广泛地应用于化工、农药、医药、染料、食品及冶金工业等。搪玻璃反应釜的性能如下。

① 耐腐蚀性　能耐各种浓度的无机酸、有机酸、有机溶剂及弱碱的腐蚀，但对氢氟酸及含氟离子的介质、温度大于 180℃ 的浓磷酸和强碱不耐腐蚀。

② 耐热性　允许在 $-30\sim+240℃$ 范围内使用，耐热温差小于 120℃，耐冷温差小于 110℃。

③ 耐冲击性　耐冲击性较差，因而使用时应避免硬物冲击碰撞。

搪玻璃设备不宜用于下列介质的贮存和反应，否则将会因腐蚀而较快地损坏：

① 任何浓度和温度的氢氟酸；

② pH 值>12，且温度大于 100℃ 的碱性介质；

③ 温度大于 180℃，浓度大于 30％ 的磷酸；

④ 酸碱交替的反应过程；

⑤ 含氟离子的其他介质。

搪玻璃反应釜在运输和安装时，要防止碰撞。加料时严防重物掉入容器内，使用时要缓慢加压升温，防止剧变。

三、反应釜的特点及发展趋势

目前在化工生产中，反应釜所用的材料、搅拌装置、加热方法、轴封结构、容积大小、温度、压力等各异，种类繁多，但它们基本具有以下共同特点。

（1）结构基本相同　除了有反应釜体外，还有传动装置，搅拌器和加热（或冷却）装置等，以改善传热条件使反应温度控制得比较均匀，并且强化传质过程。

（2）操作压力较高　釜内的压力是由化学反应产生或由温度升高形成，压力波动较大，有时操作不稳定，突然压力增高要超过正常压力的几倍，所以反应釜大部分属于受压容器。

（3）操作温度较高　化学反应需要在一定的温度条件下才能进

行，所以反应釜既承受压力又承受温度。获得高温的方法有以下几种。

① 水加热：要求温度不高时可采用，加热系统分敞开式和密闭式两种。敞开式最简单，它由循环泵、水槽、管道及控制阀门的调节器所组成，当采用高压水时，设备机械强度要求高，反应釜外表面焊上蛇管，蛇管与釜壁有间隙，导致热阻增加，传热效果降低。

② 热汽加热：加热温度在100℃以下时，可用一个大气压以下的蒸汽来加热；100～180℃范围内用饱和蒸汽，当温度更高时，可采用高压过热蒸汽。

③ 用其他介质加热：若工艺要求必须在高温下操作，或欲避免采用高压的加热系统时，可用其他介质来代替水和蒸汽，如矿物油（275～300℃）、联苯醚混合剂（沸点258℃）、熔盐（140～540℃）、液态铅（熔点327℃）等。

④ 电加热：将电阻丝缠绕在反应釜筒体的绝缘层上，或安装在离反应釜若干距离的特设绝缘体上，因此在电阻丝与反应釜釜体之间形成了不大的空间间隙。

采用前三种方法获得高温均需在釜体上增设夹套，由于温度变化的幅度大，使釜的夹套及壳体承受温度的变化而产生温差应力。采用电加热，设备轻便简单，温度易调节，同时不要泵、炉子、烟囱等设施。开动非常简单，危险性小，成本费用不高，但是操作费用较其他加热法高，热效率在85%以下，此法适用于加热温度在400℃以下和电能价格低的地方。

（4）其中通常进行化学反应 为保证反应能均匀而较快地进行，提高效率，因此在反应釜中装有相应的搅拌装置，这样就带来传动轴的动密封和防止泄漏等问题。

（5）多属间歇操作 有时为保证产品质量，每批出料后需进行清洗，釜顶装有快开人孔及手孔，便于取样、测体积、观察反应情况和进入设备内部检修。

化工生产的发展对反应釜的要求和发展趋势如下。

（1）大容积化 这是增加产量、减少批量生产之间的质量误差、降低产品成本的必然发展趋势。

（2）反应釜的搅拌器已由单一搅拌器发展到用双搅拌器或外加泵强制循环；国外除了装有搅拌装置外，还使釜体沿水平线旋转，从而提高反应速度。

（3）生产自动化和连续化以代替笨重的间歇手工操作；如采用程序控制，既可稳定生产，提高产品质量，增加收益，减轻体力劳动，又可消除对环境的污染。

（4）合理利用热能，工艺选择最佳的操作条件，加强保温措施，提高传热效率，使热损失降至最小，余热或反应后产生的热能充分利用。热管技术的使用已是今后发展的方向。

四、反应釜的结构

反应釜主要由釜体、釜盖、传动装置、搅拌器、密封装置等组成，如图 9-1 所示。

1. 釜体

釜体由圆形筒体、上盖、下封头构成。上盖与筒体联接有两种方法，一种是盖子与筒体直接焊死构成一个整体；另一种形式是考虑拆卸方便，可用法兰联接。上盖开有人孔、手孔和工艺接管孔等。

釜体材料根据工艺要求来确定，最常见的是铸铁和钢板，有的采用合金钢或复合钢板；当用来处理有腐蚀性介质时，则需用耐腐蚀材料来制造反应釜，或者将反应釜内表面覆以搪瓷、衬瓷板或橡胶。目前国内反应釜主要使用材料有：20CrMo，30CrMoA，45 号 钢，ZG25，Q345R 板，15MnVR 板，14MnMoVB 等。

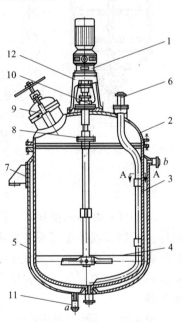

图 9-1　反应釜结构

1—传动装置；2—釜盖；3—釜体；
4—搅拌装置；5—夹套；6—工艺接管；
7—支座；8—联轴器；9—人孔；
10—密封装置；11—蒸汽接管；
12—减速器支架

2. 搅拌装置

在反应釜中，为加快反应速率、加强混合及强化传质或传热效果等，一般都装有搅拌装置。它由搅拌器和搅拌轴组成，用联轴器与传动装置连成一体。搅拌器型式很多，应根据工艺要求来选择，下面介绍几种常用的搅拌器型式。

（1）桨式搅拌器 图 9-2 所示的桨式搅拌器由桨叶、键、轴环、竖轴所组成。桨叶一般用扁钢或角钢制造，当被搅拌物料对钢材腐蚀严重时，可用不锈钢或有色金属制造，也可采用钢制桨叶的外面包覆橡胶、环氧或酚醛树脂、玻璃钢等材料。桨式搅拌器的转速较低，一般为 $20\sim80\mathrm{r/min}$，圆周速度在 $1.5\sim3\mathrm{m/s}$ 范围内比较合适。桨式搅拌器直径取反应釜内径 D_i 的 $1/3\sim2/3$，桨叶不宜过长，因为搅拌器消耗的功率与桨叶直径的五次方成正比。当反应釜直径很大时采用两个或多个桨叶。桨式搅拌器适用于流动性大、黏度小的液体物料，也适用于纤维状和结晶状的溶解液，如果液体物料层很深时可在轴上装置数排桨叶。

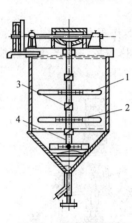

图 9-2 桨式搅拌器
1—桨叶；2—键；
3—轴环；4—竖轴

（2）框式和锚式搅拌器 图 9-3 为框式搅拌器，图 9-4 为锚式搅拌器。框式搅拌器可视为桨式的变形，即将水平的桨叶与垂直的桨叶联成一体成为刚性的框子，其结构比较坚固，搅动物料量大。如果这类搅拌器底部形状和反应釜下封头形状相似，通常称为锚式搅拌器。

锚式搅拌器制造方法较多，一种是用扁钢或角钢弯制，搅拌叶之间、搅拌叶与轴套之间全部焊接；另一种是做成可拆卸式的，用螺栓来连接各搅拌叶，检修时可拆卸。特殊情况下可采用整体铸造或管材焊制，如铸铁搅拌器和搪玻璃搅拌器。

框式搅拌器直径较大，一般取反应器内径的 $2/3\sim9/10$，线速度约 $0.5\sim1.5\mathrm{m/s}$，转速范围 $50\sim70\mathrm{r/min}$。框式搅拌器与釜壁间

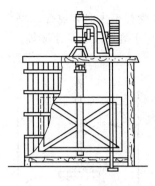

图 9-3　框式搅拌器

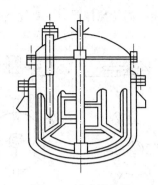

图 9-4　锚式搅拌器

隙较小，有利于传热过程的进行。快速旋转时，搅拌器叶片所带动的液体把静止层从反应釜壁上带下来；慢速旋转时，有刮板的搅拌器能产生良好的热传导。这类搅拌器适用于大多数的反应过程，有利于传质与传热。

（3）推进式搅拌器　图 9-5 所示为推进式搅拌器，常用整体铸造，加工方便。采用焊接时，需模锻后再与轴套焊接，加工较困难。因推进式搅拌器转速高，制造时要作静平衡试验。搅拌器可用轴套以平键（或紧固螺钉）与轴固定。通常为两个搅拌叶，第一个桨叶安装在反应釜的上部，把液体或气体往下压；第二个桨叶安装在下部，把液体往上推。搅拌时能使物料在反应釜内循环流动，所起作用以容积循环为主，剪切作用较小，上下翻腾效果良好。当需要有更大的流速时，反应釜内设有导流筒。

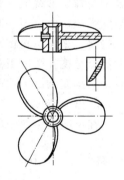

图 9-5　推进式搅拌器

推进式搅拌器直径约取反应釜内径 D_i 的 $1/4 \sim 1/3$，切线速度可达 $5 \sim 15 \text{m/s}$，转速范围为 $300 \sim 600 \text{r/min}$，搅拌器的材质常用铸铁、铸钢。

（4）涡轮式搅拌器　涡轮式搅拌器型式很多，图 9-6 为圆盘式。桨叶又分为平直叶和弯曲叶两种。搅拌叶一般和圆盘焊接（或以螺栓联接），圆盘焊在轴套上。搅拌器用轴套以平键和销钉与轴固定。涡轮搅拌器的主要优点是当能量消耗不大时，搅拌效率较高。搅拌时液体流动的方向见图9-7。它适用于乳浊液、悬浮液等。

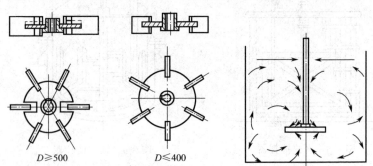

$D \geqslant 500$ $D \leqslant 400$

图 9-6 涡轮式搅拌器   图 9-7 涡轮搅拌器搅拌时液流的方向

涡轮搅拌器速度较大，切线速度约 $3\sim8m/s$，转速范围 $300\sim600r/min$。

(5) 特殊型式搅拌器 图 9-8 所示为一种螺带式搅拌器，常用扁钢按螺旋形绕成，直径较大，常做成几条紧贴釜内壁，与釜壁的间隙很小，所以搅拌时能不断地将粘于釜壁的沉积物刮下来。对黏稠物料，采用行星传动的搅拌器，如图 9-9 所示。行星传动搅拌器的优点是搅拌强度很高，被旋转部分带动搅拌的物料体积很大，缺点是结构复杂。上述两种搅拌器目前使用较少。

3. 密封装置

在反应釜中使用的密封装置为动密封结构，主要有填料密封和

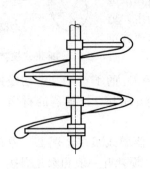   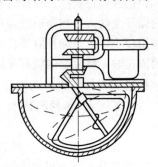

图 9-8 螺带式搅拌器   图 9-9 行星搅拌器

机械密封两种。

(1) 填料密封　填料密封结构如图 9-10 所示，填料箱由箱体、填料、油环、衬套、压盖和压紧螺栓等零件组成。旋转压紧螺栓时，压盖压紧填料，使填料变形并紧贴在轴表面上，达到密封目的。在化工生产中，轴封容易泄漏，一旦有毒气体逸出后会污染环境，因而需控制好压紧力。压紧力过大，轴旋转时轴与填料间摩擦增大，会使磨损加快，在填料处定期加润滑剂，可减少摩擦，并能减少因螺栓压紧力过大而产生的摩擦发热。填料要富于弹性，有良好的耐磨性和导热性。填料的弹性变形要大，使填料紧贴转轴，对转轴产生收缩力，同时还要求填料有足够的圈数。使用中由于磨损应适当增补填料，调节螺栓的压紧力，以达到密封效果。

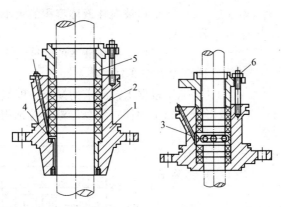

图 9-10　填料密封

1—箱体；2—填料；3—油环；4—衬套；5—压盖；6—压紧螺栓

(2) 机械密封　机械密封在反应釜上已广泛应用，它的结构和类型繁多，但它们的工作原理和基本结构都是相同的。图 9-11 是一种结构比较简单的釜用机械密封装置。

机械密封包括弹簧加荷装置、动环、静环及辅助密封圈等四个部分。机械密封工作原理如图 9-11 所示。机械密封一般有四个密封面，A 处是静环座和设备之间的密封，是静密封，采用一般垫片就可以密封；B 处是静环与静环座之间密封，也是静密封，通常采用具有弹性的辅助密封圈来防止泄漏；D 处是动环与轴（或

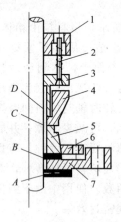

图 9-11 机械密封

1—弹簧座；2—弹簧；

3—压盖；4—动环；

5—静环；6—静环

压盖；7—釜顶法兰

轴套）之间密封，这也是一个相对静止的密封，常用"O"形圈来密封。上述三处密封均是静密封，可以采取措施，防止泄漏。

C 处是动环和静环间相对旋转密封，属于动密封，是依靠弹簧加荷装置和介质压力在相对运转，动环和静环的接触面（端面）上产生一个合适的压紧力，使这两个光洁、平直的端面紧密贴合，端面间维持一层极薄的流体膜（这层膜起着平衡压力和润滑端面的作用）而达到密封目的。

五、搅拌器的选用

① 根据被搅拌液体容积的大小选用搅拌器的型式。

② 根据被搅拌液体的黏度大小选用，具体可参看图 9-12。

③ 根据工艺要求的搅拌速度选用，快速搅拌实现液体混合或形成较稳定固体颗粒悬浮液时应选用蜗轮式或螺旋桨式为宜。

④ 容积大于 $500m^3$ 时，采用侧入式，叶轮以螺旋桨式为佳。

⑤ 根据传热方式考虑，夹套给热以锚式搅拌器为宜；槽内设盘管的给热结构应选用螺旋桨式或蜗轮式。

各类搅拌器的使用范围列于表 9-2。

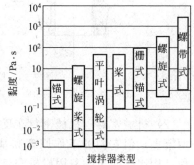

图 9-12 搅拌器适用的液体黏度范围

六、维护及常见故障处理

1. 维护

（1）传动装置 反应釜用的搅拌器，都有一定的转速要求。常用电动机通过减速器带动搅拌器转动。减速器为立式安装，要求润滑良好、无振动、无泄漏、长期稳定运转，因此日常的维护是很重要的。减速器的润滑方式见表 9-3。

表 9-2 各种叶轮构形的使用范围

叶轮构形	搅拌容量 /m³	液体黏度 /Pa·s	叶轮转数 /r·min⁻¹	流 型	搅拌的目的
螺旋桨 (直入式)	1～400	<10	100～1750	轴向流	混合、液相反应、固体悬浮、晶析、传热、溶解
螺旋桨 (侧入式)	50～150000	<10	250～450	轴向流	混合、传热、防止沉积、均一化
斜片桨	0.1～100	<50	1～100	轴向流	混合、液相反应、固体悬浮、溶解、分散
平桨	0.1～100	<50	1～100	径向流	混合、液相反应、溶解、分散
蜗轮	0.1～50	<50	1～200	径向流	混合、液相反应、传热、溶解、分散、气体吸收
锚形	0.1～50		1～50	径向流	混合、传热、溶解
螺杆	0.1～50	50～500	1～50		混合、传热、溶解
螺带	0.1～50	10～500	1～50		混合、传热、溶解

表 9-3 减速器的润滑方式

设备名称	润滑部位	规定油品		代用油品Ⅰ		代用油品Ⅱ	
		名称	代号	名称	代号	名称	代号
齿轮减速器	齿轮、轴承	机械油	HJ-30	机械油	HJ-40	机械油	HJ-50
蜗轮蜗杆减速器	蜗轮、蜗杆	车用机油	HQ-10	车用机油	HQ-15	机械油	HJ-19
	滚珠轴承	钠基润滑脂	ZN-2	锂基润滑脂	ZL-2	钠基润滑脂	ZN-3
行星摆线针齿减速器	轴承针齿销与套、销轴与销套	机械油	HJ-30	机械油	HJ-20		

（2）搅拌器 搅拌器是反应釜中的主要部件，在正常运转时应经常检查轴的径向摆动量是否大于规定值，搅拌器不得反转，与釜

内的蛇管、压料管、温度计套管之间要保持一定距离，防止碰撞。定期检查搅拌器的腐蚀情况，有无裂纹、变形和松脱。有中间轴承或底轴瓦的搅拌装置，定期检查项目有：

① 底轴瓦（或轴承）的间隙；

② 中间轴承的润滑油是否有物料进入、损坏轴承；

③ 固定螺栓是否松动，否则会使搅拌器摆动量增大，引起反应釜振动；

④ 搅拌轴与桨叶的固定要保证垂直，要保证其垂直度公差。

（3）壳体（或衬里）检测 壳体（或衬里）的检测有以下几种。

① 宏观检查：将壳体（或衬里）清洗干净，用肉眼或五倍放大镜检查腐蚀、变形、裂纹等缺陷。

② 无损检测法：将被测点除锈，磨光，用超声波测厚仪的探头与被测部位紧密接触（接触面可用机油等液体作偶合剂）。利用超声波在同一种均匀介质中传播时，声速是一个常数，而遇到不同介质的界面时，具有反射的特性，通过仪器可用数码直接反映出来，并可测出该部位的厚度。

③ 钻孔实测法：当使用仪器无法测量时，采用钻孔方法测量。可用手电钻钻孔实际测量厚度，测后应补焊修复。对用铸铁、低合金高强度钢等可焊性差的材料制作的容器，不宜采用本法测厚。

④ 测定壳体内、外径：对于铸造的反应釜、内外径经过加工的设备，在使用过程中，属于均匀腐蚀，通过测量壳体内、外径实际尺寸，并查阅技术档案，来确定设备减薄程度。

⑤ 气密性检查：主要对衬里而言，在衬里与壳体之间通入空气或氨气，通入空气时可用肥皂水涂于焊缝或腐蚀部位，检查有无泄漏，通入氨气时，可在焊缝和被检的腐蚀部位贴上酚酞试纸，在保压 $5\sim10\text{min}$ 后，以试纸上不出现红色斑点为合格。

2. 维护要点

① 反应釜在运行中，严格执行操作规程，禁止超温、超压。

② 按工艺指标控制夹套（或蛇管）及反应器的温度。

③ 避免温差应力与内压应力叠加，使设备产生应变。

④ 要严格控制配料比，防止剧烈的反应。

⑤ 要注意反应釜有无异常振动和声响，如发现故障，应停止运行，检查修理，及时消除。

搪玻璃反应釜在正常使用中应注意以下几点：

① 加料要严防金属硬物掉入设备内，运转时要防止设备振动；

② 尽量避免冷罐加热料和热罐加冷料，严防温度骤冷骤热，搪玻璃耐温剧变小于120℃；

③ 尽量避免在酸碱液介质中交替使用，否则，将会使搪玻璃表面失去光泽而腐蚀；

④ 严防夹套内进入酸液（如果清洗夹套一定要用酸液时，不能用pH<2的酸液），酸液进入夹套会产生氢脆效应，引起搪玻璃表面像鱼鳞片大面积脱落，一般清洗夹套可用2%的次氯酸钠溶液，最后用水清洗夹套；

⑤ 出料釜底堵塞时，可用非金属棒轻轻疏通，禁止用金属工具铲打，对黏结在罐内表面上的反应物料要及时清洗，不宜用金属工具，以防损坏搪玻璃衬里。

3. 反应釜常见故障及处理方法（见表9-4）

表9-4　常见故障及处理

故障现象	故障原因	处理方法
壳体损坏（腐蚀、裂纹、透孔）	①受介质腐蚀（点蚀、晶间腐蚀） ②热应力影响产生裂纹或碱脆 ③磨损变薄或均匀腐蚀	①采用耐蚀材料衬里的壳体需重新修衬或局部补焊 ②焊接后要消除应力，产生裂纹要进行修补 ③超过设计最低的允许厚度，需更换本体
超温超压	①仪表失灵，控制不严格 ②误操作，原料配比不当，产生剧烈反应 ③因传热或搅拌性能不佳，发生副反应 ④进气阀失灵，进气压力过大，压力高	①检查、修复自控系统，严格执行操作规程 ②根据操作法，采取紧急放压，按规定定量、定时投料，严防误操作 ③增加传热面积或清除结垢，改善传热效果，修复搅拌器，提高搅拌效率 ④关总汽阀，断汽修理阀门

故障现象	故障原因	处理方法
密封泄漏	填料密封 ①搅拌轴在填料处磨损或腐蚀,造成间隙过大 ②油环位置不当或油路堵塞,不能形成油封 ③压盖没压紧,填料质量差或使用过久 ④填料箱腐蚀 机械密封 ⑤动静环端面变形,碰伤 ⑥端面比压过大,摩擦副产生热变形 ⑦密封圈选材不对,压紧力不够,或V型密封圈装反,失去密封性 ⑧轴线与静环端面垂直误差过大 ⑨操作压力、温度不稳,硬颗粒进入摩擦副 ⑩轴窜量超过指标 ⑪镶装或粘接动、静环的镶缝泄漏	①更换或修补搅拌轴,并在机床上加工,保证粗糙度 ②调整油环位置,清洗油路 ③压紧填料,或更换填料 ④修补或更换 ⑤更换摩擦副或重新研磨 ⑥调整比压要合适,加强冷却系统,及时带走热量 ⑦密封圈选材,安装要合理,要有足够的压紧力 ⑧停车,重新找正,保证垂直度要求 ⑨严格控制工艺指标,颗粒及结晶物不能进入摩擦副 ⑩调整、检修,使轴的窜量达到标准 ⑪改进安装工艺,或过盈量要适当,或粘接剂要好用、牢固
釜内有异常的杂音	①搅拌器摩擦釜内附件(蛇管、温度计管等)或刮壁 ②搅拌器松脱 ③衬里鼓包,与搅拌器撞击 ④搅拌器弯曲或轴承损坏	①停车检修找正,使搅拌器与附件有一定间距 ②停车检查,紧固螺栓 ③修鼓泡,或更换衬里 ④检修或更换轴及轴承
搪瓷搅拌器脱落	①被介质腐蚀断裂 ②电动机旋转方向相反	①更换搪瓷轴或用玻璃钢修补 ②停车改变转向
搪瓷釜法兰漏气	①法兰瓷面损坏 ②选择垫圈材质不合理,安装接头不正确,空位、错移 ③卡子松动或数量不足	①修补、涂防腐漆或树脂 ②根据工艺要求选择垫圈材料,垫圈接口要搭拢,位置要均匀 ③按设计要求,有足够数量的卡子,并要紧固

故障现象	故障原因	处理方法
瓷面产生鳞爆及微孔	①夹套或搅拌轴管内进入酸性杂质,产生氢脆现象 ②瓷层不致密,有微孔隐患	①用碳酸钠中和后,用水冲净或修补,腐蚀严重的需更换 ②微孔数量少的可修补,严重的更新
电动机电流超过额定值	①轴承损坏 ②釜内温度低,物料黏稠 ③主轴转数较大 ④搅拌器直径过大	①更换轴承 ②按操作规程调整温度,物料黏度不能过大 ③控制主轴转数在一定的范围内 ④适当调整

第二节　制　冷　机

　　制冷是指人为地控制某一空间的温度低于周围环境介质的温度,这里所说的环境介质就是指自然界中的空气和水。环境介质的温度高于某空间的温度,根据热量由高温物体自发地传给低温物体的客观规律,则必然有热量不断地往该空间传递,为了使该空间内物体达到并保持所需的低温温度,就得不断地从该空间取出热量并转移到环境介质中去,这种使热量从低温物体转移到高温物体的过程,叫做制冷过程。要实现上述目的,可以有两种途径:天然制冷和人工制冷。

　　天然制冷是指利用深井水和天然冰等天然冷源对某物体进行冷却以达到一定的低温温度。人工制冷是以消耗机械能或其他形式的能量为代价使某空间达到并保持所需的低温温度,其所用的设备,叫做制冷装置。

　　目前人工制冷技术的应用十分广泛。例如工业、民用建筑的空调装置,商业及家用的食品冷藏,产品的性能试验和科学研究,石油、化工、化纤、纺织、造纸和医药生产,以及现代技术都需要人工制冷。

　　根据所要获得的低温温度,把人工制冷技术分为普通制冷和深度制冷两个体系。一般把制取温度高于 $-120℃$ 的称为普通制冷,而低于 $-120℃$ 的称为深度制冷。深度制冷技术实质上就是气体的液化分离技术，本节不涉及这方面的内容。

普通制冷的方法很多，一般都是利用液体在低温下蒸发吸热来实现制冷，这种制冷称为蒸气制冷。蒸气制冷可以分为蒸气压缩式、蒸气喷射式和蒸气吸收式三类，本节主要讨论应用较为普遍的蒸气压缩式制冷。

制冷装置中主要设备是压缩机，一般称之为主机，其他设备称辅机。压缩机是用来压缩和输送制冷剂蒸气的。制冷装置所用压缩机的型式主要有活塞式、离心式、螺杆式，但目前应用最广的是活塞式。

一、蒸气压缩式制冷基本原理

蒸气压缩式制冷装置中的关键设备如图 9-13 所示。它有压缩机 1、冷凝器 2、调节阀（或称膨胀阀、节流阀）3、蒸发器 4 四大设备，这些设备之间用管道依次联接，形成一个封闭系统。工作时压缩机将蒸发器产生的低压（低温）制冷剂蒸气吸入压缩机汽缸内，压力升高（温度也随之升高）到稍大于冷凝器内的压力时排至冷凝器。压缩机起着压缩和输送制冷剂蒸气的作用。在冷凝器内，温度和压力较高的制冷剂蒸气与冷却水（或空气）进行热交换，冷凝为液体。冷凝液体经过调节阀降压（降温）后进入蒸发器，在蒸发器内吸收被冷却物体的热量而汽化。这样，被冷却物体（空气、水或盐水）便得到冷量，蒸发器产生的制冷剂蒸气又被压缩机吸走。如此，制冷剂便在系统中进行压缩、冷凝、节流、汽化四个过程，从而完成了一个循环。

图 9-13 所示的四大设备，只是蒸气压缩式制冷装置中的基本

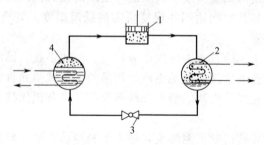

图 9-13　单级制冷装置的基本系统

1—压缩机；2—冷凝器；3—调节阀；4—蒸发器

部分。在实际的制冷装置中，除了四大设备外，还有辅助设备，如油分离器、贮液器、排液器、气液分离器、集油器、空气分离器、中间冷却器等。此外，还有压力表、温度计、截止阀、浮球阀、安全阀、液位计和一些自动化控制仪器仪表等。把这些设备和仪器仪表组合起来，就构成一个完整的制冷装置。

二、制冷剂与载冷剂（冷媒）

在制冷装置中不断循环以实现制冷的工作物质称为制冷剂或简称工质。目前被应用的制冷剂有水、氨及某些碳氢化合物和氟利昂。

水容易得到，但用水只能制取 0℃ 以上的温度，而且在常温下，水的饱和蒸气压力很低，蒸气比热容很大，限制了它的应用。

氨具有比较适中的工作压力和比较大的单位容积制冷量且价格低廉，所以得到了广泛的应用。但氨能燃烧和爆炸，并且有毒性和强烈的刺激性气味，因而它的应用也受到了一定限制。

碳氢化合物作为制冷剂的有乙烯、丙烯等，由于它们燃烧和爆炸性较强，现在只用于石油及石油化工厂的制冷装置中。

氟利昂是饱和碳氢化合物的卤（氟、氯、溴）代物的总称。氟利昂为英文 Freon 的音译名，通常用第一个字母 F 作为它的代号。氟利昂制冷剂的种类较多，它们热力性质的区别也较大，可分别适应不同情况的制冷装置。下面对蒸气压缩制冷装置中常用的制冷剂分别加以介绍。

1. 对制冷剂的要求

制冷剂应具备一定的基本条件，通常从热力学、物理化学、环境和经济等几方面来考虑。

（1）热力学方面

① 在大气压力下制冷剂的蒸发温度要低。

② 压力适中　在蒸发器内，制冷剂的压力最好和大气压力相近并稍高，因为当蒸发器中压力低于大气压力时，外部的空气就可能从缝隙中渗漏进去，这样就会降低制冷装置的制冷能力。此外冷凝器中制冷剂的压力不应过高，一般不超过 1.2～1.5MPa，以便减少制冷设备承受的压力，降低对密封性的要求和降低制冷剂渗漏的可能性。

③ 通常要求制冷剂的单位容积制冷能力尽可能大。在制冷量一定时，可减少制冷剂的循环量，从而缩小压缩机的尺寸和减少压缩机的重量及金属消耗量。

④ 临界温度要高，凝固温度要低 临界温度高，便于用一般冷却水或空气进行冷凝；凝固温度低，便于获得低的蒸发温度。

⑤ 对多级离心式压缩机应采用分子量大的制冷剂 分子量大，其蒸气相对密度就大，在同样的旋转速度时所产生的离心力也大，因而每一制冷级的级数就少。

⑥ 绝对指数的影响 在初始温度和压力比相同的情况下，绝对指数越大则压缩终了的温度就越高，排气温度也就高。

（2）物理化学方面

① 制冷剂的黏度和相对密度应尽可能小，这样可减少制冷剂在制冷装置中流动的阻力。

② 热导率和放热率要高。这样能提高蒸发器和冷凝器的传热效率并减少它们的传热面积。

③ 具有一定的吸水性。当制冷系统中渗进极少的水分时，不致在低温下产生"冰塞"而影响制冷系统的正常运行。

④ 具有化学稳定性。不燃烧，不爆炸，高温下不分解。

⑤ 对金属不会产生腐蚀。

⑥ 溶解于油的性质，如制冷剂能和润滑油溶解在一起，其优点是为机件润滑创造良好条件，在蒸发器和冷凝器的热交换面上不易形成油层阻碍传热，缺点是使蒸发温度有所提高。微溶于油的制冷剂优点是蒸发温度比较稳定，但在蒸发器和冷凝器的热交换面上形成难以清除的油层，影响传热。

（3）环保方面 应对人身健康无损害、无毒性、无刺激性气味。根据制冷剂对人体危害程度制定了毒性级别。一级毒性最大，六级毒性最小。

（4）经济方面 应价格便宜，容易取得。

2. 常用制冷剂及其性质

制冷剂的种类很多，然而没有一种制冷剂能满足上述的所有要求。在蒸气压缩式制冷装置中，目前常用的制冷剂有氨、氟利昂。

在石油化工厂的制冷装置中，常用乙烯、丙烯作为制冷剂。现将它们的性质介绍如下。

氨（NH_3）是一种无色有刺激性臭味的气体，对人体器官有危害性，它刺激人的眼睛及呼吸道，氨液飞溅到皮肤上会引起肿胀甚至冻伤。当空气中含有体积百分数为 0.5%～0.6% 的氨蒸气时，人在其中停留半个小时即可中毒。氨可以燃烧和爆炸，当空气中含氨量达 11%～14% 体积百分数时即可点燃（燃烧时呈黄色火焰）；当空气中含氨量达 16%～25% 体积百分数时，遇火焰可引起爆炸。氨在 260℃ 以上会分解成 H_2 和 N_2。

氨对钢铁不腐蚀。氨中含有水分，对锌、铜及铜合金有腐蚀作用，但磷青铜例外。氨几乎不溶于润滑油中，因此在氨制冷装置的蒸发器、冷凝器等换热器的传热面上以及管道系统中会形成油膜，影响传热效果。由于润滑油的密度大于氨液的密度，在运行中润滑油会沉积在贮液桶和蒸发器的底部，应定期排放。氨的相对分子质量为 17，常压下蒸发温度 -33.35℃，临界温度 132.4℃，临界压力 11.52MPa。

氨能溶于水形成氨水溶液，即使在低温下，水也不会从氨液中析出而冻结。在温度为 +15℃ 时，1 单位的水中能溶解 700 单位容积氨，所以排除了在调节阀处形成冰塞的可能性。但是氨液中有水后，使蒸发温度稍许提高，同时对金属有腐蚀作用，一般规定作为制冷剂的氨液含水量不应超过 0.2%。

氨作为制冷剂的优点是：易于获得，价格低廉，压力适中，单位容积制冷量大，几乎不溶解于油，放热系数高，管道中的流动阻力小，泄漏时容易发现。其缺点是：有刺激性气味、有毒，可以燃烧和爆炸，对铜及铜合金有腐蚀作用。它是应用最早和最广泛的制冷剂，可以应用于蒸发温度在 -65℃ 以上的大型或中型单级或双级的活塞式制冷压缩机中。

氟利昂是较氨晚出现的制冷剂，种类很多，目前国际上对制冷剂的简写符号都用字母"R"和后面的数字表示，R 是英文"制冷剂"的第一个字母。例如氟利昂 11（$CFCl_3$）用 F-11 或 R-11 表示，氟利昂 12（CF_2Cl_3）用 F-12 或 R-12 表示；氟利昂 13（CF_3Cl）

用 F-13 或 R-13 表示;氟利昂 22 (CHF_2Cl) 用 F-22 或 R-22 表示……。氟利昂的氢原子减少时,其可燃性及爆炸性显著降低。氟利昂的氟原子愈多,对人体愈无害,对金属的腐蚀性愈小。大多数氟利昂对人体无害且没有气味,对金属不起腐蚀作用,不燃烧和没有爆炸危险。

氟利昂的密度比氨大,因此循环时的流动阻力较大。各种氟利昂溶解于润滑油的程度不同,都不易溶解于水,所以在制冷系统中要求保持干燥,以免形成冰塞。此外,氟利昂还有传热膜系数低、渗透性强、泄漏时不易发觉以及价格昂贵等缺点。各种氟利昂的热力性质不同,下面列举几种常用氟利昂的特性及其应用范围。

F-12,即氟利昂 12,为二氟二氯甲烷 (CF_2Cl_2)。它是一种使用广泛的中压中温制冷剂,多用于小型制冷设备,大、中型制冷装置也有采用 F-12 的。F-12 的常压蒸发温度为 $-29.8℃$;常温下的冷凝压力一般不超过 1.2MPa(气冷),水冷时一般不超过 1MPa。采用单级压缩制冷系统时,其蒸发压力一般高于大气压,因此外部空气较难进入系统。没有水分时,F-12 对金属不腐蚀(含镁量大于 2% 的合金除外)。F-12 能与矿物油以任何比例相互溶解,还能溶解多种有机物质,包括橡胶。故氟利昂制冷系统不能采用一般的橡胶制品作为密封填料,而应采用如丁腈类橡胶或氯乙醇橡胶加添加剂制成的特殊橡胶制品。按规定,F-12 的含水量不得超过 0.0025%(按质量计);含 F-11 的量不超过 1.5%。

F-12 的相对分子质量为 120.92,临界温度 112.04℃,临界压力 4.2MPa,凝固温度 $-155℃$。

F-22,即氟利昂 22,为二氟一氯甲烷 (CHF_2Cl)。它也是一种中压中温制冷剂,一般用于两级压缩制冷系统和复叠式制冷系统。它的常压蒸发温度为 $-40.9℃$,常温下的冷凝压力较 F-12 稍高,利用水冷却时冷凝压力一般不超过 1.6MPa,F-22 能部分溶解于润滑油,其溶解度与油的温度有关,温度高时溶解度大,因此系统中积聚的润滑油不易带走。F-22 对橡胶制品、漆包线绝缘层的腐蚀作用比 F-12 大。

F-22 的相对分子质量为 86.48,临界温度 96℃,临界压力

5.033MPa，凝固温度—160℃。

　　F-13，即氟利昂13，为三氟一氯甲烷（CF₃Cl）。它是一种高压低温制冷剂，其常压蒸发温度为－81.5℃，临界温度为28.78℃，临界压力为3.95MPa。分子量为104.47，凝固温度—180℃。它一般用作复叠式制冷设备低温部分的制冷剂。它在润滑油中不溶解。

　　氟利昂对大气有污染，国家已明令禁用。

　　3. 冷媒

　　制冷系统的主要换热设备有冷凝器、蒸发器。制冷剂为其中的换热流体之一。在冷凝器中通过传热表面与制冷剂换热带走热量的流体，称为冷却介质；在蒸发器中通过传热表面与制冷剂换热带走冷量的流体，称为冷媒。在通常情况下，冷媒的作用是载运蒸发器产生的冷量并传递给被冷却或被冷冻的物质，故冷媒也称载冷剂。常用的冷却介质有水和空气，常用的冷媒有空气、水和盐水。作为冷媒的空气、水和盐水，各有其优缺点。空气作冷媒的优点是冰点（即凝固点）低，对金属腐蚀性小，设备简单，最易获得。缺点是比热容小，传热系数低，需要加大换热器空气一侧的传热面积。水的优点是比热容大，传热性能好，但冰点高，一般只适应于水温在0℃以上的空调制冷系统。盐水的比热较大，传热性能较好，冰点较水低，蒸发温度低于0℃的间接冷却式制冷系统一般都用盐水作冷媒。但盐水对金属的腐蚀性较严重，盐水的相对密度较大，而比热容较淡水小，动力消耗相对冷冻水（淡水）循环系统要大。

　　三、活塞式制冷压缩机

　　1. 工作原理

　　以单级活塞式制冷压缩机的工作原理为例，压缩机的基本构造如图9-14所示。它主要由汽缸1、汽缸盖2、活塞3、连杆4、曲轴（主轴）5、进气阀6、排气阀7等组成。其工作原理是：主轴由电动机带动旋转，活塞先由左端向右运动，汽缸内压力降低。当汽缸内的压力低于进管中的压力 p_1 时，因压力差的作用，使进气阀打开，制冷剂蒸气便由进气管经进气阀而进入汽缸中，一直到活塞到达右端为止，这个阶段叫做吸气过程。当活塞由右端向左运动

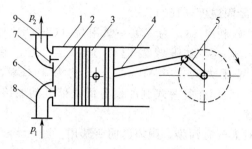

图 9-14 压缩机的基本构造示意图

1—汽缸；2—汽缸盖；3—活塞；4—连杆；5—曲轴；
6—进气阀；7—排气阀；8—进气管；9—排气管

时，进气阀关闭，活塞继续向左运动，汽缸中的制冷剂蒸气受到压缩，压力不断升高，一直到压力等于排气管中的压力 p_2，这个阶段叫做压缩过程。当汽缸内压力升高到超过排气管中的压力 p_2 时，也是由于压力差的作用，使排气阀打开，制冷剂蒸气排出汽缸而送入排气管中，一直到活塞达到左端为止，这个阶段叫做排气过程。以上三过程就构成了一个工作循环，并依次往复地进行工作。

2. 分类

活塞式制冷压缩机按所采用的制冷剂，分为氨压缩机和氟利昂压缩机两类。氨压缩机多用作大中型制冷系统中的主机，而氟利昂压缩机多用作小型制冷系统的主机。

按压缩机的级数分类，有单级、双级之分。活塞式制冷压缩机一般都是无十字头的，但大型的带有十字头。

按制冷剂蒸气在汽缸中的运动分类，有直流（顺流）、非直流（逆流）、单作用和双作用之分。按汽缸中心线分类，有立式、卧式、角度式（V 型、L 型、W 型、S 型）、对称平衡型、对置型等。

按封闭方式分类，有开启式、半封闭式、全封闭式。氨压缩机都是开启式，小型氟利昂压缩机有开启式、半封闭式、全封闭式。压缩机与驱动电机封闭在一个壳体中的称全封闭式。压缩机的曲轴箱与电机封闭在一个机壳中的叫半封闭式。驱动电机与压缩机以皮带或联轴器传动的叫开启式。

3. 活塞式制冷压缩机型号

（1）开启式制冷压缩机型号表示方法

① 单机单级产品型号表示方法

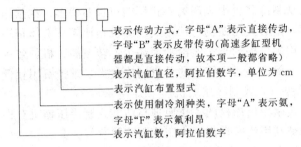

表示传动方式，字母"A"表示直接传动，字母"B"表示皮带传动（高速多缸型机器都是直接传动，故本项一般都省略）

表示汽缸直径，阿拉伯数字，单位为 cm

表示汽缸布置型式

表示使用制冷剂种类，字母"A"表示氨，字母"F"表示氟利昂

表示汽缸数，阿拉伯数字

例 6AW12.5：6 缸，制冷剂为氨，汽缸布置型式为 W 型，汽缸直径为 12.5cm。

② 单机双级产品型号表示方法

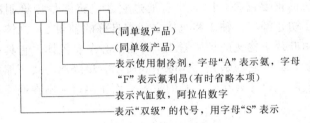

（同单级产品）

（同单级产品）

表示使用制冷剂，字母"A"表示氨，字母"F"表示氟利昂（有时省略本项）

表示汽缸数，阿拉伯数字

表示"双级"的代号，用字母"S"表示

例 SBA12.5：双级，8 缸，制冷剂为氨，汽缸直径为 12.5cm。

（2）半封闭式制冷压缩机型号表示方法与开启式基本一样，仅第五项字母"B"表示半封闭式

例 8FS7B：8 缸，制冷剂为氟利昂，汽缸布置型式为扇型，汽缸直径为 7cm，半封闭式。

（3）全封闭式制冷压缩机型号表示方法

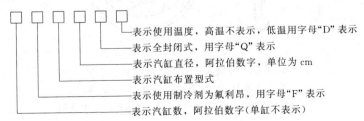

表示使用温度，高温不表示，低温用字母"D"表示

表示全封闭式，用字母"Q"表示

表示汽缸直径，阿拉伯数字，单位为 cm

表示汽缸布置型式

表示使用制冷剂为氟利昂，用字母"F"表示

表示汽缸数，阿拉伯数字（单缸不表示）

例   3FY5Q：3 缸，制冷剂为氟利昂，汽缸布置型式为 Y 型，汽缸直径为 5cm，全封闭式，高温用。

四、离心式制冷压缩机

在大型制冷装置中采用离心式压缩机日益增多。在制冷量相同的条件下，离心式压缩机与活塞式压缩机相比较具有体积小、重量轻、输气均匀、振动小、润滑油消耗少、转速高、机械效率高等优点，所以一般离心式压缩机的单机制冷量大，维护费用较低。

1. 单级离心式制冷压缩机

离心式制冷压缩机的工作原理与活塞式制冷压缩机有根本的区别，它不是利用活塞在汽缸中压缩制冷剂蒸气使其容积减小的方式来提高其压力，而是依靠制冷剂蒸气本身的动能变化来提高其压力，图 9-15 是单级离心式制冷压缩机的简图。在图上可看出：带有后弯式叶片 6 的工作轮（叶轮）3 紧装在轴 1 上，工作轮是离心式压缩机的重要部件，因为只有通过它才能将能量传给制冷剂蒸气。为了防止漏气，轴 1 和机体之间有良好的轴封 2。机体上装有固定的由叶片 7 构成的扩压器 4。从轴中心来看机体，它具有蜗牛壳的形状，故称它为蜗壳，如图中 5 所示。单级离心式压缩机的制冷剂蒸气吸入口 8 处在轴中心的位置，而压出口 9 则在蜗壳的切线

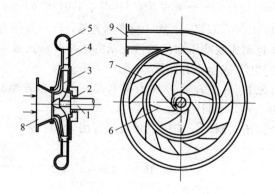

图 9-15   单级离心式制冷压缩机示意图

1—轴；2—轴封；3—工作轮；4—扩压器；5—蜗壳；

6—工作轮叶片；7—扩压器叶片；8—吸入口；9—压出口

方向。

单级离心式制冷压缩机开动时（一般用电动机带动），工作轮3就高速旋转，后弯式叶片通道内的制冷剂蒸气获得动能也作旋转运动。由于制冷剂蒸气本身的惯性离心力作用，它就不断地沿工作轮外缘的切线方向流出，流经扩压器而入蜗壳，然后由压出口排出。由于扩压器是一个横截面积逐渐扩大的环形通道，所以当制冷剂蒸气流过时，流速降低，压力提高，亦即为动能减少、静压能增加。当制冷剂蒸气由扩压器进入蜗壳内，由于蜗壳的截面积亦随气流方向而逐渐扩大，因此制冷剂蒸气流过蜗壳时，使流速进一步降低，而压力得到进一步提高。显然，扩压器和蜗壳均为转能装置。

与此同时，在工作轮中心，由于制冷剂蒸气不断流向工作轮外缘，因而形成一定的真空度，则将低压制冷剂蒸气从吸入管不断吸入。以上所述，就是单级离心式制冷压缩机不断吸入低压蒸气和排出高压蒸气的工作原理。由于这种压缩机只有一个工作轮，以及制冷剂蒸气沿工作轮外缘的切线方向流出是靠其本身的惯性离心力作用，所以称它为单级离心式制冷压缩机。

2. 多级离心式制冷压缩机

制冷系统中常采用多级离心式制冷压缩机（图 9-16），它的运动部分是由若干个工作轮串联组成，这些工作轮装于轴 6 上。压缩机不运动部件称为固定元件。固定元件有吸气室 1、扩压室 3、回流器 4、蜗壳 5 等。每一个工作轮、扩压器和回流器组成一"级"。制冷剂蒸气受离心力作用被送往扩压器，与此同时，叶轮中心入口又吸入新的气体。气体在扩压器中将动能转化成压力能，然后进入回流器 4，继而进入下一级叶轮。如此逐级增压而达到操作需要的压力，起着输送、压缩制冷剂蒸气的作用。

五、制冷装置的辅助设备

在制冷系统中，除了有起心脏作用的压缩机外，还有各种为完成制冷循环所必须的辅助设备及附件，如冷凝器、蒸发器、节流阀、贮液桶、油分离器、空气分离器、中间冷却器（两级压缩制冷用）、过冷器等。通常，在氨制冷系统中，还有氨液分离器、集油

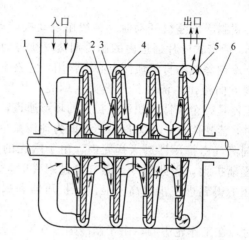

图 9-16 多级离心式制冷压缩机示意图

1—吸气室；2—工作轮；3—扩压室；

4—回流器；5—蜗壳；6—主轴

器、过滤器和紧急泄氨器等；在氟利昂制冷系统中，还有过滤干燥器、回热器和热力膨胀阀等。

下面仅就其中一些辅助设备作介绍。

1. 冷凝器

冷凝器是将制冷压缩机排出的高压、高温制冷剂蒸气冷却并凝结成液体的热交换器。冷凝器所用的介质为水或空气。根据冷却介质的不同，冷却器可以分为三种基本类型，即水冷式冷凝器、气冷式冷凝器以及同时用水和空气作为冷却介质的冷凝器（如蒸发式和淋激式冷凝器）。目前我国中、大型冷库，工业生产用制冷装置以及空调用制冷装置中普遍采用水冷式冷凝器，下面仅介绍卧式壳管式冷凝器。

卧式壳管式氨冷凝器的构造如图 9-17 所示。它由卧式筒体 1、前盖 2、后盖 3 三部分组成。筒体两端焊有管板，在管板上，也用扩胀法或焊接法将无缝钢管进行固定。前、后盖均为带有隔板（分水筋）的铸铁件。盖板与筒体之间均夹有橡胶垫片，用螺栓连接固定。前盖除有冷却水进、出管外，有的在下部还设有放水旋塞；后

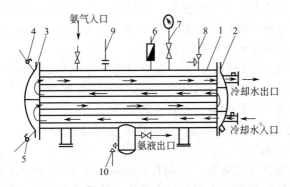

图 9-17　卧式壳管式氨冷凝器

1—筒体；2—前盖；3—后盖；4—放气旋塞；5—放水旋塞；

6—安全阀；7—压力表；8—放气阀；9—均压管；10—放油阀

盖上、下部分别设有放气旋塞 4 和放水旋塞 5。当冷凝器开始运行时，可打开放气旋塞以排除冷却水管中的空气，使管内充满冷却水。当冷凝器停止运行或检修时，可打开放水旋塞，以便将冷却水全部排出。

当冷凝器运行时，氨蒸气由筒体顶部进入冷凝器管间的空隙中，冷凝后的氨液从筒体下部排出。冷却水由前盖板下部的进水管流入冷凝器，并按分水筋形成的流动路线自下而上在管内顺序流动，最后由前盖板上部的出水管流出。

卧式冷凝器的优点是冷却水消耗量小，传热效果良好和操作方便。其缺点是要求冷却水的水质好，水温低，清洗水垢时不方便。这种冷凝器一般应用在中、小型制冷装置中，特别是压缩-冷凝机组中使用最为普遍。

在氟利昂制冷装置中经常采用卧式冷凝器，它的构造与氨用卧式冷凝器的主要不同有三点：①一般用铜管而不用钢管，由于氟利昂的放热系数较低，所以在铜管的外表面还轧有或绕有短肋片（即散热片）；②由于氟利昂能和润滑油相互溶解，所以润滑油随同氟利昂一起在系统内循环，因此在筒体上不需设放油管接头；③冷凝器筒体下侧部设有安全熔塞，它是用低熔点合金制成。

2. 蒸发器

蒸发器也是一种热交换器，它的作用是使低压、低温制冷剂液体在沸腾过程中吸收被冷却介质（空气、水、盐水或其他载冷剂）的热量，从而达到制冷的目的。

根据被冷却介质的种类，蒸发器可分为两大类：

① 冷却液体（水或盐水）的蒸发器，有直立管式蒸发器、双头螺旋管式蒸发器和卧式壳管式蒸发器等；

② 冷却空气的蒸发器，一般称为蒸发排管。

3. 贮液桶

贮液桶又称贮液器。它的作用是可以贮存一定量的液体制冷剂，以调节和稳定制冷剂在制冷系统中的循环量。贮液桶是一个卧式钢制圆筒容器，构造简单。

4. 油分离器

油分离器安装在压缩机的排气口与冷凝器之间的管道上，它的作用是使来自压缩机排气中所夹带的润滑油分离出来，以免它随着排气进入冷凝器和蒸发器，污染传热表面，影响传热效果。

5. 集油器（贮油器）

在氨制冷系统中，集油器的作用是收集油分离器、冷凝器和贮液桶等底部的润滑油，并使润滑油在低压状态下放出，这样既保证安全运行，又减少氨的损失。

6. 空气分离器

在制冷系统中，由于原有的空气未除尽；充灌制冷剂和补充润滑油时有空气混入，以及运行中蒸发压力低于大气压力致使空气有可能漏入等原因，在制冷系统中总是有一些空气存在，若不及时排除，系统中的空气将越积越多。空气进入冷凝器后，会使冷凝器的传热效率降低，造成冷凝压力增高，这样既降低了制冷量，又增加了电能消耗，还可能使润滑油氧化。因此，为了保证制冷装置的正常工作，必须设法排除制冷系统中的空气。目前在小型氨制冷系统中，由于考虑到空气的密度比氨大，而其他的一些不凝性气体的密度可能比氨小，因此在冷凝器和贮液桶的上部均装有放气阀，用来直接排除系统中的空气和其他不凝性气体，显然这样做会损失一些氨。为了避免放气时的氨损失，在中、大型氨制冷系统中均设有空气分离器。在活塞式氟利昂制冷系统中，由于空气的重度比氟利昂小，所以放气阀应设在压缩机排气管路的最高点（通常设在冷凝器的顶部）。在大型活塞式氟利昂制冷系统中，也设有空气分离器。

空气分离器的工作原理，是利用制冷剂蒸气和空气的混合气体在冷凝压力下冷却到某一低温，使混合气中的制冷剂蒸气凝结为液体，从而可分离出空气，并将空气排除，这样可避免制冷剂的损失。

7. 紧急泄氨器

在大、中型氨制冷系统中的充氨量是较多的。当发生意外事故，如火灾或情况紧急时，为了能将系统中的氨液迅速排掉，以保证设备和人身安全，系统中应装有紧急泄氨器。

六、制冷装置的故障及排除

制冷装置运行时，由于安装和操作不当往往会发生故障，分析起来其种类和原因较多，一般在使用说明书中都有说明，下面仅将几种常见故障、产生原因和排除方法列表（表9-5）介绍。

表9-5　制冷装置常见故障、原因及排除方法

故障现象	产　生　原　因	排除方法
压缩机汽缸拉毛	①系统或油路中污物进入汽缸 ②湿法操作时使汽缸和活塞环发生剧烈变化，例如氨压缩机在过热情况下工作，当制冷剂液体进入汽缸后，汽缸遇冷急剧收缩，而活塞环还在温度较高的状态下，没有及时相应收缩，于是造成汽缸拉毛。另外制冷剂液体进入汽缸，破坏了润滑油在汽缸壁上的油膜 ③润滑油规格不符合要求 ④汽缸内无润滑油或润滑油不足 ⑤活塞与汽缸壁的装配间隙过小，活塞环的装配间隙不当或锁口尺寸不对	①清洗汽缸及润滑油系统 ②正确地操作制冷装置，避免湿法操作 ③更换润滑油 ④检查油路系统和曲轴箱中的油位高低并进行处理 ⑤应按制造厂的产品说明书进行检查处理

续表

故障现象	产生原因	排除方法
压缩机发生湿法操作或汽缸结霜	①节流阀(即调节阀)开启过大,进入蒸发器的制冷剂液体过多,蒸发器内未能及时蒸发,压缩机吸入的是湿度较大的制冷剂蒸气	①立即关闭节流阀,一直到汽缸壁上的结霜溶化后再逐渐调整节流阀的开启度
	②压缩机的进气阀开启过快,以致使蒸发器中制冷剂液体被抽出	②立即关闭进气阀,一直到汽缸壁上的结霜溶化后再逐渐开启
	③空气分离器上的节流阀开启过大,使一部分制冷剂液体被压缩机吸回汽缸	③立即关闭该阀门,然后再逐渐调整好该阀门的开启度
	④蒸发器的管子内表面有油层或管子外表面有冰层,增加传热热阻,降低蒸发速率,使压缩机吸入制冷剂湿蒸气	④定期清除油层,检查盐水浓度,消除冰层
润滑油消耗量过大	①压缩机湿法操作时使制冷剂液体进入曲轴箱。当这部分制冷剂液体蒸发时,将带出一些润滑油随同制冷剂蒸气进入制冷系统中	①排除曲轴箱中的制冷剂液体,正确操作制冷装置,避免湿法操作
	②刮油环严重磨损或装反	②更换刮油环或将装反的刮油环改正过来
	③油分离器有故障不能回油	③检查回油管路和油分离器的内部,并排除故障
	④曲轴箱内油面过高,曲轴转动时飞溅的油量过多,从而造成耗油量过多	④将曲轴箱中多余的润滑油放出,使曲轴箱中的油面符合规定的高度
	⑤活塞环锁口间隙过大或各活塞环的锁口装在一条直线位置上	⑤更换活塞环或按要求重新装配
油泵油压过高	①油压调节阀开启过小	①重新调整油压
	②油压表失灵	②更换油压表
	③曲轴箱中有制冷剂液体,制冷剂液体蒸发时要吸收热量,使油温下降,黏度增高	③排除曲轴箱中的制冷剂液体
	④排油管路堵塞	④检查排油管路,并排除堵塞物
油泵的油压过低	①油泵机件磨损严重	①拆卸检查修理或更换机件
	②油压表失灵	②更换油压表
	③吸油过滤器或吸油管路堵塞	③拆卸清洗,检查润滑油质量,并决定是否换油

续表

故障现象	产生原因	排除方法
油泵的油压过低	④油压调节阀开启过大	④重新调整油压
	⑤曲轴箱中油量不足	⑤增加曲轴箱中的油量,使其保持正常油位
	⑥曲轴箱中进入制冷剂液体,当制冷剂液体蒸发时,油温下降,黏度增高,使油泵的吸油量减少	⑥排除曲轴箱中的制冷剂液体,找出其进入曲轴箱原因并加以处理
	⑦密封器漏油:机械式密封器漏油是由于密封环磨损或拉毛、弹簧压力不均衡、回油孔管路堵塞等,填料式密封器漏油是由于填料磨损后失去密封作用	⑦停车,拆卸密封器检查对机械式密封器应修复密封环和弹簧或排除油孔管路中的污物,对填料式密封器应更换填料
润滑油温度过高	①汽缸冷却水套和油冷却器未通冷却水	①开启冷却水阀门进行冷却
	②活塞环磨损严重,使高压高温的制冷剂蒸气漏入曲轴箱中	②更换活塞环
	③压缩机的排气温度过高	③主要从降低吸气温度或冷凝压力着手来降低排气温度
曲轴箱中有敲击声	①轴颈和轴瓦的间隙过大	①拆卸检查,调整间隙或更换轴瓦
	②曲轴的主轴承装配间隙过大	②拆卸检查,调整间隙
	③飞轮与轴或键配合松弛	③拆卸检查,确定调整或加工修理
	④开口销折断	④更换开口销
	⑤主轴承润滑不良	⑤检查滤油器是否堵塞或油路不畅

第三节　压（过）滤机

　　过滤是以多孔介质来分离悬浮液的操作。在外力作用下,悬浮液中的液体通过介质的孔道,而固体颗粒被截留下来,从而实现液固分离。过滤操作所处理的悬浮液为滤浆,多孔物质称为过滤介质,通过介质孔道的液体为滤液,被截留的物质为滤饼或滤渣。

　　过滤操作分为两大类。一层为饼层过滤,特点是固体颗粒呈饼层状沉积于过滤介质的上面，适用于处理含固量较高的悬浮液。另一类为深床过滤，特点是固体颗粒的沉积发生在较厚的粒状过滤介质床层内部。悬浮液中颗粒直径小于床层孔道直径，当颗粒随流体在床层内的曲折通道中穿过时，便黏附在过滤介质上。这种过滤适用于悬浮液中颗粒甚小而且含量甚微的场合。

过滤介质是滤饼的支承物，它应具有足够的机械强度和较小的流动阻力，而且一般应具备下列条件：多孔性，液体通过阻力小，通孔的大小能使悬浮液中的固相颗粒被截留；具有化学稳定性，如耐腐蚀性、耐热性等；具有足够的机械强度。

过滤介质主要有织物介质、多孔固体介质和粒状介质。织物介质又称滤布，包括由棉、毛、丝麻等天然纤维及由各种合成纤维制成的织物和玻璃丝、金属丝制成的网。织物介质在工业上应用最广。

多孔固体介质是具有很多微细孔道的固体材料，如多孔陶瓷、多孔塑料等制成的管和板。此类介质耐腐蚀，孔道细微，适用于处理只含少量细小颗粒的腐蚀性悬浮液及其他特殊场合。

粒状介质包括细砂、木炭、石棉、硅藻土等细小坚硬的颗粒状物质，多用于深床过滤。

一、板框压滤机

板框压滤机由许多块滤板和滤框交替排列而成，如图 9-18 所

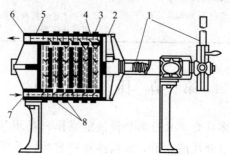

图 9-18　板框压滤机

1—压紧装置；2—可动头；3—滤框；4—滤板；5—固定头；

6—滤液出口；7—滤浆进口；8—滤布

示。板和框都用支耳架在一对横梁上，可用压紧装置压紧或拉开。

板框的角端开有工艺用孔，板框合并压紧后即构成供滤浆或洗液流通的孔道。框的两侧覆以滤布，空框与滤布围成了容纳滤浆及滤饼的空间。滤板的作用有两个：一是支撑滤布，二是提供滤液通道。为此，板面上制成各种凹凸纹路。凸者起支撑滤布作用，凹者形成滤液通道。滤板又分为洗涤板与非洗涤板两种，其结构和作用有所不同。

过滤时，悬浮液在一定的压力下经工艺孔进入框内，滤液穿过两侧滤布沿邻板板面流至滤液出口排走，固体则被截留在框内，待滤饼充满全框后停止过滤。若滤饼需洗涤，则将洗液压入洗水通路，并由洗涤板角端的工艺孔进入板面与滤布之间。此时应关闭洗涤板下部的滤液出口，洗涤板便在压差推动下横穿整个板框厚度的滤饼和两侧的滤布，对滤饼进行洗涤，最后由非洗涤板下部的洗液出口排出。

板框压滤机的操作表压一般不超过 8MPa。滤板和滤框可用金属材料、塑料或木材制成，由滤浆性质及机械强度确定。滤板的排出方式分为明流与暗流两种。若滤液经由每块滤板底部小管直接排出，则称为明流，明流的优点是便于观察各滤板的工作情况。若滤液不宜暴露于空气之中，则需将各板流出的滤液汇集后经总管排出，称为暗流。压紧装置的驱动分手动与机动两种。

二、旋叶压滤机

过滤、增浓，并同时能洗涤的旋叶压滤机又称为薄层滤饼过滤机。

旋叶压滤机是实现动态过滤技术的一种新型过滤设备，它主要用于过滤含有大量微细固体颗粒的悬浮液，或生成具有较大可压缩性滤饼的难过滤物料，可用于连续、密闭、高温等操作场合。其过滤速率高。在相同操作条件与过滤面积下，生产能力为板框过滤机的 5～6 倍，并避免了板框过滤机频繁开框、出渣、洗涤过滤介质、合框、压紧滤框等笨重体力劳动。

多级旋叶压滤机由回转叶轮和构成滤室的滤板交替排列组成，如图 9-19 所示。旋转主轴、叶轮与固定滤室之间的间隙为料浆通

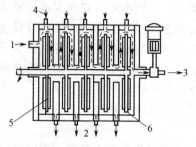

图 9-19　旋叶压滤机同时
进行过滤与洗涤

1—料浆入口；2—滤液出口；
3—滤渣出口；4—洗涤液加入口；
5—叶轮；6—滤室

道，叶轮两侧与滤框之间的间隙决定了滤饼层的最大厚度。过滤机的滤板两侧均开有导液槽，上面覆盖有过滤介质。滤板上的导液槽将滤液汇集在下部导液孔排出。滤室内外的压力降是将颗粒压向过滤介质的主要推动力。与通常的滤饼层过滤一样，薄层滤饼与过滤介质保证提供澄清的滤液。料浆由加料口 1 进入过滤机，滤室上设有洗涤液加入口 4，以一定的流速加入过滤机内。

转轴穿过各级滤板中心处具有一定半径的圆孔，因此形成的环隙为各级料浆由前一级进入后一级的通道。叶轮 5 以一定的角速度旋转，叶轮的两面都装有刮刀，刮刀与过滤介质间留有一定间隙，以控制滤渣层厚度。

叶轮的作用是：使料浆中固体颗粒与液体充分混合，提高洗涤效率；使高浓度的料浆在剪切力作用下转化成易于流动的厚浆，通过碎解固体颗粒间的聚集状态可以减少挤出物的孔隙率；使高速流动的料浆平行于过滤介质表面流过，在过滤介质上形成的滤饼层较薄，其厚度不随操作时间而改变。当叶轮转速高到一定程度时，过滤面外侧部分将不积存滤渣，这就使得过滤增浓过程在各级中持续进行。

旋叶压滤机更多的是用于工业废水的分离。旋叶压滤机在连续过滤的同时能进行洗涤。料液在多级旋叶压滤机的前段过滤，中段洗涤，后段脱水。洗涤效率较高，洗涤水用量较低。

三、真空过滤机

真空过滤机是一种连续操作的过滤机。如图 9-20 所示，设备的主体是一个能转动的水平圆筒，表面有一层金属网，网上覆盖滤布，筒的下部浸入滤浆中。圆筒沿周向分隔成若干扇形格，每格均有单独的孔道分配头。圆筒转动时，凭借分配头的作用使这些孔道

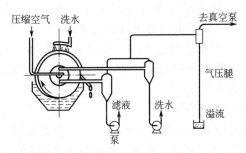

图 9-20　转筒真空过滤机装置示意

依次与真空管及压缩空气管相通，故在回转一周的过程中每一扇形格表面即可按顺序进行过滤、洗涤、吸干、吹松、卸饼等操作。它主要有外滤面转鼓，内滤面转鼓，圆盘等真空过滤机。

图 9-21 所示为 G 型外滤面转鼓真空过滤机结构示意图，它为外滤面刮刀卸料。它适用于过滤含固相颗粒直径 0.01～1.00mm 的悬浮液。

过滤时，转鼓一部分浸在滤浆中，由原动机通过减速装置带动旋转。整个转鼓大致可分为四个工作区域。

① 过滤区：此区内的过滤室与分配头上Ⅰ室相通，Ⅰ室与真空系统相连。滤液在真空作用下通过滤布进入过滤室，经分配头排出机外。滤浆中的固相被截留在滤布表面，形成滤饼层。为防止固相沉降，在滤浆槽内设有摆动式搅拌浆。

② 洗涤及脱水区：洗涤液通过喷

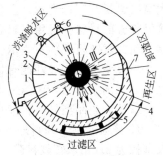

图 9-21　G 型外滤面转鼓
真空过滤机结构图

1—转鼓；2—过滤室；3—分配头；
4—物料槽；5—搅拌器；
6—喷嘴；7—刮刀

嘴均匀地喷洒在滤布上，在真空作用下，排挤并带走残留在滤饼中的滤液和溶于洗涤液的其他杂质，经分配头的Ⅱ室排出。为提高脱液效果和防止空气大量流入机内，使真空度下降，可在区内设置滤饼的平整装置，如压滚、压带等。

③ 卸料区：压缩空气通过分配头Ⅲ室进入区内各滤室，迫使滤饼与滤布分离，随后由刮刀 7 将料刮下。

④ 再生区：为除去堵塞在滤布孔隙中的颗粒，减少过滤阻力，使压缩空气或蒸汽由分配头Ⅳ室进入区内各滤室，吹落滤布上的颗粒，使滤布得到再生。

四、过滤机型号

过滤机型号由基本代号、特性代号、主参数以及与分离物料相接触部分的材料代号四部分组成。各项意义如下：

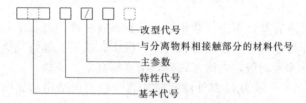

基本代号按类、组、型分类原则编制，均用名称中有代表性的大写汉语拼音字母表示。主参数用阿拉伯数字表示。与分离物料相接触部分的材料代号用材料名称中有代表性的大写汉语拼音字母表示，简式过滤机此项不表示。

当过滤机结构或性能有显著改变时，改型代号按顺序在原型号尾部分别加字母 A，B，C…以示区别。

以下为产品型号名称编写示例。

1. 普通式刮刀卸料外滤面转鼓真空过滤机过滤面积 $20m^2$，转鼓直径为 2.6m，转鼓衬胶，其型号为：

G 20/2.6-X 转鼓真空过滤机

2. 圆盘真空增浓过滤机，过滤面积 $84m^2$，双盘，圆盘材料为碳钢，其型号为：

PZ 84/2-G 圆盘真空增浓过滤机

3. 固定室型带式真空过滤机，过滤面积 $1.2m^2$，滤带有效宽度 1000mm，真空室材料为耐蚀钢，其型号为：

DU 1.2/1000-N 带式真空过滤机

4. 翻斗真空过滤机，过滤面积 $1.1m^2$，滤斗 15 个，滤斗材料为碳钢。其型号为：

F1.1/15-G　翻斗真空过滤机

5. 水平滤叶型离心卸料加压叶滤机，过滤面积为 $3m^2$，滤叶材料为耐蚀钢。其型号为：

EYSL 3-N　离心卸料加压叶滤机

6. 旋叶型动态加压过滤机，过滤面积为 $5m^2$，滤板材料为耐蚀钢，其型号为：

NYY 5-N　旋叶压滤机

复习思考题

1. 搪玻璃反应釜有什么性能？在使用中应注意些什么？

2. 反应釜主要由什么组成？桨式搅拌器一般适用于什么场合？

3. 将填料密封与机械密封进行对比，说明各自优缺点。

4. 蒸汽压缩式制冷装置中关键设备都是什么？制冷剂在系统中进行哪几个过程从而完成一个循环。

5. 说明活塞式制冷压缩式的基本构造。

6. 离心式制冷压缩机与活塞式制冷压缩机工作原理的根本区别在哪里？

7. 板框压滤机是如何过滤的？

第三篇　化工容器及设备

第十章　化工反应器

第一节　概　　述

反应器是化工生产中的关键设备。一般来说，在工业上有机化学反应不可能百分之百地完成，也不可能只生成一种产物。但是，人们可以通过各种手段加以适当的控制，在尽可能抑制副反应的前提下，努力提高转化率。这一点在工业生产上是非常重要的。提高转化率、减少副反应不仅可以提高反应器的生产能力，降低反应过程能量消耗，而且可以充分而有效地利用原料，减轻分离装置负荷，节省分离所需能量。一个好的反应器应能保证实现这些要求，并能为操作控制提供方便。

化学反应通常要求适宜的反应条件，例如温度、压力、反应物组成等，特别是温度条件较为重要。温度过低，反应速度慢，工业生产是不希望的；温度过高会使反应失去控制，使副反应增多，收率下降。但要维持最适宜的温度条件并不是一件容易的事，因为化学反应一般均伴随有热效应，必须采取有效的换热措施，及时移出或加入热量，才能维持既定的温度水平。因此，反应器内的过程不仅具有化学反应的特征，而且具有传递过程的特征。除了考虑遵循化学反应动力学外，还必须考虑流体动力学、传热和传质以及这些宏观动力学因素对反应的影响。只有综合考虑反应器内流动、混合、传热、传质和反应诸因素，才能做到反应器的正确选型、合理设计、有效放大和最佳控制等。

第二节 反应器结构型式及分类

反应器按结构型式的特征，可以分为槽形（或称釜式）、管式、塔式、固定床和流化床等反应器。

1. 槽形反应器

槽形反应器主要用于进行液相均相、液相非均相或气液相反应。可间歇操作，也可连续操作。反应器由壳体、搅拌器和换热装置等组成。搅拌器的作用在于使物料均匀混合，强化传热传质。换热装置保持反应所要求的适宜温度，可为夹套式、蛇管或列管式，也可以是外热循环式等。

2. 管式反应器

管式反应器应用于气相或液相连续反应。由于管子通常能承受较高的压力，用于加压下的反应尤为适合，例如油脂或脂肪酸加氢生产高碳醇，多采用管式反应器。裂解反应的管式炉也是管式反应器。

3. 塔式反应器

塔式反应器是指高径比较大的反应设备。广泛应用于气-液反应和液-液反应。如苯烃化制乙苯的烃化塔等。

4. 固定床反应器

固定床反应器是指流体通过静态催化剂颗粒进行反应的反应器。基本有机化工中常见的为气-固相固定床反应器，固体为催化剂，气体为反应物料。

5. 流化床反应器

固体在反应器内处于流化状态称流态化，其反应器称流化床反应器。它主要用于气-固相催化反应，如丙烯氨氧化制丙烯腈、萘或邻二甲苯氧化制苯酐等。

第三节 气液相反应器

气液相反应器种类很多，从外形可以分为塔式（填料塔、板式塔、喷雾塔、鼓泡塔、膜式塔）和机械搅拌槽式反应器两类；从气液相界面的形成方式可分为鼓泡式、机械搅拌槽式和膜式反应器等。下面介绍几种常见的气液相反应器。

一、鼓泡式反应器（鼓泡塔）

最常见的有简单鼓泡塔和气升管式鼓泡塔。

1. 简单鼓泡塔

其结构见图 10-1(a)，鼓泡塔为内盛液体的空心圆筒，底部装有气体分布器，气体通过分布器上小孔鼓泡进入，液体可以间歇或连续加入反应器，连续加入的液体可以和气体并流或逆流，而以并流较为常见。气体在鼓泡塔中为分散相，液体为连续相。为了提高气体分散程度，减少液体纵向循环，可以在反应器中安置水平多孔隔板。吸收和反应进行时，往往有热效应。当热效应较小或设备尺寸不大时，采用设备外壳夹套即可满足传热要求；随着鼓泡塔直径加大，单位反应体积的夹套换热面积下降，在大型鼓泡塔中，进行强放热反应时，除利用外壳夹套换热外，还需要在反应器内加设蛇管，或采用器外换热器，使反应液体在反应器和外部换热器间循环，有时也可以利用反应液体蒸发带走热量，简单鼓泡塔中气体空塔速度不超过 10cm/s。气速太高，反应液中气量增加，使反应器处理的液体量减少，并可能引起液面及压力脉动，严重时导致设备振动。

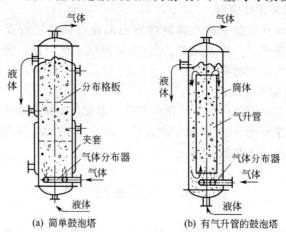

(a) 简单鼓泡塔　　　　(b) 有气升管的鼓泡塔

图 10-1　鼓泡塔结构

简单鼓泡塔结构简单、运行可靠，易于实现大型化，适宜于加压操作。在采取防腐措施后，还可处理腐蚀性介质，故应用十分广泛。但在简单鼓泡塔内不能处理密度不均一的液体，例如悬浊液等。

2. 气升管式鼓泡塔

其结构见图 10-1(b)，在塔内装有一根或几根气升管，气体由下部气体分布器通入气升管。气升管中气液混合物密度比环形空间中液体密度小得多，引起液体在环形空间和气升管内作循环流动，所以称为气升式鼓泡反应器。气体在气升管内最大速度为 2m/s，换算至整个塔截面空塔气速其值小于 1m/s。液体循环速度可达1~2m/s。气液的搅动比简单鼓泡塔激烈得多，因此，它能处理不均一的液体。有时把气升管壁做成夹套式；内通热载体，使气升管兼有换热的作用。气升管中气体流型可视为理想置换模型，整个反应器内的液体可视为理想混合模型。

二、具有搅拌器的槽式反应器

具有搅拌器的槽式反应器如图 10-2 所示。在槽下部装有搅拌器，其主要作用是分散气体，并使液体达到充分混合。搅拌器型式很多，常用的有平桨、蜗轮桨。其中尤以圆盘蜗轮桨为最好。进气的方式可以是单管，放置在蜗轮桨圆盘下方的中心处，并接近桨翼。由于圆盘的存在，气体不致短路而必须通过桨翼被桨翼所击碎。气量较大时，可采用环形多孔管分布器，环的直径不大于桨翼直径的 80%，气泡喷出后就能被转动桨翼刮碎并卷到翼片后面的涡流中而被粉碎，同时被沿着半径方向迅速甩出，碰壁后又折向搅拌器上下两处循环旋转。气液混合物在离桨翼不远处含气量最高，传质速率也最快，反应器内的传质主要靠这

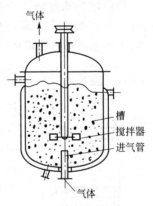

气体
槽
搅拌器
进气管
气体

图 10-2　具有搅拌器的槽式反应器

局部区域。当液层高度与槽直径之比大于 1.2 以上时，一般需要两层或多层桨翼，有时桨翼间还要安置多孔挡板。气体在搅拌槽中的

通过能力受液泛限制，超过液泛的气体不能在液体中分散，它们只能沿槽壁纵向上升。液体流量由化学反应时间决定，搅拌槽中的气泡由于浮力关系，其运动和液体并不完全相同，为了简化数学模型，往往把气液两相均看成理想混合模型。搅拌槽式反应器的优点是气体分散良好，气液相界面大，强化了传热、传质，并能保证非均相液体均匀稳定。其主要缺点是搅拌轴的密封问题，在处理腐蚀性介质及加压操作时应考虑封闭式电动机。

第四节 气固相固定床催化反应器

反应物料呈气态，通过由静止的催化剂颗粒构成的床层进行反应的装置，称为气固相固定床催化反应器，简称固定床反应器。固定床反应器的结构型式，主要是为了适应不同的传热要求和传热方式，可分为绝热式和换热式。

一、绝热式

绝热式又可分为单段绝热式和多段绝热式。

单段绝热式反应器一般为一高径比不大的圆筒体，内部无换热构件，只在圆筒体下部装有栅板等构件，其上面均匀堆置催化剂。反应气体预热到适当温度，从圆筒体上部通入，经过气体预分布装

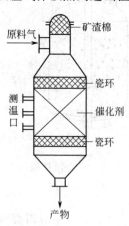

图 10-3 绝热式反应器

置，均匀通过床层进行反应，反应后气体经下部引出，如图 10-3 所示。绝热式反应器结构简单、造价便宜、反应器内体积得到充分利用。但只适用于反应热效应较小、反应温度允许波动范围较宽、单程转化率较低的场合。如乙苯脱氢制苯乙烯、乙烯水合制乙醇，工业上采用单段绝热式反应器。

为了既能保持绝热式反应器结构简单等优点，又能在一定程度上调节反应温度，发展了多段绝热式。在段间进行反应物料的换热，根据换热要求，可以在反应器外另设换热器，也可以在反应器段间设置换

热构件，在段间用喷水或补充原料气等的直接换热方法，此称之为冷激式。多段绝热各种换热方式的反应器示意图见图 10-4。在基本有机化工中，如环己醇脱氢制环己酮，换热要求不高，故采用段间设换热构件的多段绝热式反应器。一氧化碳和氢合成甲醇采用多段绝热式反应器时，在段间通原料气进行急冷。

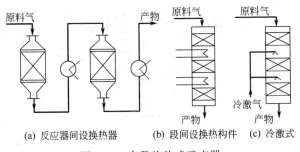

图 10-4　多段绝热式反应器

二、换热式

当反应热效应较大时，为了维持适宜的温度条件，必须利用换热介质来移走或供给热量。按换热介质的不同，又可分为对外换热式和自身换热式。

1. 对外换热式

以各种载热体为换热介质，称为对外换热式。基本有机化工中应用最多的是换热条件较好的列管式反应器。其结构类似管壳式热交换器。通常在管内充填催化剂，反应气体自上而下通过催化剂床层进行反应。管间通载热体，管径一般为 20～50mm。列管管径的选择与反应热效应有关。热效应愈大，为使径向温度比较均匀，就应采用较小的管径。根据生产规模，列管数可从数百根到数千根，甚至达万根以上。为使气体在各管内分布均匀，以达到反应所需停留时间和温度条件，催化剂的填充十分重要。必须做到填充均匀，各管阻力力求相等。为了减少流动压降，催化剂粒径不宜过小，一般在 2～6mm 左右。载热体可以根据反应温度范围进行选择。常用的有：冷却水、加压水（373～573K）、导生液（联苯和二苯醚混合物 473～623K）、熔盐（如硝酸钠、硝酸钾和亚硝酸钠混合物，573～773K）、烟道气

（873～973K）等。载热体温度与反应温度之差不宜太大，以免造成靠近管壁的催化剂过冷或过热，过冷时，催化剂不能充分发挥作用；过热时，可能使催化剂失活。载热体必须循环，以增强传热效果。

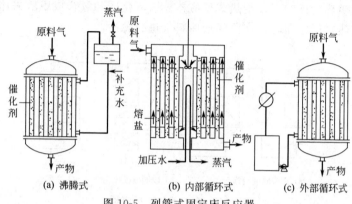

(a) 沸腾式　　　　(b) 内部循环式　　　　(c) 外部循环式

图 10-5　列管式固定床反应器

采用不同载热体和载热体循环方式的列管式固定床反应器如图 10-5 所示。图 10-5(a) 为沸腾式，其特点是整个反应器内载热体温度基本恒定。例如乙炔与氯化氢合成氯乙烯，采用沸腾水为载热体，反应热使沸腾水部分汽化，分离出蒸汽后，冷凝液补加部分软水循环使用。图 10-5(b) 为内部循环式，例如生产丙烯腈和苯酐的反应器，以熔盐为载热体，用旋桨式搅拌器强制熔盐循环，并使熔盐吸收的热量传递给水冷换热构件，设备结构比较复杂。图 10-5(c)

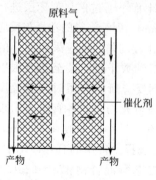

图 10-6　径向流动示意

为外部循环式，例如乙烯氧化制环氧乙烷，以导生液为载热体，用泵进行外部强制循环。

2. 自身换热式

在反应器内，以原料气为换热介质，通过管壁与反应物料换热，以维持反应温度的反应器称之为自身换热式。一般都用于热效应不太大的高压反应。既能做到热量自给，又不需另设高压换热设备。主要用于合成氨和甲醇的生产。

固定床反应器除了上述几种主要型式外，近年来，为了能采用细粒催化剂，提高催化剂的有效系数，又要减少压降，发展了径向反应器。工业上甲苯歧化制苯和二甲苯就采用径向反应器。径向反应器中的流体流动如图10-6所示。

第五节　流化床反应器

不同的反应过程采用的流化床反应器，结构各有差异。为了便于学习，我们以丙烯氨氧化流化床反应器为示例。原料混合气以一定速度通过底部气流分布板而急剧上升时，将反应器床层上堆积的固体催化剂细粒强烈搅动，上下浮沉，看起来非常像沸腾的液体，故称之为沸腾床，如图10-7所示。

流化床的下部为浓相段，化学反应主要在此段进行。在浓相段中装有冷却水管和导向挡板。冷却水管是为了控制反应温度，回收反应热。导向挡板是为了改善气固接触条件。

浓相段上部为稀相段。在稀相段也装有冷却水管，目的是将反应温度降至规定的温度以下，以便中止反应。稀相段之上为扩大段。扩大段内装有内旋风分离器，以分离并回收被反应气夹带的催化剂细粒。

流化床反应器比较适用于

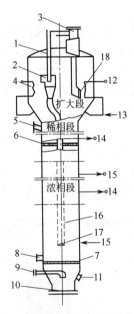

图 10-7　流化床反应器示意图

1—壳体；2—内旋风器；3—外旋风器；
4—冷却水管；5—催化剂入口；6—导向
挡板；7—气体分布器；8—催化剂出口；
9—原料混合器进口；10—放空口；
11—防爆口；12—稀相段蒸汽出口；
13—稀相段冷却水出口；14—浓相段
蒸汽出口；15—浓相段冷却水出口；
16—料腿；17—堵头；18—翼阀

下述过程：①热效应很大的放热或吸收过程；②要求有均一的催化剂温度和需要精确控制温度的反应；③催化剂寿命比较短，操作较短时间就需要更换（或活化）的反应；④有爆炸危险的反应，某些能够比较安全地在高浓度下操作的氧化反应，可以提高生产能力，减少分离和精制的负担。

流化床反应器一般不适用如下情况：①要求高转化率的反应；②要求催化剂层有温度分布的反应。

第六节　管式裂解炉

烃类进行裂解反应的设备称为裂解炉。

由于管式炉设备有比较简单，连续操作，动力消耗小，裂解气质量好以及便于大型化等优点，因此已被广泛应用于烯烃生产（乙烯和丙烯）。是国内外烯烃工业生产装置中最成熟、最实用和操作较稳定的装置。

管式炉的炉型种类很多，分类的方法也很多。按炉型分类，有方箱式炉、立式炉、梯台炉、门式炉等。按炉管布置方式分类，有水平管式和垂直管式（或称横管式和竖管式）。按燃烧方式分类，有直焰式和无焰辐射式等。为了便于说明问题，现选择了方箱式炉进行分析，如图 10-8 所示。

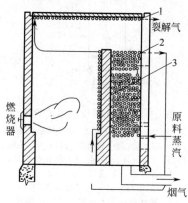

图 10-8　方箱式裂解炉示意图
1—辐射管；2—对流管；3—挡墙

管式炉系由辐射室和对流室两部分组成，燃料燃烧所在区域称辐射室。辐射室和对流室均装有炉管，炉管材质按温度进行选择。高温段（1173～937K）采用 Cr23Ni18 合金钢，中温段（973～773K）采用 Cr5Mo 合金钢，低温段（823～623K）<723K 时则用 10 号碳素钢。在本炉型中，裂解原料和水蒸气进入对流室炉管。在对

流室内预热到 773～873K，然后进入辐射室炉管进行裂解反应。出口温度由所用原料决定，一般在 1023～1123K。裂解产物自炉顶引出，去冷却系统。

　　燃料（液体或气体）和空气在烧嘴中混合后喷入炉膛燃烧。烧嘴在炉膛（即辐射室）中均匀分布。面对火焰的挡墙上部的温度（即燃烧后产生的烟气由辐射室进入对流室的温度）代表辐射室的温度（1123～1223K），不代表火焰本身的最高温度。烟气进入对流室后将显热传给对流管中的原料和蒸汽，出对流室的烟道气温度为 573～673K，最后由烟囱排入大气。为了充分利用这部分废热，有的炉子在烟道中设有空气预热器，预热后的空气引进烧嘴可以改进燃烧性能和提高火焰最高温度。

　　裂解炉炉管的出口压一般在 0.15MPa（绝压）左右。裂解反应时间是在辐射室炉管内的停留时间，约 0.8～0.9s 左右。

复习思考题

　　1. 固定床反应器是指流体通过什么进行反应的反应器？

　　2. 简单鼓泡塔是如何工作的？

　　3. 气升管式鼓泡塔是如何工作的？

　　4. 多段绝热式固定床反应器与单段绝热式固定床反应器有何区别？

　　5. 管式裂解炉有什么优点？

第十一章 化 工 容 器

第一节 概 述

一、压力容器的应用

在石油化工生产中有许多设备。在这些设备中，有的用来贮存物料，例如各种贮罐、计量罐；有的进行物理过程，例如换热器、蒸馏塔、过滤器、沉降器；有的用来进行化学反应，例如反应器、合成炉。这些设备虽然尺寸大小不一，形状结构不同，内部构件的型式多种多样，但是它们都有一个外壳，这个外壳称为容器。承受介质压力且与外界隔离的密闭容器称为压力容器。

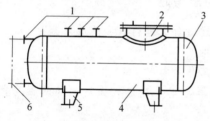

图 11-1 容器结构

1—接口管；2—人孔；3—封头；4—筒体；
5—支座；6—液面计

容器一般是由筒体（又称壳体）、封头（又称端盖）、法兰、支座、接口管、人孔等组成（图 11-1），它们统为化工设备通用零部件。常、低压化工设备通用零部件大都已有标准，设计时可直接选用。

国家对不同类型的压力容器分别制定了标准规范，都有不同的适用范围。例如，国家颁布的《固定式压力容器安全技术监察规程》TSG 21—2016（以下简称规程），适用的范围是满足下列条件的固定式压力容器。

（1）工作压力大于或者等于 0.1MPa。

（2）容积大于或者等于 0.03m³，并且内直径（非圆形截面指截面内边界最大几何尺寸）大于或者等于 150mm。

（3）盛装介质为气体、液化气体以及介质最高工作温度高于或者等于其标准沸点的液体。

二、压力容器的分类

压力容器的种类很多，分类方法也较多，可从不同角度加以分类。

（1）**按制造方法分**　铆接容器、焊接容器、单层容器、多层热套容器、多层包扎式容器及多层绕带式容器等。

（2）**按制造材料分**　钢制容器、有色金层容器及非金属材料容器等。

（3）**按容器壁厚分**　薄壁容器 $k-D_o/D_i \leqslant 1.1 \cdot 1.2$；厚壁容器 $k > 1.1 \sim 1.2$。式中 k 为直径比，D_o 为圆筒外径，D_i 为圆筒内径。

（4）**按压力分**　内部压力大于外界压力的容器称为内压容器；外界压力大于内部压力的容器称为外压容器，如减压塔和真空容器等。带夹套的反应设备，夹套内压力高于容器内压力时，其内筒也属于外压容器，外筒则属于内压容器。

对于内压容器主要是保证壳体具有足够的强度；对于外压容器，由于壳体承受压应力作用，主要是保证具有足够的稳定性（即不被压瘪）。

内压容器按其压力大小又可分：

① 低压容器（代号 L）　　$0.1MPa \leqslant p < 1.6MPa$

② 中压容器（代号 M）　　$1.6MPa \leqslant p < 10MPa$

③ 高压容器（代号 H）　　$10MPa \leqslant p < 100MPa$

④ 超高压容器（代号 U）　　$p \geqslant 100MPa$

（5）**按使用温度分**

① 常温容器 $T = 253 \sim 623K$

② 高温容器 $T > 623K$

③ 低温容器 $T = 223 \sim 253K$（如冷冻设备）

④ 超低温容器 $T < 223K$（如深冷设备）

（6）**按生产工艺中的用途分**

① 反应压力容器（代号 R）　主要用于完成介质的物理、化学反应的压力容器，如反应釜、合成塔、煤气发生炉等。

② 换热压力容器（代号 E） 主要用于完成介质的热量交换的压力容器，如热交换器、冷却器、冷凝器、管壳式余热锅炉、加热器等。

③ 分离压力容器（代号 S） 主要用于完成介质的流体压力平衡和气体净化分离等的压力容器，如分离器、过滤器、吸收塔、干燥塔等。

④ 贮存压力容器（代号 C，其中球罐代号 B） 主要用于盛装生产用的原料气体、液体、液化气等的压力容器，如各种型号的贮罐。

(7) 按安全管理和技术监督分

① 固定式容器 具有固定位置，不同形状的容器采用不同类别的支座支承，为了防止振动或位移，一般采用地脚螺栓固定于基础上，生产车间大部分容器属于固定式容器，由各种管道相连接。

② 移动式容器 没有固定位置，如槽车、气瓶等。此类容器为了安全，设计时取材料的安全系数较大。

(8) 根据危险程度，《规程》适用范围内的压力容器划分为Ⅰ、Ⅱ、Ⅲ类。

分类根据介质特征，按照以下要求选择分类图，再根据设计压力 p（单位 MPa）和容积 V（单位 m^3），标出坐标点，确定压力容器类别；①第一组介质，压力容器分类见图 11-2；②第二组介质，压力容器分类见图 11-3。

其中，第一组介质是毒性危险程度为极度、高度危害的化学物质，易爆介质，液化气体；第二组介质是除第一组以外的介质。

三、压力容器用钢

制造压力容器所用材料一般为金属材料和非金属材料两大类，但多数压力容器是用金属材料制造的，这是因为钢材具有压力容器所需要的良好机械性能并且价格较低、容易获得。但压力容器用钢必须符合我国压力容器标准（GB 150—2011）的要求才能选用，不能随意选用钢材制造压力容器。常用制造压力容器的钢材有以下几类。

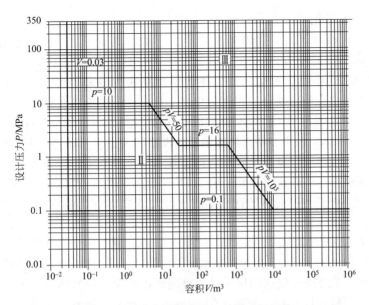

图 11-2 压力容器分类图——第一组介质

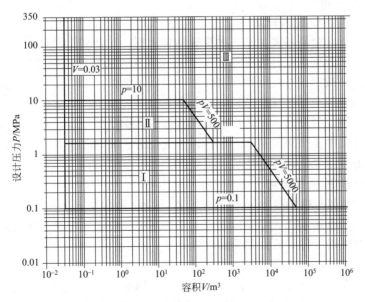

图 11-3 压力容器分类图——第二组介质

1. 碳钢

普通低碳钢主要用来制造压力不大、温度不高的压力容器。如沸腾钢钢板 Q235-A·F 用于设计压力不大于 0.6MPa，温度范围 273~523K，制造容器壳体的钢板厚度不得大于 12mm，不得用于易燃介质以及毒性程度为中度、高度或极度危害介质的压力容器。镇静钢钢板 Q235-A 用于设计压力不大于 1.0MPa，温度范围 273~623K，制造容器壳体的钢板厚度不得大于 16mm，不得用于液化石油气介质以及毒性程度为高度或极度危害介质的压力容器。镇静钢钢板 Q235-B 用于设计压力不大于 1.6MPa，温度范围 273~623K，制造容器壳体的钢板厚度不得大于 20mm，不得用于毒性程度为高度或极度危害介质的压力容器。镇静钢钢板 Q235-C 用于设计压力不大于 2.5MPa，温度范围 273~673K，制造容器壳体的钢板厚度不得大于 30mm。由于碳钢耐腐蚀性能差，故主要用于弱腐蚀性介质中。若介质有较强的腐蚀性，可用碳钢作设备的基体，在内表面衬一层耐腐蚀材料，如不锈钢、铝、铅、塑料、橡胶、树脂漆、耐酸搪瓷等。

2. 低合金高强度钢

低合金高强度钢是一种低碳结构用钢，其合金元素含量虽然较少，但强度（尤其屈服强度 σ_s）却比同等含碳量的碳钢要高得多，并且一般都具有良好的焊接性能和耐腐蚀性能。采用低合金高强度钢的目的主要是减轻结构重量，降低设备成本。但是低合金高强度钢在加工制造时，工艺要求要比普通碳素钢严格得多，特别是在焊接过程中要严格控制工艺条件，否则会造成缺陷或留下隐患，导致压力容器失效，甚至造成严重事故。

3. 抗氢氮氨钢

抗氢氮氨钢也是一种低合金钢，合金钢中加入一定量的铬和钼，具有抗氢和氮的腐蚀能力。主要用于合成氨生产的合成氨生产的合成塔内件和石油裂化的加氢设备。

4. 不锈钢和不锈耐酸钢

在空气和水中耐腐蚀的钢称为不锈钢；在酸类等强腐蚀性介质中具有高度耐腐蚀性能的钢称为不锈耐酸钢。按其化学成分又可分为铬不锈钢和铬镍不锈钢两大类，并在这两大类的基础上发展了许多耐腐蚀、耐热和机械性能优良的钢种。

采用不锈钢制造化工容器不仅能耐腐蚀，而且具有较高强度，但其价格较高，一般不宜采用。对于较高压力的化工容器常采用不锈钢做衬里和内件，既保证了耐腐蚀性能又节省了不锈钢用量。目前钢厂又专门轧制复合钢板，它是由一层不锈钢、一层碳钢压制复合而成，专门供容器制造选用。

5. 低温钢

低温用钢主要用于制造设计温度低于 253K 的低温容器，如制冷设备、空分和加氢设备等。低温钢除了要求具有足够的强度指标外，还要求具有足够韧性和其他低温机械性能，以防低温脆断，造成严重事故。

化工容器材料正确、合理的选择是保证正常发挥容器设备功能的重要环节。但要真正做到正确的选材并非易事，不仅需要弄清容器设备在具体工作条件下对材料的具体要求，如温度、压力、腐蚀性等，还要全面掌握各种材料的基本特性，并且还应结合经济性和具体应用场合进行综合分析、评比，然后根据材料的各方面性能作出正确的选择，既要满足化工工艺要求又要做到经济合理。

第二节 内压薄壁容器

在石油化工生产中应用最多的容器设备是薄壁容器，其中大多数为内压容器，外压容器较少。下面介绍内压薄壁容器的结构和受力情况。

一、内压圆筒形容器的结构和受力分析

内压薄壁容器分为球形、圆筒形和锥形几种。球形容器由于受力情况较好，一般主要用于贮存具有一定压力的液体，如石油液化气贮罐。圆筒形容器应用最多，它由圆筒和封头两部分组成，如图 11-4(a) 所示。

如果用一个垂直于筒体轴线的截面，将筒体截成左右两部

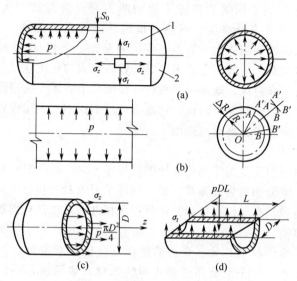

图 11-4　内压圆筒形容器的结构和受力分析

1—筒体；2—封头

分，移去右面部分而研究左面部分的平衡［图 11-4(b)］，筒体中内压 p 之轴向合力为 $p\dfrac{\pi D^2}{4}$，使左面部分有向左移动之趋势，为了保持原来的平衡，被移去的右面部分必给左面部分有作用力（内力），即在筒体器壁的横截面上产生拉应力 σ_z。由于对称，σ_z 在筒体器壁的横截面上的分布是均匀的。根据轴向平衡条件：$\sum p_z = 0$ 有：

$$\sigma_z \pi D S_0 - p \frac{\pi D^2}{4} = 0$$

由此
$$\sigma_z = \frac{pD}{4S_0} \tag{11-1}$$

式中，σ_z 为轴向应力，N/m^2；p 为圆筒体的内压力，N/m^2；D 为圆筒的中面直径，m；S_0 为壁厚，m。

再由筒体中取出长为 L 的一段，用通过筒体轴线的平面

（称为轴平面）将筒体截成上下两部，移去上面部分来研究下面部分的平衡［图 11-4(c)］，垂直作用在轴平面上的内压力 p 的合力为 pDL。纵截面上的应力 σ_t 沿着圆环的切线方向，称之为环向应力。由于筒体器壁很薄，弯曲应力可以忽略，而认为环向应力是均匀分布在截面上的拉应力，其合力为 $\sigma_t 2LS_0$，根据平衡条件 $\sum p_y = 0$ 有：

$$\sigma_t 2LS_0 - pDL = 0$$

$$\sigma_t = \frac{pD}{2S_0} \tag{11-2}$$

比较式(11-1) 和式(11-2) 式可以看出：$\sigma_t = 2\sigma_z$。由此说明圆筒形器壁中，环向应力是轴向拉应力的 2 倍，因此，在制造圆筒形容器时，纵向焊缝的质量要求比环向焊缝的高。为保证安全，最好不要在纵向焊缝上开孔。当在圆筒上开设人孔或手孔时，应使其短轴与筒体的纵向一致。

二、内压球形壳体的受力分析

球形壳体由于对称于球心，因此没有圆筒形壳体那样有"轴向"与"环向"之分。在球壳内虽然也存在着两向应力，但在承受气体压力时它们的数值相等。若将球壳沿任一直径方向假想剖分成两半，如图 11-5 所示，并建立半个球体的受力平衡关系，可得

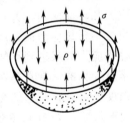

图 11-5　内压球形壳体受力分析

$$\sigma \pi D S_0 = \frac{\pi}{4} D^2 p$$

$$\sigma = \frac{pD}{4S_0} \tag{11-3}$$

式中，σ 为许用拉应力，N/m^2。

将上式与 (11-2) 式比较，可以看出，在同样直径、壁厚和同样压力的情况下，球形壳壁中的拉应力仅是圆筒形壳壁中环向拉应

力的一半，也就是说若想使球形壳壁的应力提高到与圆筒形壳壁的应力相同，球形壳壁厚仅是圆筒形壳壁厚度的一半，而且当容积相同时，球壳具有最小的表面积，故节省不少金属材料。所以，大型贮罐做成球形较为经济。近年来随着加工技术水平的不断提高，高压容器或设备也有采用球形的。

第三节 外 压 容 器

一、概述

外压容器是指容器外面的压力大于容器里面的压力的容器。在石油、化工生产中，处于外压下操作的设备是很多的，例如石油分馏中的减压蒸馏塔，多效蒸发中的真空冷凝器，带有蒸汽加热夹套的反应釜，以及某些真空输送设备等。

圆筒形容器壳体受外压作用后，在壳壁的截面上同样产生轴向应力和环向应力，并且也是环向应力比轴向应力大 1 倍，但是这个应力不是拉应力而是压应力。正好与内压产生的应力方向相反。这种压应力如果达到材料的强度极限时也会使容器破坏，但这种情况是极少见的，常常是在外压容器壳壁截面上的压应力远远没有达到强度极限时，筒壁就突然被压瘪，筒壁的圆环形截面一瞬间变成了曲波形状，如图 11-6 所示。

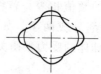

图 11-6 外压容器失稳后的形状

在外压力作用下，圆筒体突然失去原来形状而被压瘪的现象叫做失稳。外压容器失稳时的外压力称为该圆筒的临界压力，用 p_{cr} 表示，即

$$p \leqslant \frac{p_{cr}}{m} \qquad (11\text{-}4)$$

式中，m 为稳定系数；p_{cr} 为临界压力，Pa；p 为设计压力，Pa。

二、提高外压容器稳定性的措施

导致外压容器失稳的因素很多，它和内压容器的破坏原因是完全不同的，单纯提高外压容器材料的强度并不能提高其稳定性。因此选用高强度钢去制造外压容器是无意义的，而且还会造成浪费。只有提高外压容器的刚度才能提高其稳定性。

增加外压容器筒体的厚度当然能提高其稳定性，但会浪费很多材料。通过理论计算和实践证明，外压圆筒按一定距离设置加强圈不仅可以提高圆筒的稳定性，而且能节省大量的金属材料，其具体结构如图 11-7 所示。

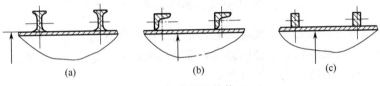

$$(a) \qquad\qquad (b) \qquad\qquad (c)$$

图 11-7 加强圈的结构（一）

加强圈常用扁钢、角钢、工字钢或其他型钢制成。它可设置在筒体的外部或内部，一般多采用与筒体焊接的方法，个别情况如有色金属不易焊接可采用铆接的形式。但不管采用什么方法都必须保证与圆筒紧密贴合，否则加强圈就起不到加强的作用。

加强圈与圆筒体的连接可用连续焊或间断焊。当加强圈设置在壳体外面时，加强圈每侧间断焊接的总长，应不少于容器外圆周长的 1/2。当设置在壳体里面时，应不少于壳体内圆周长的 1/3。

加强圈与筒体连接的间断焊缝的布置与间距可参照图 11-8 所示的型式，间断焊缝可以相互错开或并排布置。间断焊缝的最大间隙 t，对外加强圈为 8 倍壳体名义厚度，对内加强圈为 12 倍壳体名义厚度。

为了保证筒体及加强圈的稳定性，加强圈不能任意削弱或割断。装在壳体外面的加强圈很容易做到这点，但装在内部的加强圈

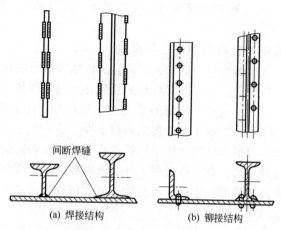

间断焊缝

(a) 焊接结构　　　　　　　　(b) 铆接结构

图 11-8　加强圈的结构（二）

有时就不能满足这一要求，尤其是对于卧式容器的内部，为便于液体的流动或排出，加强圈必须有部分间断，但不允许超过规定的允许长度，有时还需采用补强措施。

当设备由昂贵的高级合金或有色金属制造时，其加强圈可以采用普通碳钢制造，安装在不与腐蚀介质接触的一侧。不但可以节省贵重金属材料，而且同样起到增加稳定性的作用。

外压圆筒形容器的制造应特别注意圆筒的圆度，如果圆筒制造得不圆或成椭圆，那么由于外压作用时圆筒受力不均匀，就容易失稳。

外压容器不圆度应符合我国"钢制压力容器设计规定"。各制造单位在制造外压容器时必须严格遵守此规定。

第四节　压力容器的基本结构和附件

组成容器的基本零件除了筒体和封头以外，还有法兰、人孔、手孔、接管、视镜、各种用途的接管凸缘及支座等，这些统称为容器的附件。

为了便于设计和制造，容器附件大部分都已标准化。下面主要介绍容器附件的结构。

一、筒体

筒体是压力容器的主体,这是由钢板卷焊制而成,钢板在卷板机上进行卷制时受到弯曲作用而产生塑性变形,其外层纤维被拉长,内层纤维缩短,中性层的纤维长度基本不变。对于金属材料塑性好、板材薄、弯曲半径大的筒体可在常温下采用冷弯;对于金属材料塑性差、板材厚、弯曲半径小的筒体,冷弯时可能产生裂纹,一般则在加热后进行热弯。

由前面受力分析可知,圆筒体的环向拉应力比轴向拉应力大1倍,因此筒体的纵向焊缝必须严格进行检验。对于筒体较长的压力容器,由于受钢板宽度的限制,一般由几节圆筒焊接而成。它的环向焊缝虽然受内压作用时的轴向应力比环向应力小1倍,但受外载荷作用时可能产生一些附加应力,例如很高的塔器除受内压作用外,还受风载荷、地震载荷的作用使塔产生弯曲。因此对环向焊缝的要求也不能降低。

为了便于批量生产和尽量减少冲压封头所需的模具种类,对筒体的直径规定了标准系列供选用。

二、封头

封头又称端盖,按其形状可分三类:凸形封头、锥形封头和平板形封头,如图11-9。其中凸形封头包括半球形封头、椭圆形封头、碟形封头和球形封头四种。锥形封头分为无折边的与带折边的两种。平板形封头根据它与筒体联接方式的不同也有多种结构。从受力的角度来看,半球形、椭圆形最好,碟形、带折边的锥形次之,而球面形、不带折边的锥形和平板形较差。

1. 半球形封头

半球形封头实际上是球形壳体的一半,由球形壳体受力分析可知,它在容器内介质压力的作用下,壳壁内所产生的拉应力仅是相同直径与厚度的圆筒体的一半。因此若采用半球形封头壁厚可以减薄。但半球形封头的深度大,制造较困难。尤其在一些中小型设备制造厂中,用人工敲打的办法来制造封头,困难更大。但对于大直径($D_i > 2.5m$)的半球形封头可用数块钢板成型后拼焊而成。此

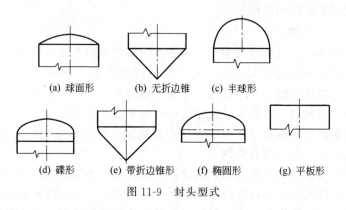

(a) 球面形　　(b) 无折边锥　　(c) 半球形

(d) 碟形　　(e) 带折边锥形　　(f) 椭圆形　　(g) 平板形

图 11-9　封头型式

时用半球形封头是合适的。而在中、小直径的设备中就很少采用半球形封头。

2. 碟形封头

碟形封头［图 11-9(d)］又叫带折边球面形封头。它由三部分组成：以 R 为半径的球面，以 r 为半径的过渡圆弧（即折边）和高度为 h_0 的直边。由于碟形封头本身的三个部分之间以及封头与筒体之间的联接处的经线都有公切线，所以没有横推力产生。只是由于在封头的球面区与过渡区的交界点两边的曲率半径不同，在介质压力作用下自由变形不相等，将会产生边缘应力。

碟形封头的主要优点是加工比较容易，只要有球面胎具和折边胎具便可用手工锻打成型，因此适用于没有水压机条件下，在安装现场进行制造。它主要用于低压容器，如液体的贮罐等。其受力情况不如椭圆形封头好，因此目前多数工厂已不再采用它，而用椭圆形封头代替。

3. 椭圆形封头

为了克服碟形封头边缘应力过大的缺点，在生产实践中发展了椭圆形封头。它是由半个椭球和一小段圆筒体（直边）两部分组成。直边的作用是避免筒体与封头间环向焊缝产生边缘应力；椭圆是光滑连续变化的曲线，没有形状突变处，因此受力状况比较好，又因其深度比半球形封头浅，制造比较容易，故目前广泛采用这种封头作为中低压容器的封头，并且规定标准椭圆形封头其椭圆长轴与短轴之比等于 2。

4. 锥形封头

当容器内液体中含有固体颗粒或黏度较大时，容器的底部常采用锥形封头，以便汇集和卸料。

锥形封头有两种结构型式。一种是无折边锥形封头，它是锥体与圆筒体直接连接而成，如图 11-9(b) 所示。此种结构在连接处几何形状发生突变，因此在容器介质内压作用下局部应力较大。仅适用于压力较低和锥体的半顶角被限制在 30°以下的容器。压力较高时采用加强圈以增强连接处的刚性，也可在连接处用较厚的钢板制造。

此外也可在锥体与圆筒的连接处加一半径为 r 的圆环面光滑过渡。此种封头称为带折边的锥形封头。它由三部分组成：圆筒部分，圆锥部分和连接部分半径为 r 的圆环面过渡区，如图 11-9(e) 所示。该圆环面半径 r 应不小于锥体大端内径的 10%，且不小于锥体壁厚的 3 倍，以减小局部应力。

5. 平板形封头

平板形封头在受内压作用时，处于受弯曲的不利状态，在相同的内压及筒体直径条件下，平板形封头的壁厚比其他形状的封头壁厚要大得多。因此虽然它的结构简单，制造方便，但承压设备的封头一般都不采用平板形。只是压力容器上的人孔、手孔，在设备操作期间需用盲板封闭时，才采用平板形。

三、法兰联接

法兰联接是由一对法兰、一个垫片、数个螺栓和螺母组成（图 11-10）。法兰在螺栓预紧力的作用下，把处于法兰压紧面之间的垫片压紧。施加于垫片单位面积上的压力必须达到一定的数值才能使垫片变形，并填满法兰密封面上的凹凸不平处（图 11-11）。所需要的这个压紧应力值与垫片的材料有关。设备或管道在开工操作之前，就应将垫片压紧。显然，

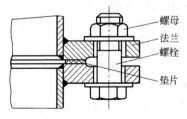

图 11-10　法兰联接

当垫片材料选定后，垫片越宽，垫片所需的总压紧力就越大，从而螺板及法兰的尺寸也就越大。所以，垫片不能太宽，更不应把整个法兰面都铺满垫片（图 11-12）。

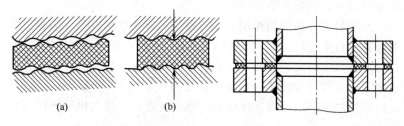

图 11-11 正确的法兰联接　　　　图 11-12 错误的法兰联接

1. 法兰

从法兰与设备或管道的联接方式看，法兰可分为三类。

（1）整体法兰 此类法兰常有锥形的脖颈，又称长颈法兰，法兰与容器或管道连成一体，如图 11-13 所示。

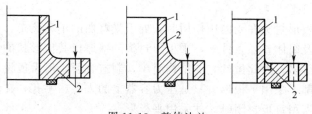

图 11-13 整体法兰

1—筒壁；2—法兰

（2）活套法兰 法兰与容器或管道不直接连成一体，如把法兰套在凸缘或翻边上 [图 11-14(a)]，把法兰与管壁用螺纹或角焊连接 [图 11-14(b)、(c)]。这种联接达不到等强度，主要用于有色金属容器或管道的联接。

（3）任意式法兰 此种法兰加工出坡口，套在筒体或管道上，然后将二者焊在一起。其受力情况介于整体法兰与活套法兰之间，其刚性较整体法兰差，比活套法兰强，其典型结构如图 11-15 所示。

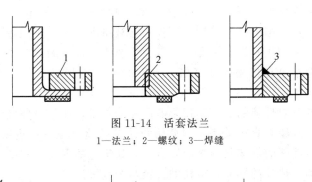

图 11-14　活套法兰
1—法兰；2—螺纹；3—焊缝

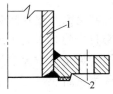 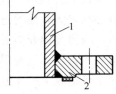 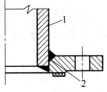

图 11-15　任意式法兰
1—筒节；2—法兰

法兰密封面的型式有三种（如图 11-16 所示）。

（1）平面型密封面　密封面为光滑平面或加工两、三条沟槽的平面。这种型式结构简单，加工方便，但压紧后密封性较差，仅适用于压力不高、介质不易燃易爆和无毒场合。

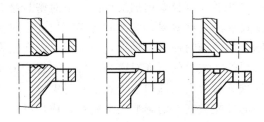

图 11-16　中低压法兰密封面型式

（2）凹凸型密封面　它是由一个凸面和一个凹面组成，凹面中放入垫片，压紧后垫片不易被挤出，密封性较好，适用于压力较高场合。

(3) 楔槽型密封面 一对法兰的密封面由一个楔和一个槽组成，垫片置于槽中被压紧后，不仅不会被挤出，而且压强较高，密封性好。适用于易燃、易爆、有毒介质及压力较高的场合。

法兰早已有相关标准（如 NB/T 47020～47027—2012 等）供设计时选用。

法兰密封性能的好坏不仅影响产品的数量，而且对环境的污染和工人的健康有直接关系，因此防止法兰的泄漏是一项重要任务。法兰密封性能的好坏与很多因素有关，如法兰的强度、刚度，密封面的结构，垫片的性质，螺栓的直径与个数等。

为了防止法兰泄漏就必须增大介质通过法兰密封面与垫片间隙的阻力和垫片本身的阻力，当容器内介质通过密封口的阻力大于容器内、外压差时，介质就被密封了。这种阻力的增加是靠增大密封面压紧力来实现的。垫片单位面积上的压紧力称为密封比压。

介质通过密封口泄漏有两个途径：一是垫片本身渗漏，二是压紧面渗漏。前者由垫片性质决定，后者取决于压紧面的结构形式和比压的大小。比压大小与螺栓预紧时预紧力大小有关，预紧力大垫片上的比压也大，容器升压后残留的比压也大。因垫片具有一定的回弹力，补偿了由于螺栓被拉长和法兰变形致使密封面压紧力下降的不足，从而保证了良好的密封状态。但预紧力不能过高，否则垫片将被压坏或失去回弹力，以致不仅不能达到良好密封还会增加泄漏。一般情况下减少法兰盘直径，增加螺栓的个数对密封是有利的。

为了保证良好的密封效果，安装时还必须保证密封面对轴线的垂直度和相吻合的两密封面的同轴度，要求密封面有较高的加工精度也是非常必要的。法兰的刚度对密封的影响有直接关系，法兰刚度不足，螺栓预紧后会引起翘曲变形致使密封失效。

垫片材料的性能对密封的影响关系密切，垫片材料具有良好的弹性才能产生足够的回弹力，才能保证密封口被填满而不泄漏。

温度过高对密封不利，在高温作用下，法兰、螺栓会产生高温蠕变和应力松弛，使密封面比压下降。高温下介质的黏度小，渗透性大，易渗漏。高温介质对垫片的腐蚀作用加剧，从而加速垫片的老化或变质，甚至烧毁。此外高温下法兰和螺栓材料热膨胀，当压力和温度波动时容易使螺栓材料产生"疲劳",导致密封失效。总之,影响密封的因素很多,要综合分析各种因素的影响,找出主要矛盾,才能解决泄漏问题。

2. 垫片

垫片的作用是封住密封面之间的间隙,阻止液体或气体渗漏。垫片的材质和尺寸对法兰联接的紧密性和法兰的尺寸也有很大的影响。

垫片的材质应根据操作温度、压力及介质的腐蚀性来决定,在设备和管理上常用的垫片大多是非金属材料,如橡胶、石棉、石棉橡胶、纸质板等。普通橡胶垫片适用于温度低于293K的场合;特殊高硫橡胶垫片则可以用到473K。石棉橡胶垫片主要用于温度低于723K的水蒸气和温度低于623K的油类,它们的工作压力小于5MPa。

(a)　　　　(b)　　　　(c)　　　　(d)

图 11-17　垫片型式

对于一般的腐蚀性介质,最常用的垫片是耐酸石棉压制而成的石棉纸板。它适用于温度低于773K、压力小于2.5MPa的场合。近年来在一些重要的场合已广泛采用新型塑料如聚四氟乙烯及合成橡胶垫片。垫片通常是从整张垫片板材上裁剪下来的,整个垫片的外形是个圆环。但是垫片的截面形状可以有多种式样。图11-17(a)是截面为矩形的非金属或金属垫片;图11-17(b)是以金属为骨架内填石棉的缠绕式金属垫片;图11-17(c)也是缠绕式金属垫片,但是外面有定位圈;图11-17(d)是薄金属夹壳内填石棉的金属包垫片。

在高压情况下,除了图 11-17(a)的具有矩形截面的铜、铝、软钢等金属垫片,用于上述三种密封面外,也可用10号钢或不锈钢制成截面形状为透镜形的垫片(图11-18),这时法兰密封面应

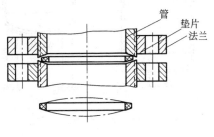

图 11-18　透镜形垫片

加工成锥形。如果金属垫片的截面形状是椭圆形（图 11-19）或八角形（图 11-20），这时密封面应加工成梯形槽。这两种垫片使密封面与垫片的接触宽度极小，不需要很大的螺栓力就可以使法兰紧密不漏。为了保证良好的密封效果，密封接触面和金属垫片都要仔细加工，其表面粗糙度应达到 $\overset{2.5}{\diagdown}$ 甚至 $\overset{0.63}{\diagdown}$。而使用非金属垫片时，密封面加工到 $\overset{20}{\diagdown}$ 或 $\overset{10}{\diagdown}$ 就可以了，但是应当注意，密封面上不允许有径向划痕。

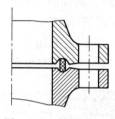

图 11-19 椭圆形垫片

图 11-20 八角形垫片

四、容器的支座

容器支座是整个设备中不可缺少的部件，通过它来支承整个设备的重量，同时还要由它来承受动载荷及附加载荷。根据容器安放的形式可分为立式容器支座和卧式容器支座两种型式。

1. 立式容器支座

立式容器支座根据设备的大小和安装位置又可分为悬挂式（耳式）支座、支撑式支座和裙式支座。

悬挂式支座主要用于反应釜、换热器、蒸发器和各种贮罐的支撑，如图 11-21（a）所示。当设备重量较大、壁较薄时应在壁和支座间加垫板补强，防止局部应力过大产生变形。这种支座已经标准化，根据设备的重量大小可以选用不同的尺寸

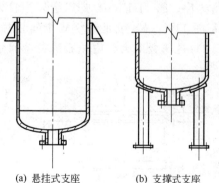

(a) 悬挂式支座   (b) 支撑式支座

图 11-21 悬挂式支座和支撑式支座

和类型的悬挂式支座。

　　支撑式支座常用于低矮容器的支撑。重量较大、壁较薄时可在支腿处加垫板，防止局部变形。其结构如图 11-21(b) 所示，支腿可用钢管、角钢或槽钢制造。

　　裙式支座用于高大的直立设备的支撑，常用于塔设备，其结构如图 11-22 所示。它分圆筒形和圆锥形两种。圆锥形稳定性更好一些。它由座体、基础环、筋板和地脚螺栓等组成。座体上端与塔的下封头焊接，下端与基础环焊接，基础环压在混凝土地基上，用地脚螺栓固定位置。座体上还开有人孔和管子引出孔。

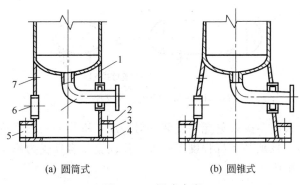

(a) 圆筒式　　　　　　　(b) 圆锥式

图 11-22　裙式支座

1—裙座；2—压板；3—筋板；4—基础环；
5—地脚螺栓；6—人孔；7—排气孔

　　塔设备多数安装在室外，当它受到风载荷、地震载荷的作用时，塔体和裙座便都产生弯曲应力，所以对裙座要进行强度和稳定计算。

　　2. 卧式容器支座

　　该形式支座有三种：鞍座、圈座和支撑式支座，其结构如图11-23 所示。其中鞍座应用最广泛，小型容器可用支承式支座。薄壁而重量大的容器因其刚性差可采用圈座。

　　鞍座已有标准，可根据容器的公称直径和重量选用。但对大型容器，特别是筒体尺寸长的容器，在选择标准鞍座的同时，应对容器进行强度和稳定性的校核计算，对鞍座也应进行强度校核。一个

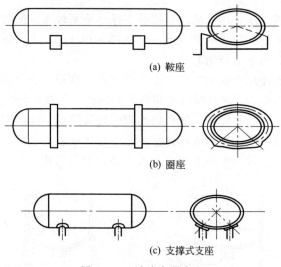

(a) 鞍座

(b) 圈座

(c) 支撑式支座

图 11-23 卧式容器支座

容器不管长度多少，只允许安装一对鞍座，不能采用三个或多个鞍座。因为一旦地基下沉程度不一致，反而会使容器受力不均，引起筒壁内产生附加应力。

第五节 高 压 容 器

在石油、化学工业中，许多生产过程都是在高压下进行的。因此，了解高压容器的结构原理和使用要求，对从事高压容器操作和管理人员来说是非常重要的。

一、高压容器的种类和结构特点

高压容器按照制造不同形式分为如下几种类型。

（1）整体锻造式 它是用大型钢坯加热后在水压机上锻造成型的。一般是锻造成一个个筒节，经过加工后再焊接成较长的高压容器。这种高压容器的强度高，制造快，但必须有大型水压机才能制造，并且材料利用率低。因此目前生产高压容器很少采用。

（2）多层热套式 用两层或多层圆筒热套组合成厚壁圆筒。其具体办法是：内筒的外径略大于外筒的内径，两筒有较大的过盈量，在常温下不能套合，当将外筒加热膨胀，其内径相应增大到大于内筒外径时，将它们套合起来，外筒冷却后便收缩紧紧地箍在内筒的外壁上，并且使内筒受外压而产生压应力，外筒受内压而产生拉应力。这样套合而成的筒体在生产中受内压作用时应力分布更为均匀，强度更好。

（3）层板包扎式 层板包扎式厚壁圆筒是由内筒与层板两部分组成。内筒是由厚度 14～20mm 的钢板卷焊而成，层板则是用厚度为 4～12mm 钢板逐层包扎在内筒上。我国目前采用 6mm 厚的钢板作为层板。内筒一般采用耐腐蚀合金钢板制造，层板则采用普通碳素钢板制造。这样既解决了抵抗腐蚀介质的腐蚀问题，又可节省大量的合金钢材。层板包扎时由于纵焊缝的冷却收缩，在内筒与层板中产生了预应力，改善了筒体的应力状况，其结构如图 11-24 所示。

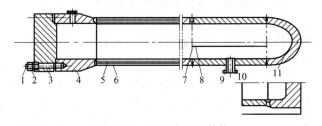

图 11-24 厚壁容器的结构

1—主螺栓；2—主螺母；3—平盖；4—筒体端部；5—筒体；6—层板；

7—环焊缝；8—纵焊缝；9—管法兰；10—接管；11—球形封头

（4）绕带式 绕带式高压容器是由一个厚度较厚的内筒和缠绕的钢带组成。钢带有两种型式，一种是具有特殊断面的槽型钢带，另一种是普通扁平钢带，钢带以一定的倾斜角在专用机床上拉紧缠绕而成，因此也有一定的预应力。这种高压容器材料来源广泛，制造简单，节省材料，成本较低。现在小型高压设备已广泛采用，其结构如图 11-25 所示。今后有向大型化发展的趋势。

除上述几种常遇到的高压容器以外，还有单层厚板卷焊式、铸造式、电渣焊成型式、多层绕板、绕钢丝式等。

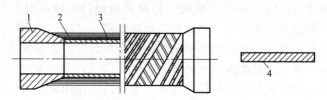

图 11-25 绕带式高压容器

1—筒体端部；2—内筒；3—钢带层；4—钢带横断面

二、高压容器的密封

高压容器密封是高压设备的重要组成部分，对它的要求是相当苛刻的。高压设备能否安全地正常运行，在很大程度上取决于密封结构的完善程度。因此高压密封是高压设备研究中的重要课题。对它的基本要求主要有：

① 在正常操作和压力、温度有波动的情况下，都必须能保证容器的密封性，这是最基本、最重要的要求；

② 结构简单、紧凑、便于加工制造和装拆、检修；

③ 紧固件简单、轻巧，密封件的重量轻；

④ 密封件的材质应耐腐蚀，且能多次重复使用。

随着高压技术的发展，高压密封结构形式也有了很大的进展，但从密封原理来看，主要有两种：强制密封和自紧式密封。

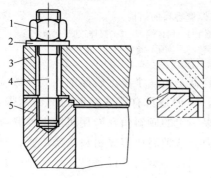

图 11-26 平垫密封结构

1—主螺母；2—垫圈；3—平盖；4—主螺栓；
5—筒体端部；6—平垫片

强制密封是依靠紧固螺栓的预紧力压紧垫片。操作时虽然由于螺栓被拉伸，垫片的压紧程度有所降低，但只要仍然保持足够的反弹力便可以保证密封。这种密封包括平垫密封和角垫密封（又称卡扎里密封）。平垫密封最为常见，其结构如图 11-26 所示。

平垫密封原理和薄壁容器的法兰密封基本相同，但由于压力高，垫片比压大，所以选用垫片不一样，常用垫片有退火铝、紫铜、软铜、含 4％～6％ 的铬钢、奥氏体不锈钢等。平垫片的使用范围可参考有关标准。

螺栓采用高强度钢制造，加工精度要求较高。为了不损坏螺栓，螺母的硬度应低于螺栓。为了使螺栓不受弯曲力的作用，采用双凸面圆垫圈。

自紧式密封结构可分为轴向自紧密封和径向自紧密封两种，其结构如图 11-27 和图 11-28 所示。它们的密封元件多数为弹性垫片，其特点是强度高，接触面积小，密封面加工精度要求严格，可重复使用。自紧密封主要有图 11-27 所示的几种型式。

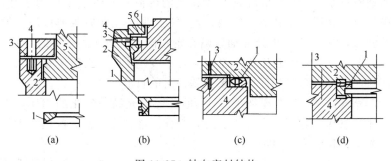

图 11-27　轴向密封结构

（a）1—塑性楔形垫；2—筒体端部；3—法兰；4—主螺栓；5—浮动端盖
（b）1—弹性楔形垫；2—筒体端部；3—装配螺栓；4—牵制环；
　　　5—牵制螺栓；6—四合环；7—浮动端盖
（c）1—空心金属"O"形环；2—端盖；3—主螺栓；4—筒体端部
（d）1—"C"形密封环；2—端盖；3—螺栓；4—筒体端部

（1）楔形垫密封（又称 NEC 式密封）　如图 11-27（a）所示，这是一种塑性垫轴向自紧密封。塑性楔形垫浮动于端盖与筒体端盖之间，操作时介质压力作用于浮动端盖，使密封垫更加压紧，从而达到密封目的。此种结构密封可靠，但密封垫拆卸困难，结构较笨重。一般应用于直径 $D \leqslant 1000\text{mm}$，温度 $T = 623\text{K}$，$p = 3.15\text{MPa}$ 的场合。

（2）楔形垫组合密封（又称伍德式密封）　如图 11-27（b）所示，这是一种弹性垫的轴向自紧密封，楔形垫装在四合环、筒体端盖和浮动端盖之间，拧紧牵制螺栓。使浮头端盖挤压楔形垫以达到预紧。操作时，在介质内压的作用下，浮动端盖向上移动，牵制螺栓开始卸载，使楔形垫被压得更紧，从而达到自紧密封的目的。

这种结构拆卸比较方便。在弹性垫圈外锥面上通常开 1～2 条沟槽，以增加其弹性。当温度、压力有波动时，顶盖产生微量上升或下降，弹性垫圈可以随之伸缩，仍能保持良好密封。但此种结构比较复杂，零件多，要求精度高。一般应用在 $D=600～800\text{mm}$，$p=3.15\text{MPa}$，$T=623\text{K}$ 的场合。

(3) 空心金属"O"形环密封 目前有空心"O"形环、自紧式"O"形环和充气式"O"形环等三种形式。图 11-27(c) 所示为轴向自紧式"O"形环密封。在环的内侧钻有若干个径向小孔，操作时，介质经小孔进入管内，使"O"形环在介质压力作用下发生膨胀，"O"形环的外表面紧贴在密封面上从而达到密封的目的。

若"O"形环不开孔，称为空心"O"形环，它属于非自紧式密封，仅依靠自身的回弹力来达到密封的目的。

充气式"O"形环是在"O"形环腔内充满易气化的物质，如固体二氧化碳或偶氮二异丁腈等，操作时随温度升高，腔内压力增大膨胀，达到密封目的。

(4) "C"形环密封 如图 11-27(d) 所示，在"C"形环上下有两个凸出的圆弧面，当操作时，"C"形环受介质压力向上下张开，补偿了端盖的轴向位移，两个凸出圆弧面紧贴上下密封面，贴紧力随介质压力的增大而增大，从而达到密封目的。

"C"形环密封属于轴向自紧密封。其优点是结构简单，装卸方便，预紧力小，密封环可重复使用，其缺点是加工精度要求高。一般适用于直径 $D\leqslant1000\text{mm}$，温度 $T=623\text{K}$，压力 $p=3.15\text{MPa}$ 的场合。

(5) 双锥密封 双锥密封结构如图 11-28(a) 所示。在双锥面上垫 1mm 左右的金属软垫片，靠主螺栓压紧，使软垫片塑性变形以达到初始密封。操作时，介质压力使双锥直径变大，向径向扩张，起到径向自紧作用，从而达到密封目的。

双锥环用托圈支持，托圈用螺钉固定在端盖底部。双锥面开有 2～3 条深约 1mm 的半圆形沟槽。这种密封结构是目前国内应用较多的一种。

（6）"B"形环密封 是一种典型径向自紧密封结构，如图 11-28(b) 所示。在"B"形环外侧有两个凸型波峰，分别与端盖和筒体的环形密封面接触，靠径向过盈产生一定的预紧力，操作时，由于介质内压的作用，使"B"形环向外扩张，两个凸形波峰压紧端盖和筒体的密封面，压力越大，压得越紧，密封性越好。

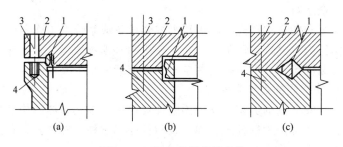

图 11-28　径向自紧密封结构

(a) 1—双锥密封环；2—端盖；3—主螺栓；4—筒体端部

(b) 1—"B"形密封环；2—端盖；3—主螺栓；4—筒体端部

(c) 1—三角密封；2—端盖；3—主螺栓；4—筒体端部

这种密封要求加工精度高，由于"B"形环有一定的过盈量，装卸时容易擦伤密封面，故不适用于经常开启的设备。

（7）三角垫密封 如图 11-28(c) 所示，三角垫是一个三角环形垫，三角垫的自由状态直径比端盖和筒体的密封槽稍大。预紧时，三角垫受到一定的压缩力，和上下密封槽贴合。操作时，三角垫向外扩张，使三角垫的两个锥面紧紧贴在密封槽的两个锥面上，压力越高，压得越紧，从而达到密封目的。

这种密封结构在从国外进口的高压设备中应用较多，应用范围也较广。

第六节　安　全　附　件

压力容器是一种承受介质压力的设备，为了确保压力容器的安全运行，防止因超压而发生事故，必须在压力容器上装设安全泄压装置。

常用的安全泄压装置有安全阀和防爆片。

一、安全阀

1. 安全阀的作用和选择

安全阀的作用是当压力容器内介质压力超过允许值时，阀门开启并发出警报声，继而全开，排放一定量介质，以防止容器设备内压力继续升高；当压力降到规定值时，阀门便及时关闭，从而保护设备安全运行。

安全阀的选用首先要考虑压力容器设备或系统的工作条件，例如工作压力、允许超压限度、防止超压的必须排放量、工作介质的特性及温度等，然后根据这些条件来选定某一型号安全阀。

2. 安全阀的类型和安装

（1）安全阀的类型 安全阀的种类很多，按其整体结构及加载机构的型式可分为杠杆式、弹簧式和脉冲式三种。脉冲式只在大型锅炉上使用，压力容器上很少采用。

① 杠杆式安全阀 这种安全阀的结构如图 11-29(a) 所示，它是利用重锤通过杠杆来平衡阀瓣上的力，根据杠杆原理计算和调整阀码重来控制安全阀压力的。这种安全阀结构简单，调整容易又比较准确，所加的载荷不因阀瓣升高而增加，且能适应温度较高的场合，因此以往用得比较普遍。但是，这种安全阀也存在不少缺点，

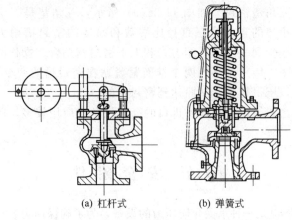

(a) 杠杆式　　　　　　(b) 弹簧式

图 11-29　安全阀结构图

如尺寸大，比较笨重，重锤和阀体尺寸不相称，高压下应用受到限制，容器设备有振动时容易产生泄漏，超压时阀瓣开启滞后，在压力降低时，阀瓣回座压力较低，这对连续生产十分不利。

② 弹簧式安全阀　如图 11-29(b) 所示，弹簧式安全阀是利用压缩弹簧的作用力来平衡介质作用在阀瓣上的力，弹簧上的作用力可用调节螺母调节弹簧压缩量，以限定阀瓣上的开启力。这种安全阀结构紧凑，灵敏度也比较高，安装位置不受严格限制，而且对振动的敏感性差，所以可用于移动式的压力容器上。但是，这种安全阀随阀瓣的升高，弹簧压缩量增大，弹簧作用于阀瓣上的力也随着增加。这对安全阀迅速开启是不利的。此外，在高温场合，弹簧的弹力会减少，所以常常要考虑隔热或散热问题，从而使结构变得复杂。

（2）安全阀的安装

① 压力容器的安全阀最好直接装在压力容器本体的最高位置上。液化气体贮罐的安全阀必须装设在气相部位。一般可用短管与容器连接，则此短管的直径应不小于安全阀的阀径。

② 安全阀与容器之间一般不得装设阀门，对易燃易爆或黏性介质的容器，为了安全阀的清洗或更换方便，可装设截止阀，该截止阀在正常操作时必须全开并加铅封，避免乱动。

③ 对易燃易爆或有毒介质的压力容器，安全阀排出的介质必须有安全装置和回收系统。

④ 杠杆式安全阀的安装必须保持铅垂位置，弹簧安全阀也最好垂直安装，以免影响其动作。安装时还应注意配合、零件的同轴度和应使各个螺栓均匀受力。

（3）安全阀的检修和维护　安全阀使用一定时间后要进行检验，检查安全阀是否灵敏、准确、泄漏或堵塞。安全阀的检验和调整最好在专门的试验台上进行，不具备这种条件时，可在容器上做水压试验进行调整。调整压力一般为操作压力的 1.05～1.1 倍。经调整后的安全阀应加铅封，使调整后的加载装置及调节螺母不受到意外的变动。

安全阀在操作过程中，要想使它每时每刻都处于良好的状态，总是灵敏和准确，必须经常保持它的清洁，防止阀体弹簧被油污等脏物粘满或锈蚀。室外安全阀在冬季时应经常检查是否被冻结。要经常检查铅封是否完好，杠杆安全阀要检查重锤是否有松动或位移以及另挂重物的现象。安全阀泄漏要进行更换，严禁用增大载荷的办法（如加大弹簧压缩量、加重锤）来减少泄漏。安全阀必须定期进行检验，包括清洗、研磨、试验和校正调整等。检验时间间隔和压力容器的检验时间间隔相同。

二、防爆片

防爆片又称防爆膜、防爆板，是一种断裂型安全泄压装置。断裂后就不能继续使用了，容器也被迫停止运行，必须更换新的防爆片才能重新运行。因此它只是在不宜装设安全阀的压力容器中使用。

1. 防爆片的结构类型

（1）爆破式防爆片　最常见的是用软金属薄板夹在夹持环上，如图 11-30 所示。压力容器内介质超压时，爆破片被爆破而泄压以

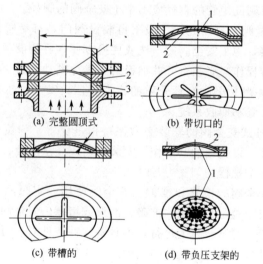

(a) 完整圆顶式　　　(b) 带切口的

(c) 带槽的　　　(d) 带负压支架的

图 11-30　爆破式防爆片

（a）1—防爆片；2,3—夹持环；（b）1—切口膜片；2—保护膜

（d）1—负压支架；2—防爆片

保证压力容器安全。防爆片一般用薄的铝板、黄铜板或软钢板制造。

（2）折断式防爆片　它是由脆性材料（铸铁、石墨、玻璃、硬橡胶等）制造，当介质压力超过许用压力时，防爆片被折断而泄压，其结构如图 11-31 所示。

除上述两种外还有剪切式防爆片、弹出式防爆片等等。

2. 防爆片的使用范围

防爆片的使用范围有下列几种情况。

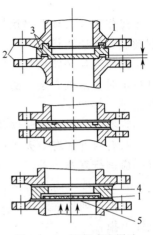

图 11-31　折断式防爆片
1—膜片；2—法兰；3—垫片
4—环座；5—密封膜

① 工作介质不清洁，使用安全阀时容易发生黏结或堵塞阀口，致使安全阀失效，可采用防爆片。

② 压力容器内由于介质化学反应或其他原因，容易引起压力突然骤增，使用安全阀不能迅速降压时，采用防爆片可迅速降压。

③ 工作介质有剧毒，使用安全阀难免会有微量泄漏，如果采用防爆片则可以防止剧毒介质由阀口的微量泄漏。但防爆片一旦破裂，必须有相应的防护措施，以确保人身安全。

第七节　压力容器的操作、维护和检验

为了确保压力容器的安全操作，防止事故的发生，现将"化工企业压力容器安全管理规程"有关部分作一简要介绍，供从事压力容器操作和管理人员参考。

一、压力容器的操作与维护

压力容器操作人员必须经考试合格后，方可独立操作。操作人员必须熟知岗位操作法，充分了解容器技术特性、结构、工艺流程、工艺参数，可能发生的事故和应采取的防范措施、处理方法等。

操作人员必须严格执行操作规程，严格控制工艺条件，严防容器超温、超压运行。

操作人员必须加强维护，并以听、摸、看、闻、测、比的方法进行定时、定点、定项的巡回检查，发生异常现象应及时报告并做好记录。

容器应分段分级缓慢升、降压力，不得急剧升温和降温。

对有内件和有耐火材料衬里的反应容器应定时检查壁温，如有疑问应进行复查。

容器的安全附件必须齐全、灵敏、可靠。

发生下列异常现象之一时，操作人员有权采取紧急停车措施并立即上报：

① 容器工作压力、工作温度或壁温超过允许值，采取了各种措施都不能使之恢复正常时；

② 容器所在岗位发生火灾或相邻设备发生事故已直接威胁容器安全运行时；

③ 容器的主要受压元件产生裂纹鼓包、变形、泄漏危及安全运行时；

④ 发生安全生产技术规程中所不允许容器继续运行的其他情况。

保温层要保持完整，应消除跑、冒、滴、漏等。

二、压力容器的检验

压力容器的检查包括外部检查、内外部检验和全面检验。

1. 外部检查（亦称运行中的检查）

检查的主要内容有：容器外表面有无裂纹、变形、泄漏、局部过热等不正常现象；安全附件是否齐全、灵敏、可靠，紧固螺栓是否完好、全部旋紧；基础有无下沉、倾斜以及防腐层有无损坏等异常现象。

外部检查既是检验人员的工作，也是操作人员日常巡回检查项目。发现危及安全的现象（如受压元件产生裂纹、变形、严重泄渗等）应予停车并及时报告有关人员。

2. 内外部检验

这种检验必须在停车和容器内部清洗干净后才能进行。检验的主要内容除包括外部检查的全部内容外，还要检验内外表面的腐蚀、磨损现象；用肉眼和放大镜对所有焊缝、封头过渡区及其他应力集中部位检查有无裂纹，必要时采用超声波或射线探伤检查焊缝内部质量，测量壁厚。若测得壁厚小于容器最小壁厚时，应重新进行强度校核，提出降压使用或修理措施；对可能引起金属材料的金相组织变化的容器，必要时应进行金相检验；高压、超高压容器的主要螺栓应利用磁粉或着色进行有无裂纹的检查等。通过内外部检验，对检验出的缺陷要分析原因并提出处理意见。修理后还要进行复验。

压力容器内外部检验周期为每三年一次，但对强烈腐蚀性介质、剧毒介质的容器检验周期应予缩短。运行中发现有严重缺陷的容器和焊接质量差、材质对介质抗腐蚀能力不明的容器也均应缩短检验周期。

3. 全面检验

全面检验除了上述检验项目外，还要进行耐压试验（一般进行水压试验）。对主要焊缝进行无损探伤抽查或全部焊缝检查。但对压力很低、非易燃或无毒、无腐蚀性介质的容器，若没有发现缺陷，取得一定使用经验后，可不做无损探伤检查。

容器的全面检验周期，一般为每六年至少进行一次。对盛装空气和惰性气体的制造合格容器，在取得使用经验和一两次内外检验确认无腐蚀后，全面检验周期可适当延长。

三、压力容器的检验程序

压力容器进行内外部检验和全面检验可按下列程序进行：首先做好准备工作，然后停车，经清洗等处理后，进行检验。具体步骤如下：

① 查阅有关技术资料，如图纸、说明书、检验合格证等，了解有关容器的制造、检验等情况，做到心中有数；

② 检查前停车，包括将容器与有关管道或设备用盲板隔断，切断电源，进行置换、消毒、清洗，进行分析等；

③ 打开人孔、手孔、检查孔等，拆除焊缝处保温层，去掉焊缝上的油污，采取通风措施；

④ 准备好检查服装和工具，如安全帽、绝缘靴、手电筒、放大镜、探伤仪、测厚仪及其他工具等；

⑤ 检查的重点部位应是最容易出问题的部位，如应力集中处的焊缝，夹套容器的内胆，容易被腐蚀和冲刷部位，容易泄漏的密封处，以及安全附件、支座等，对自控仪表连接部位应找仪表人员专门检查；

⑥ 检查后应填写压力容器检验报告书申报有关部门。

复习思考题

1. 《固定式压力容器安全技术监察规程》适用的压力容器应满足什么条件？

2. 内压容器按压力大小是如何分类的？

3. 对于内压圆筒形容器，环向应力是轴向应力的几倍？

4. 什么是外压容器的临界压力？

5. 加强圈的作用是什么？

6. 半球形封头的优点、缺点分别是什么？

7. 蝶形封头的优点、缺点分别是什么？

8. 为什么目前广泛采用椭圆形封头作为中低压容器的封头？

9. 法兰的平面型密封面、凹凸型密封面分别适用于哪种场合？

10. 法兰联接中垫片的作用是什么？

11. 立式容器的支座有哪几种形式？卧式容器应用最广泛的支座是哪种？

12. 对高压容器密封的基本要求主要是什么？

13. 安全阀的作用是什么？在操作过程中主要注意什么？

14. 说明压力容器的检验程序。

第十二章 塔 设 备

第一节 概 述

在石油、化工、轻工等工业生产过程中，塔设备是实现气相和液相或液相和液相间的传质设备。在塔设备中完成的单元过程有精馏、吸收、解吸、萃取等。这些过程是在一定的温度、压力、流量等工艺条件下，在塔中进行的。要完成上述过程还必须使塔的结构能保证气-液两相或液-液两相的充分接触和必要的传质、传热面积以及两相的分离空间。因此，根据传质过程的种类不同及工艺条件的差异，要求塔设备的结构类型也是千差万别的。

塔设备除应满足工艺的特殊要求外，一般还需满足下列条件：

① 对于一定结构大小的塔，生产能力越大，分离或吸收效率越高越好，因此，在塔的结构上要保证两相充分的接触时间和接触面积及两相的通量；

② 要尽可能减小塔在操作过程中的动力和热量消耗，为此必须尽力减少塔内流体的阻力损失和热量损失，从而达到"节能"的目的；

③ 要使塔有较大的操作弹性，以便于操作，为此在塔的结构上要考虑尽力减少雾沫夹带量和泄漏量以及液泛的可能性；

④ 塔的结构要简单、节省材料、易于制造和安装检修，使用周期要长，才能达到降低产品成本，获得较高经济效益的目的。

一个塔设备能同时满足上述各方面的要求是很难的。因此，要根据传质种类和操作条件的不同，正确分析上述要求，找出主要矛盾，确定合理的塔设备类型和内部结构，取得最高的经济效益。

在传质过程中常用的塔设备大致可分为两大类：板式塔和填料塔。选择什么类型塔，涉及的因素也很多，必须结合具体情况作具体分析。在同时存在几种相互矛盾的因素时，应根据矛盾的主次确定取舍，以最大限度地满足生产需要为原则。

第二节 板式塔的种类和结构

板式塔因空塔速度比填料塔高，所以生产强度比填料塔大。板式塔的塔板结构有多种，它是决定塔特性的主要因素。

一、板式塔的种类

板式塔的型式很多，分类方法也各不相同，如按气液在塔板上的流向可分为：气-液呈错流的塔板［图 12-1(a)］；气-液呈逆流的塔板［图 12-1(b)］；气-液呈并流的塔板。

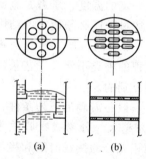

按有无溢流装置又可分为：有溢流装置板式塔［图 12-1(a)］；无溢流装置板式塔［图 12-1(b)］。

按塔盘结构又可分为泡罩塔、浮阀塔、筛板塔等等。

现将工业生产中常用的几种板式塔简单介绍如下。

1. 泡罩塔

图 12-1 精馏塔的形式

泡罩塔是工业生产上最早出现（1813 年）的典型板式塔，它广泛应用于生产中的精馏、吸收、解吸等传质过程中。

泡罩塔板所用的泡罩有圆形和条形两类，其主要特点是鼓泡元件各具有升气管，上升气体经升气管由泡罩齿缝吹入液层，两相接触密切，加之板上液层较高，两相接触时间较长，分离效果较好。但由于气体通过泡罩的路线曲折及液层较高，导致压降及雾沫夹带增高等缺点。同时，由于塔板上液面梯度较大，气相分布不均，影响传质效率，这也是泡罩结构所造成的。

泡罩塔由泡罩、升气管、降液管（或称溢流管）和溢流堰等组成。回流液体由上层塔板经降液管流入塔板，沿塔板 AC 方向流过鼓泡区，与上升气体充分接触（如图 12-2 所示）。液体继续流经凹段，其中夹带的气泡得到初步分离，然后越过溢流堰流入降液管中。液体在降液管中经过一段停留时间（一般 3～5s），被夹带的气泡得到进一步分离，上升至塔板上空间；清液则流入下一层塔板。堰上液层高度以 h_{ou} 表示。液体自左 A 向右 D 流动要克服各种阻力，就必须有推动力，这个推动力的大小取决于 A 处液面高出 D 处液面的高度，称为液面落差 Δ。气体（或蒸气）由下层塔板上升，通过泡罩齿缝鼓泡与液体充分接触，达到了传质的目的。

泡罩的型式很多，用得最广泛的为开有梯形齿缝的圆筒形泡罩，如图 12-3 所示。

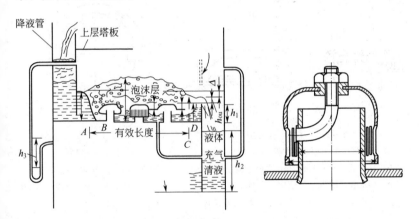

图 12-2　泡罩塔板上气、液接触状况　　　图 12-3　应用最广的泡罩

随着化工生产的发展和技术的进步，不断出现了种类繁多的新型高效板式塔，使泡罩塔的使用范围逐渐减小，但至今化工生产中仍然还有使用，因为它具有以下的优点：

① 气-液两相接触比较充分，传质面积较大，因此塔板效率较高；

② 气液比变化范围较大，即操作弹性较大，便于操作；

③ 具有较高的生产能力，适用于大型生产。

目前都以泡罩塔为依据，用来比较其他各类新型塔。泡罩塔的主要缺点是结构复杂、造价较高、塔板压力降较大，所以限制了它的使用范围。

2. 浮阀塔

浮阀塔是 20 世纪 50 年代初发展起来的一种新型塔盘结构，目前化工生产中应用最广泛。它的浮阀类型很多，有盘形浮阀和条形浮阀，尤其盘形浮阀使用最广。我国现已采用四种盘形浮阀（如图 12-4 所示），其中 F-1 型最常用。

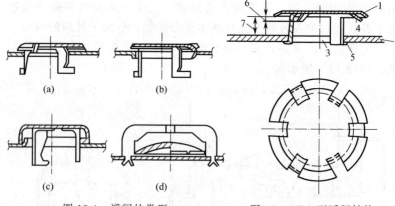

图 12-4   浮阀的类型

(a) F-1 型（V-1 型），轻阀 25g，重阀 33g；
(b) V-4 型，只有轻阀 25g 适用于减压塔；
(c) V-6 型，阀重 52g 适用于多种类型的塔；
(d) 十字架形，适用于易聚合、易结晶物料

图 12-5   F-1 型浮阀结构

1—门件；2—塔板；
3—阀孔；4—起始定距片；
5—阀腿；6—最小开度；
7—最大开度

F-1 型（国外通称 V-1 型）浮阀结构如图 12-5 所示。它是用钢板冲压而成的圆形阀片，下面有三条阀腿，把三条阀腿装入塔板的阀孔之后，用工具将腿下的阀脚扭转 90°，则浮阀就被限制在浮孔内只能上下运动而不能脱离塔板。气速较大时，浮阀被吹起，达到最大开度（如图 12-5 所示）；气速较小时，气体的动压头小于浮阀自重，于是浮阀下落，浮阀周边上三个朝下倾斜的定距片与塔板接触，此时开度最小。定距片的作用是保证最小气速时还有一定的开度，使气体与塔板上液体能均匀地鼓泡，避免浮阀与塔板粘住。浮阀的开度随塔内气相负荷大小自动调节，可以增大传质的效果，减少雾沫夹带。对 F-1 型浮阀的规格、开度、材料、代号等有如下规定。

① F-1 型浮阀已经制定标准（JB 1118—2001），分为轻阀（代号 Q）和重阀（代号 Z）两种。轻阀是用 1.5mm 钢板冲压而成，重

约 25g。重阀是用厚 2mm 的钢板冲压而成，重约 33g。

② 浮阀的最小开度为 2.5mm，最大开度为 8.5mm。

③ 标准中规定浮阀可选用 A、B、C、D 四种材料制造：A——普碳钢 A3；B——不锈钢 1Cr13；C——耐酸钢 1Cr18Ni9；D——耐酸钢 1Cr18Ni12Mo2Ti。

④ 标准浮阀要求塔板厚度为 $S = 2,3$ 或 4mm，塔板上阀孔直径为 $39^{+0.03}_{-0.1}$ mm。

如某一浮阀的代号为 F-1Q-3C，由上述规定可知：代号中 F-1 表示该浮阀为 F-1 型，Q 表示它为轻阀，重约 25g；3 表示塔板厚度为 3mm；C 表示采用 1Cr18Ni9 耐酸钢制造。

阀孔在塔板上一般以正三角形或等腰三角形排列，其中心距一般取 75mm，根据阀孔数的多少可以适当调整。在三角形排列中又有顺排和叉排两种（见图 12-6）。一般采用叉排，因为叉排时气流鼓泡与液层接触均匀，液面梯度较小。

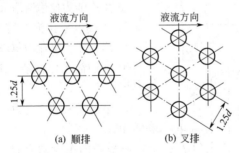

图 12-6 阀孔的排列形式

生产实践证明浮阀塔具有以下优点：

① 由于浮阀可以根据气速大小自由升降、关闭或开启，当气速变化时，开度大小可以自动调节，因此它的操作"弹性"大（一般 5~9），适于生产量波动和变化的情况；

② 生产能力较大，比泡罩塔约提高 20%~40%，与筛板塔相近；

③ 气液两相接触充分，因此，塔板效率较高，一般比泡罩塔高 15% 左右；

④ 气体沿阀片周边上升时，只经一次收缩、转弯和膨胀，因

此，比泡罩塔的塔板压力降小；

⑤ 因浮阀不断上下运动，阀孔不易被脏物或黏性物料堵塞，塔板的清洗也比较容易；

⑥ 与泡罩塔相比，结构较简单，制造容易，检修方便。因此，制造费用较泡罩塔低 60%～80%。

3. 筛板塔

筛板塔的结构和浮阀塔相类似，不同之处是塔板上不是开设装置浮阀的阀孔，而只是在塔板上开许多直径 3～5mm 的筛孔，因此结构非常简单。

筛板塔在 19 世纪初已经应用于化工装置上，但由于对筛板流体力学研究很少，不易掌握，没有被广泛应用。20 世纪 50 年代由于石油、化工的发展，对筛板塔进行了充分的研究，并经过大量的生产实践，形成了较完善的设计方法，获得了丰富的使用经验。它与泡罩塔比较具有下列优点：

① 生产能力比泡罩塔大 10%～15%；

② 塔板效率比泡罩塔高 15%左右；

③ 塔板压力降比泡罩塔低 30%左右；

④ 结构简单，制造、安装和检修比较容易；

⑤ 金属消耗量少，因此造价较泡罩塔低 40%。

筛板塔的主要缺点是筛孔容易因生锈或被脏物堵塞，筛孔堵塞后塔便失效。

4. 网孔板塔

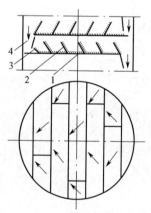

图 12-7 网孔塔板示意图
1—塔板；2—挡沫板；
3—进口堰；4—降液管

网孔板塔的塔板是一种新型的喷射型塔板，其结构型式如图 12-7 所示。塔板用压延金属薄板冲压而成，板上冲压出许多定向斜孔（见图 12-8），斜孔的一侧与塔板的夹角约为 30°，其有效张口宽度为 2～5mm。

塔板上方装有与塔板成 60°角的挡沫板，挡沫板也是用压延金属薄板冲压而成，其上也有定向斜孔，斜孔的张口宽度为 6～

8mm。挡沫板底边与塔板之间具有一定的空隙。相邻挡沫板的间距为 300～450mm。

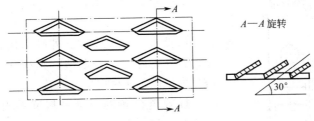

图 12-8 塔板的开孔形状

塔板按挡沫板的位置分成若干区段，每一区段又按开口方向分为两部分，相邻两部分的开口方向互成 90°。彼此交替变化，但均与塔板上液流方向成 45°。网孔塔板不设出口堰，通常设有特殊型式的进口堰以减少塔板泄漏。

网孔塔板的操作具有以下特点。

① 网孔塔板属于典型的喷射型塔板，气体通过网孔喷出与塔板上液体能够充分接触，而且气液接触表面是不断更新的。此外由于气体喷射方向随网孔方向的改变而产生 90°角的变化，延长了流程，增加了气液接触时间，提高了传质传热的效果。

② 塔板上设有挡沫板，充分利用了塔内空间。挡沫板不仅起气液分离作用，减少雾沫夹带，并且，在挡沫板上气液两相也进行着传质过程，增大了塔内有效传质区域和传质面积。

③ 网孔塔板正常操作气速较高，因此处理能力大，且具有自动清洗的作用，可防止塔板结焦或堵塞。

④ 因为网孔塔板上液层薄，所以气体通过塔板时压力减小。因此，网孔塔板特别适用于减压精馏。

⑤ 网孔塔板重量轻，钢材用量少，加工方便，维修容易，成本较低。

由于网孔塔板具有上述优点，故用于老塔改造，可增大处理量，减小压力降；用于新塔设计，则可以减小塔径，降低成本，尤其适用于减压塔。

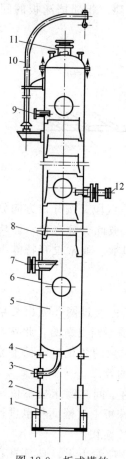

图 12-9 板式塔的
总体结构

1—裙座；2—裙座人孔；
3—塔底液体出口；
4—裙座排气孔；5—塔体；
6—人孔；7—蒸汽入口；
8—塔盘；9—回流入口；
10—吊柱；11—塔顶蒸汽
出口；12—进料口

喷射型塔板种类很多，如斜孔塔板、舌形塔板等等，这里就不一一介绍了。

二、板式塔的结构

1. 总体结构

塔设备多露天安放。外壳多用钢板焊制，若外壳需用铸铁制造，则往往以每层塔盘为一段，然后用法兰连接。

板式塔设备的内部一般除装有塔盘、降液管、进料口、产品抽出口、塔底蒸汽入口以及回流口等外，尚有很多附属装置，如除沫器、人孔、裙座，有时还有扶梯或平台。总体结构如图 12-9 所示。

一般来说，各层塔盘的结构是相同的，只有最高一层、最低一层和进料层的结构和塔盘间距有所不同。最高一层塔盘和塔顶距离常高于塔盘间距，有时甚至高过 1 倍，以便能良好地除沫。在某些情况下，在这一段上还装有除沫器。最低一层塔盘到塔底的距离也比塔盘间距高，因为塔底空间起着贮槽的作用，保证液体能有足够贮存，使塔底液体不致流空。进料塔盘与上一层塔盘的间距也比一般高。对于急剧汽化的料液在进料塔盘上须装上挡板、衬板或除沫器，在这种情况下，进料塔盘间距还得加高一些。此外，开有人孔的塔板间距较大，一般为 700mm。

为了塔的保温，在塔体上有时焊有保温材料的支撑圈以便安装保温层。为了检修方便，有时在塔顶装有可转动的吊柱。

2. 塔盘结构

塔盘又称塔板。塔盘在结构方面要求有一定的刚度以维持水平，塔盘与塔壁之间应有一定的密封性以避免气、液短路，塔盘应便于制造、安装、维修并且要求成本低。

塔盘结构有整块式和分块式两种。当塔径在 800～900mm 以下时，建议采用整块式塔盘。当塔径在 800～900mm 以上时，人已能在塔内进行装拆，可采用分块式塔盘，上述两类塔盘可根据制造与安装的具体情况而定。

（1）整块式塔盘　整块式塔盘用于直径为 800～900mm 以下的小塔中。此种塔的塔体由若干塔节组成，塔节与塔节之间则用法兰连接。每个塔节中安装若干块层层叠置起来的塔盘。塔盘与塔盘之间用管子支撑，并保持需要的间距。图 12-10 为定距管式支撑塔盘结构。

在这类结构中，由于塔盘和塔壁有间隙，故对每一层塔盘须用填料来密封。为此，塔盘可以采取图 12-11 中四种结构之一。图 12-11 中的（a）、（b）为角钢结构，这种塔盘制造方便，但要防止焊接变形；（c）、（d）是翻边结构，可以整体冲压［图(c)］或另做一个塔盘圈与塔盘板对接［图(d)］。塔盘圈的高度 h_1 不得低于溢流堰高。塔盘与

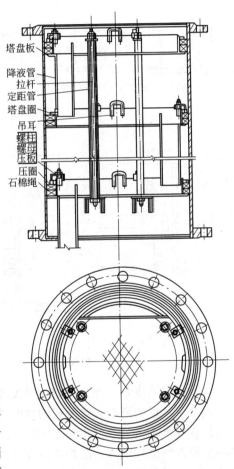

塔盘板
降液管
拉杆
定距管
塔盘圈
吊耳
螺柱
螺母
压板
压圈
石棉绳

图 12-10　定距管式支撑塔盘结构

塔壁间隙一般为 10～12mm。密封填料支持圈用 8～12mm 圆钢煨成，

其焊接位置 h_2 随密封填料层数而变，一般为 30～40mm。

塔盘与塔壁间的常用密封结构见图 12-12。图（a）中适用于塔盘圈比较低的情况，（b）及（c）适用于塔盘圈比较高的情况。密封填料一般采用 $\phi10～12mm$ 的石棉绳，放置 2～3 层。每个压圈上焊有两个吊耳，以便装拆。紧固螺柱焊于塔盘圈上。

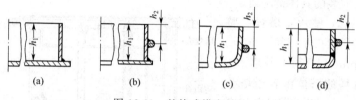

(a)　　　　　(b)　　　　　(c)　　　　　(d)

图 12-11　整块式塔盘结构

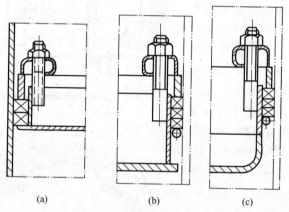

(a)　　　　　(b)　　　　　(c)

图 12-12　整块式塔盘与塔壁的密封装置

（2）分块式塔盘　在直径较大的板式塔中，如果仍用整块式塔盘，则由于刚度的要求，塔盘板的厚度势必增加，而且在制造、安装与检修等方面都很不方便。因此，当塔径在 800～900mm 以上时，由于人能进入塔内，故都采用分块式塔盘，此时塔身为一焊制整体圆筒，不分塔节，而塔盘板系分成数块，通过人孔送进塔内，装到焊在塔内壁的塔盘固定件（一般为支持圈）上，其示意图如图 12-13 所示。

塔盘板的分块，应结构简单，装拆方便，有足够刚性，并便于制造、安装、检修。一般大多采用自身梁式塔盘板［图12-14(a)］，有时也采用槽式［图12-14(b)］。这两种结构的特点是：①结构简单，装拆方便，由于将塔盘板冲压折

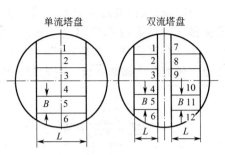

图 12-13　分块式塔盘固定件

边，使其具有足够刚性，这样不但可简化塔盘结构，而且可少耗钢材；②制造方便，模具简单，能以通用模具压成不同长度的塔盘板。

分块塔盘板的长度 L（参阅图12-14）随塔径大小而异，最长可达2200mm。对于宽度 B，由塔体人孔尺寸（一般人孔为 $\phi450\text{mm}$ 或 $\phi500\text{mm}$）、塔盘板的结构强度及升气孔的排列情况等因素决定。例如自身梁式一般有340mm及415mm两种。对于筋板高度 h_1，自身梁式为60～80mm，槽式约为30mm。对于塔盘板厚，碳钢为3～4mm，不锈钢为2～3mm。

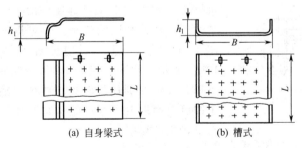

(a) 自身梁式　　　　　　　(b) 槽式

图 12-14　分块的塔盘板

为了进行塔内清洗和检修，需使人能进入各层塔盘，可在塔盘板中央附近设置一块内部通道板。因为在一般情况下，塔体设有两个以上的人孔，人可以从上面或下面进入，故通道板应为上、下均可拆的。最简单的结构如图12-15所示，紧固螺栓从上面或从下面均能转动90°使之紧固或松开，图12-15(a)为安装好以后的情况，

图 12-15(b) 为拆卸通道板时的情况。为了使进入塔内的人能将通道板移开，其重量不应超过 30kg。最小通道板尺寸为 300mm × 400mm，各层内部通道最好开在同一垂直位置上，以利于采光和装卸。如不设内部通道板，则有时也可用一块分块的塔盘来代替。

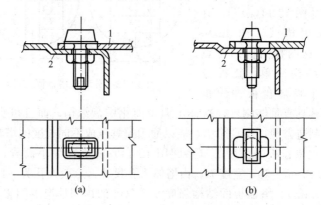

图 12-15　上、下均可拆的通道板

1—通道板；2—塔盘板

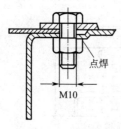

图 12-16　自身梁式塔
盘板的上可拆连接

分块式塔盘板之间的连接，根据人孔位置及检修要求，分为上可拆连接和上、下均可拆连接两种。常用的紧固件是螺栓和椭圆垫板。上可拆的结构如图 12-16 所示，上、下均可拆的结构如图 12-17 所示。在图 12-17 中，从上或从下松开螺母，并将椭圆垫板转到虚线位置后，塔板Ⅰ即可自由取开。这种结构也常用于通道板与塔盘板的连接。

3. 溢流装置

根据液体的回流量和气液比，液体在塔板上的流动常采取三种不同型式。当回流量较小、塔径也较小时，为了增大气液在塔板上的接触时间，常采取 U 形流，如图 12-18(b) 所示；当回流量稍大，而塔径较小时，则采用单溢流；当回流量较大，塔径也较大时，为了减小塔盘上液体的停留时间，常采用双溢流。根据回流量的多少和塔径的大小采用哪种溢流型式，可参考表 12-1 的数值。

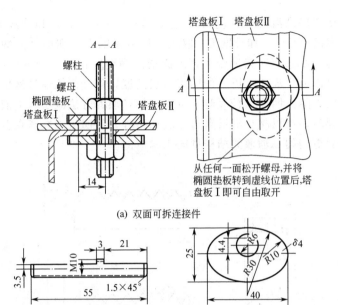

图 12-17 自身梁式塔盘板上、下均可拆连接

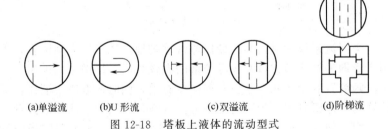

图 12-18 塔板上液体的流动型式

表 12-1 溢流型式

塔 径/m	液体流量/m³·h⁻¹		塔 径/m	液体流量/m³·h⁻¹	
	单流型	双流型		单流型	双流型
0.6	5~25		2.4	11~110	110~180
0.8~1.0	7~50		3.0		110~200
1.2	9~70		4.0		110~230
1.6	11~80		5.0		110~250
2.0	11~110	110~160			

板式塔内溢流装置包括溢流堰、降液（溢流管）和受液盘等。溢流堰的高度 h_w 和长度 L_w 取决于回流量的多少和塔盘上的液层高度的大小。当回流量较大，溢流堰的高度应低些，长度应大些。这样可以减少溢流堰以上的回流液层高度，降低气体通过液层时的塔板压力降。回流量较大时也可用增加辅堰的方法减小堰上液层高度，同时还可以减小沿塔盘边缘流动路程，使回流液在塔盘上的停留时间更均匀。辅堰的结构见图 12-19(a)。

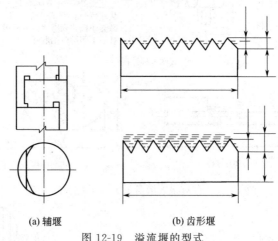

(a) 辅堰   (b) 齿形堰

图 12-19 溢流堰的型式

当回流量很小时，为了使回流液均匀地由塔盘流入降液管，采用齿形堰的结构型式以减少溢流堰的有效长度，见图 12-19(b)。

降液管的型式和大小也与回流量有关，同时还取决于液体在降液管内的停留时间，为了更好地分离气泡，一般取液体在降液管内的停留时间为 $2\sim5$s，由此而决定降液管的尺寸。常采用的降液管有圆形的和弓形的，如图 12-20 和图 12-21 所示。

降液管底缘距受液盘的高度一般应以使液体流出降液管后，其径向截面积和溢流管的横截面积相等为原则。这样当液体的流动方向由轴向改变为径向时，流速便不致发生变化。但降液管的底缘距受液盘的高度一定要小于塔板上液层的高度，即底缘一定要在液面之下，否则上升气体很可能由降液管上升，走短路而不通过塔盘。有些塔为了增加塔盘的有效面积而不设受液盘，降液管高度则可以减小，但在降液管底缘必须设液封槽，如图 12-22 所示。液封槽的底上开有直径 8mm 的泪孔，其目的是在停车检修时，将槽内残存液体由泪孔流尽。

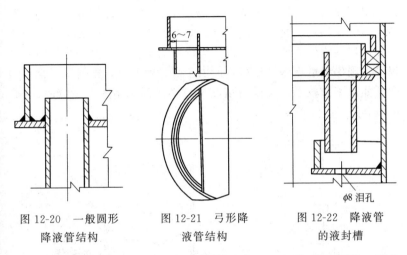

图 12-20 一般圆形　　　图 12-21 弓形降　　　图 12-22 降液管
　　降液管结构　　　　　　液管结构　　　　　　的液封槽

受液盘有平板形和凹形两种结构型式，一般多采用凹形，因为凹形受液盘不仅可以缓冲降液管流下的液体冲击，减少因冲击而造成的液体飞溅，而且当回流量很小时也具有较好的液封作用，同时能使回流液均匀地流入塔盘的鼓泡区。凹形受液盘的深度设计也不一致，一般在 50～150mm，其结构可参考图 12-23。此外在凹形受液盘上也要开有 2～3 个泪孔。在检修前停止操作后，可在半小时内使凹形受液盘里的液体流净。

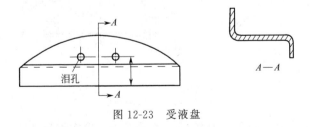

图 12-23 受液盘

三、裙式支座及其他

塔体是由裙座支承与基础固定的，常采用的裙座有圆筒形和锥形两种；对承受风载荷和地震载荷不大的塔，采用圆筒形裙座即可；对于承受风载荷和地震载荷较大的高塔，采用锥形裙座稳定性更好，图 12-24 为圆筒形裙座的结构图。

裙座焊在塔底封头上的焊接型式有：焊在壳体外侧 [图 12-25(a)、(c)] 或与壳体齐平 [图 12-25(b)、(d)]。若裙座焊在壳体外侧，焊缝承受剪切载荷，因此焊缝受力不佳；若裙座与壳体齐平焊接，则焊缝承受压缩载荷，但由于焊在封头上，则削弱了封头强度。如裙座壁较厚，且受力情况又较坏，则采用图 12-25(c)、(d)型较合适。

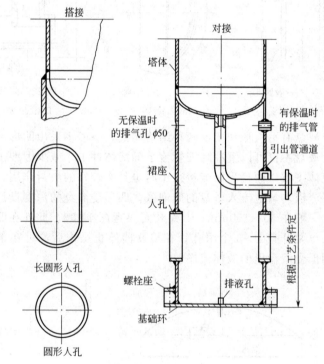

图 12-24 圆筒形裙座

对于室外无框架的整体塔，考虑安装、检修时起吊塔盘板及其他零件，有时在塔顶设置一可转动的吊柱，如图 12-26 所示。吊柱应设置在合适的方位，使人能站在平台上操作转杆，让吊钩的垂直

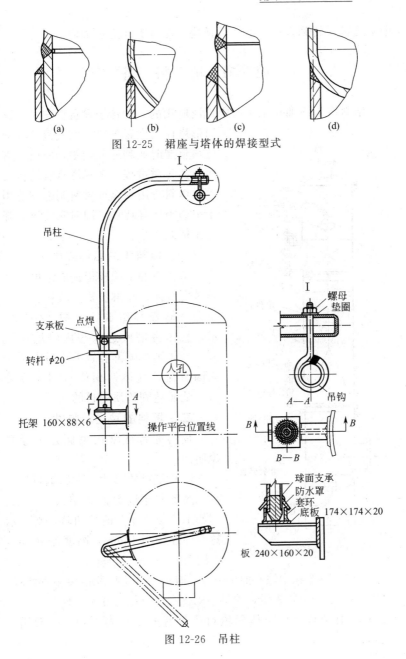

图 12-25 裙座与塔体的焊接型式

(a)　　　(b)　　　(c)　　　(d)

图 12-26 吊柱

中心线可以转到人孔附近，以便构件能从人孔送进塔内。

第三节 填 料 塔

填料塔为石油化工生产中广泛应用的一种传质设备。它是在圆筒形塔体内设置填料，使气液两相通过填料层时达到充分接触，完成气液两项的传质过程。填料塔具有结构简单、填料可用耐腐蚀材料制造和适用于小塔需要等特点，同时它的压力降也比板式塔小。

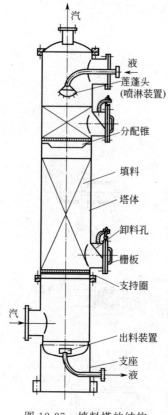

图 12-27 填料塔的结构

一、填料塔的总体结构

填料塔的结构较板式塔简单。这类塔由塔体、喷淋装置、填料、再分布器、栅板等组成。如图 12-27 所示，气体由塔底进入塔内经填料上升，液体则由喷淋装置喷出后沿填料表面下流，气体两相便得到充分接触，从而达到传质的目的。

二、填料的种类及特性

填料的特性常用下面几个参数说明。

（1）填料的尺寸 常以填料的外径、高度和厚度数值的乘式来表示。例如 $10 \times 10 \times 1.5$ 的拉西环，则表示拉西环外径为 10mm，高度为 10mm，厚度为 1.5mm。

（2）单位体积中填料的个数 n 即每立方米体积内装多少填料，一般用 n（个/m^3）表示，填料整砌比乱堆时每立方米个数多。

（3）比表面 单位体积填料所具有的填料表面积，一般用 a 表示，m^2/m^3。

（4）空隙率（也叫自由体积）ε　塔内每立方米干填料净空间（空隙体积）所占的百分数，一般以 ε 表示，m^3/m^3，填料上喷洒液体后，由于填料表面挂液，则空隙率减小。

（5）堆积密度 ρ　单位体积内填料的重量，常以 ρ 表示，kg/m^3。

用上述这些参数就能表示某种填料所具有的特性，从而可选择所需要的填料。各种填料的特性可参考表 12-2～表 12-5。

表 12-2　瓷拉西环的特性数据

（1）乱堆

外径×高×厚度 $(d_p \times H \times \delta)/mm^3$	比表面 a $/(m^2 \cdot m^{-3})$	空隙率 ε $/(m^3 \cdot m^{-3})$	个数 n $/(个 \cdot m^{-3})$	堆积密度 ρ $/(kg \cdot m^{-3})$
6.4×6.4×0.8	789	0.73	3110000	737
8×8×1.5	570	0.64	1465000	600
10×10×1.5	440	0.07	720000	700
15×15×2	330	0.70	250000	690
16×16×2	305	0.73	192500	730
25×25×2.5	190	0.78	49000	505
40×40×4.5	126	0.75	12700	577
50×50×4.5	93	0.61	6000	457
80×80×9.5	76	0.68	1910	714

（2）整砌

外径×高×厚度 $(d_p \times H \times \delta)/mm^3$	比表面 a $/(m^2 \cdot m^{-3})$	空隙率 ε $/(m^3 \cdot m^{-3})$	个数 n $/(个 \cdot m^{-3})$	堆积密度 ρ_p $/(kg \cdot m^{-3})$
25×25×2.5	241	0.73	62000	720
40×40×4.5	197	0.60	19800	898
50×50×4.5	124	0.72	8830	673
80×80×9.5	102	0.57	2580	962
100×100×13	65	0.72	1060	930
125×125×14	51	0.68	530	825
150×150×16	44	0.68	318	802

填料塔所采用的填料大致可分为实体填料和网体填料两大类。实体填料包括拉西环及其衍生型，鲍尔环、鞍形填料、波纹填料等。网体填料则包括由丝网体制成的各种填料，如鞍形网、θ 形网环填料等。

1. 拉西环

拉西环是最古老的典型填料，如图 12-28(a) 所示。常用的拉西环是外径与高相等的圆筒体，其壁厚在满足机械强度要求的情况下，可尽量薄。

拉西环的材质最常用的是陶瓷，它的规格和尺寸见表 12-2。在特殊情况下也可采用金属或塑料制造。

拉西环在塔内有两种填充方式：乱堆及整砌。一般填料层的底层为了提高抗压能力，应采用外径 50mm 以上的填料整砌，上层采用 50mm 以下的填料乱堆。乱堆时由于每个填料的方向都不一致，故其压力降较整砌的大。

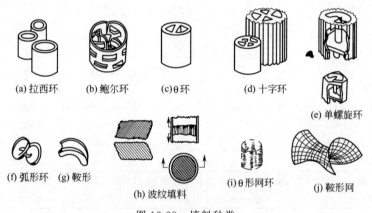

(a) 拉西环　(b) 鲍尔环　(c) θ环　(d) 十字环　(e) 单螺旋环　(f) 弧形环　(g) 鞍形　(h) 波纹填料　(i) θ形网环　(j) 鞍形网

图 12-28　填料种类

拉西环的衍生型有 θ 环、十字环，即在拉西环中间增加一个隔板或十字隔板，如图 12-28(c)、(d) 所示。这两种填料的比表面积增大了，其压力降也较拉西环的大了。

此外还有螺旋环，即在拉西环内部设螺旋形隔板，外表面设有轴向圆弧面沟槽，如图 12-28(d)、(e) 所示。这种填料由于结构复杂，传质效果提高不大，压力降较高，因此很少采用。

2. 鲍尔环

鲍尔环是在金属拉西环的壁上开一排（$\phi25$ 以下的环）或两排（$\phi50$ 的环）长方形小窗，小窗叶片向环中心弯入，在中心处相搭，上下两排小窗的位置相错，如图 12-28(b) 所示。一般小窗的总面积为整个环壁的 35％左右。

鲍尔环与拉西环比较有很多优点，由于开了小窗并把各小窗叶片弯向中心相搭，增加了气液两相的接触机会，气液分布更均匀，提高了塔的生产能力和传质效率，降低了塔内的压力降，增大了塔的操作弹性。因此它的应用比拉西环广泛。鲍尔环的特性可参考表 12-3。

表 12-3　瓷鲍尔环的特性数据

(1)乱堆

外径 d /mm	高×厚($H×δ$) /mm^2	比表面 a /(m^2·m^{-3})	空隙率 ε /(m^3·m^{-3})	个数 n /(个·m^{-3})	堆积密度 ρ /(kg·m^{-3})
25	25×2.5	220	0.76	48000	565
40	40×4.5	140	0.76	12700	577
50	50×4.5	110	0.81	6000	457
76	76×9.5	66	0.74	1740	645
100	100×10	56	0.81	740	450

(2)整砌

外径 d /mm	高×厚($H×δ$) /mm^2	比表面 a /(m^2·m^{-3})	空隙率 ε /(m^3·m^{-3})	个数 n /(个·m^{-3})	堆积密度 $ρ_P$ /(kg·m^{-3})
25	25×2.5	280	0.72	62000	720
40	40×4.5	220	0.63	19800	898
50	50×4.5	160	0.72	8830	673
100	100×10	82	0.72	1060	625

注：整砌瓷鲍尔环不常用，此表仅供必要时参考。

3.阶梯环

阶梯环的形状如图 12-29 所示，它的一端为圆筒形鲍尔环，另

(a) 金属阶梯环　　　　　(b) 塑料阶梯环　　　　　(c) 金属矩鞍

图 12-29　新型填料

一端则为喇叭筒形。这种填料环由于两端形状不对称，装入塔内可减少填料环的相互重叠，使填料表面得以充分利用，同时增大了空隙率，使压力降降低、传质效率提高。塑料阶梯环的几何特性可参考表 12-4。

表 12-4　塑料阶梯环填料几何特性数据

名义尺寸 D_g/mm	外径×高×厚 $(d \times H \times \delta)$/mm³	比表面 a/(m²·m⁻³)	空隙率 ε/(m³·m⁻³)	堆积个数 n/m³	堆积密度 ρ/(kg·m⁻³)
76	76×37×3	89.95	0.929	3420	68.4
50	50×25×1.5	114.2	0.927	10704	54.8
38	38×19×1	132.5	0.91	27200	57.5
25	25×12.5×1.4	228	0.90	81500	97.8

4. 鞍形填料

鞍形填料有两种，一种是矩鞍形，另一种是弧鞍形，它们都是敞开式填料，如图 12-28(f)、(g) 所示。由于这种填料形状的特点，使填料层中填料相互重叠的部分较少，空隙率较大，填料表面利用率较高。这种填料比拉西环填料传质效率高，压力降低，并且强度较高，不易堵塞，因此国内外已广泛采用。鞍形填料的特性可参考表 12-5。

表 12-5　瓷制鞍形填料特性数值表

公称尺寸 d/mm	厚度 δ/mm	比表面 a/(m²·m⁻³)	空隙率 ε/(m³·m⁻³)	个数 n/(个·m⁻³)	堆积密度 ρ_p/(kg·m⁻³)
6	—	993	0.75	4170000	677
13	1.8	630	0.78	735000	548
20	2.5	333	0.77	231000	563
25	3.3	258	0.775	84600	548
38	5	197	0.81	25200	483
50	7	120	0.79	9400	532
76					

5. 金属环矩鞍形填料

这种填料是在吸取了环形和鞍形两种填料的结构特点的基础上发展起来的一种新型填料，它的结构如图 12-29(c) 所示。它吸收了前两种填料的优点，它比它们的形状更敞开，更有利于气体和液体在填料表面的分布。由于它的液体汇聚、分散点增多，有利于填料表面液膜不断更新，提高了传质效率。

6. 波纹填料

波纹填料是属于整砌类型的规则填料，它是将许多波纹形薄板垂直反向地叠在一起，组成盘状 ［图 12-28(h)］各层薄板的波纹成 45°角，而盘与盘之间填料成 90°交错排列，这样有利于液体重新分布和气液接触。气体沿波纹槽内上升，其压力降较乱堆填料低。另外由于结构紧凑，比表面积大，传质效率较高。

波纹板材料可根据物料的温度及腐蚀情况，采用铝、碳钢、不锈钢、陶瓷、塑料等材料制造。

波纹填料的缺点是：不适于容易结痂、固体析出、聚合或液体黏度较大的物系；清洗填料困难；造价较高。因此，限制了它的使用范围。

7. 波纹网填料

金属丝编织的波纹网填料与波纹填料结构基本一样，不同的是它用金属丝编织成的金属网代替金属板。它与波纹板相比空隙率增大，表面积也增大，因此气体通量大，压力降低，传质效率增高，操作弹性大。故适用于精密精馏及高真空精馏装置，为难分离物系、热敏性物系及高纯度产品的精馏提供了有效的手段。

此外金属丝编织网也可制成 θ 形网环或鞍形等 ［图 12-28(i)、(j)］，它们也都具备上述的特点。

填料的选择要根据物料的性质、塔的大小、分离或吸收的要求、填料的价格和安装、检修的难易程度等来确定。不必局限于某种形式，只要选择恰当，就能取得预期的效果。

三、喷淋装置

为了能均匀地分布液体，在塔的顶部安装喷淋装置，使液体的原始分布情况尽可能良好。喷淋装置的好坏对填料的效率有很大的影响。设计喷淋装置的原则应该是能均匀分散液体，通道不易被堵塞，尽可能不要很大的压头，结构简单、制造和检修方便等。

喷淋装置的类型很多，常用的有喷洒型（又分为管式和莲蓬头式）、溢流型（又分为盘式和槽式）、冲击型（又分为反射板式和宝塔式）等，其典型结构分述如下。

1. 喷洒型

对于小直径的填料塔（例如 300mm 以下）可以采用管式喷洒器，通过在填料上面的进液管（可以是直管、弯管或缺口管）喷洒，如图 12-30 所示。这种结构的优点是简单，但缺点是喷淋面积小而且不均匀。

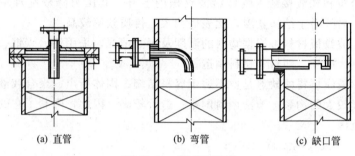

(a) 直管   (b) 弯管   (c) 缺口管

图 12-30 管式喷洒器

对直径稍大的填料塔（例如 1200mm 以下）可以采用环管多孔喷洒器，如图 12-31 所示。环状管的下面开有小孔，小孔直径为 4～8mm，共有 3～5 排，小孔面积总和约与管截面积相等，环管中心圆直径 D_1 一般为塔径 D_n 的 60%～80%。环管多孔喷洒器的优点是结构简单，制造和安装方便，但缺点是喷洒面积小，不够均匀，而且液体要求清洁，否则小孔易堵塞。

莲蓬头是另一种应用较为普遍的喷洒器，其构造简单，喷洒较

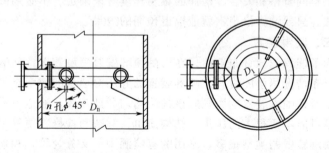

图 12-31 环管多孔喷洒器

均匀，如图 12-32 所示。莲蓬头可以做成半球形、碟形或杯形。它悬于填料上方中央处，液体经小孔分股喷出。

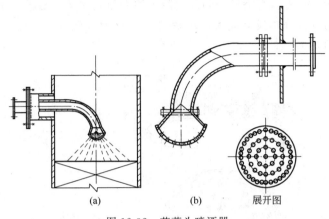

（a）　　　　　　　（b）　　　　　展开图

图 12-32　莲蓬头喷洒器

2. 溢流型

盘式分布板是最常用的一种溢流型喷淋装置，液体通过进液管加到喷淋盘内，然后从喷淋盘内的降液管溢流，淋洒到填料上。中央进料的盘式分布板如图 12-33 所示。降液管一般按等边三角形排列，焊接或胀接在喷淋盘的分布板上。为了减少降液管上缘不够水平时液流的不均匀度，通常在管口上刻有凹槽或齿形，有时也将管口斜切（见图 12-34）。喷淋盘一般紧固在焊于塔壁的支持圈上，与塔盘板的紧固相类似。分布板上还应钻有直径约 3mm 的小泪孔，以便停工时将液体排净。在通常设计中，降液管直径不小于 15mm，以避免堵塞，管子中心距约为管直径的 2～3

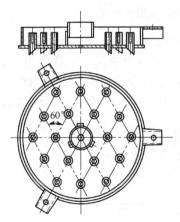

图 12-33　中央进料的盘式分布板

倍。若液体从喷淋盘边缘的旁侧加入，则容易产生液面高差，因此，对直径较大的塔，采用中央进料的结构，即液体可以通过缓冲管加到喷淋盘的中央。

如果喷淋盘与塔壁之间的空隙不够大而气体又需要通过分布板时，则可在分布板上装大、小短管，大管为升气管，小管为降液管，如图 12-34 所示。

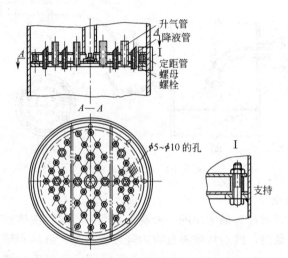

图 12-34　有升气管的盘式分布板

液体通过降液管时，有两种可能的流动状态。一种是管内为液体所充满，称为满流；另一种是液体沿管壁流下，称为壁流。盘式分布板结构简单，流体阻力小，液体分布尚均匀。但当塔径大于 3m 左右时，板上的液面高差较大，则不宜采用此种型式而

图 12-35　分布槽

选用槽形分布器，如图 12-35 所示。分布槽中液体由中央处加入，再由顶槽流入下面的分槽内，然后再分成一支支细流而喷淋。分布槽的开口可以是矩形或三角形。分布槽可以做得很大，适于大型填料塔，但其缺点是要求严格地水平，类似于板式塔中的溢流堰。

3. 冲击型

反射板式喷淋器是利用液沉冲击反射板（可以是平板、凸板或锥形板）的反射飞散作用而分布液体，如图 12-36 所示。最简单的结构为平板，液体循中心管流下，冲击后分散为液滴并向各方飞溅。反射板中央钻有小孔以喷淋填料的中央部分。为了使飞溅更为均匀，可由几个反射板组成宝塔式喷淋器，如图 12-37 所示。宝塔式喷淋器的优点是喷洒半径大（可达 3000mm），液体流量大，结构简单，不易堵塞；缺点是当改变液体流量或压头时要影响喷洒半径，因此必须在恒定情况下操作。

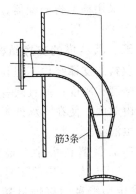

图 12-36　反射板式喷淋器

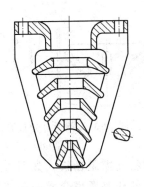

图 12-37　宝塔式喷淋器

综上所述，各类喷淋装置都有特点，在选用喷淋器时，必须根据具体情况，如塔径的大小，对喷淋均匀性的要求等来确定型式。

四、液体的再分布装置

当液体流经填料层时，液体有流向器壁造成"壁流"的倾向，使液体分布不均，降低了填料塔的效率，严重时可使塔中心的填料不能被湿润而成"干锥"。因此，在结构上宜采取措施，使液体流经一段距离后即再分布，以便在整个高度内的填料都得到均匀喷淋。

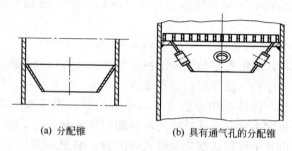

(a) 分配锥   (b) 具有通气孔的分配锥

图 12-38　再分布装置

再分布装置常用的有分配锥和带通气孔的分配锥，如图 12-38(a)、(b) 所示。此种结构适用于小直径的塔。对于大直径的塔，可采用槽形再分配器，其结构如图 12-39 所示。

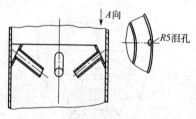

图 12-39　槽形再分布器

五、填料塔的支撑结构

填料的支撑结构不但要有足够的强度和刚度，而且须有足够的自由截面，使在支承处不致首先发生液泛。

在工业填料塔中，最常用的填料支撑是栅板，如图 12-40 所示。采用栅板结构除了计算其强度外还要考虑介质的腐蚀情况，以确定选用哪种耐腐蚀材料制造栅板。栅板的间距是填料外径的 60%～80% 才能保证填料堆放。如自由横截面积太小需要增大栅板间距时，则底层必须放置外径大的填料。

对于孔隙率比较大的填料，相应地必须增大栅板的自由横截面积，可采用开孔的波形板支撑结构，如图 12-41 所示。因为波形板的波纹侧面和底面均开孔，自由截面积较栅板支撑大，所以有利于气体通过。

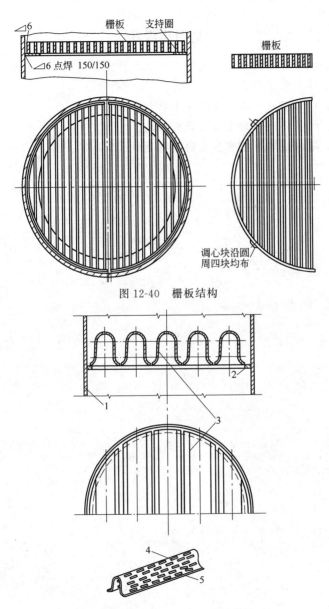

图 12-40 栅板结构

图 12-41 开孔波形板的支撑结构

1—塔体；2—支撑圈；3,4—波形支撑件；5—长圆形孔

复习思考题

1. 泡罩塔的结构主要由什么组成？所用的泡罩有什么特点？
2. 浮阀塔有什么优点？
3. 筛板塔与浮阀塔在塔板上有什么区别？
4. 填料塔的结构主要由什么组成？
5. 塔的液体再分布装置的作用是什么？

第十三章 换热设备

第一节 概　述

　　换热器是化学工业部门广泛应用的一种设备，通过这种设备进行热量的传递，以满足化工工艺的需要。

　　根据生产工艺的要求，用于不同生产过程的换热器名称又各不相同，例如用于加热或冷却过程的换热器称为加热器或冷却器，用于蒸发或冷凝过程的换热器则称为蒸发器或冷凝器，等等。

　　据统计，换热器在化工厂建设中约占总投资的 1/5，如按重量计算约占化工装置工艺设备的 40% 左右，在装置检修中，换热设备的检修工作量可达 60% 以上。

　　根据换热的方式则可将换热器分为三种类型，即间壁式换热器、直接接触式（混合式）换热器和蓄热式换热器。

　　(1) 间壁式换热器　冷热两种流体被固体壁隔开，不能直接接触，热流体的热量要通过固体壁传递给冷流体。这种换热器在石油、化工生产中应用最广泛，如列管换热器、套管换热器、板式换热器等。

　　(2) 直接式（混合式）换热器　冷热两种流体直接接触进行热交换的换热器，最常见的有凉水塔、气液混合式冷凝器等。在凉水塔中，热水和空气直接进行热交换，水把热量传递给空气而降温。在气液混合式冷凝器中，蒸汽和水直接接触，蒸汽被水冷凝成液体。

　　(3) 蓄热式换热器　内设有蓄热体（一般为耐火砖），让冷热两种流体交替通过它，当热流体通过时，蓄热体吸收了热流体的热量而升温，热流体放出热量而降温；当冷流体通过蓄热体时，蓄热体放出热量而降温，冷流体被加热而升温。实现这一交替过程是用切换阀门进行的。在炼钢、炼焦和熔炼玻璃的炉窑中，用这种方法来预热助燃空气。在石油、化工生产中间壁式换热器应用得最为广泛。

第二节　间壁式换热器

一、列管式换热器的类型

列管式换热器是目前石油、化工生产中应用最多的一种间壁式换热器，根据它有无热补偿装置可分为固定管板式、带膨胀节式、浮头式、填料函式、U 形管式换热器等，如图 13-1 所示。

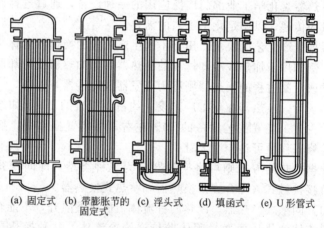

(a) 固定式　(b) 带膨胀节的　(c) 浮头式　(d) 填函式　(e) U 形管式
固定式

图 13-1　列管式换热器典型结构

1. 固定管板式列管换热器

固定管板式列管换热器主要由外壳、管板、管束、顶盖（又称封头）等部件构成，如图 13-1(a) 所示。管外（管间）走一种流体，管内走另一种流体，通过管壁进行传热。

这种换热器的管子、管板、壳体是刚性地连在一起的，所以称为固定管板式。列管换热器优点是：换热器结构简单、紧凑、造价低。缺点是：壳程清洗困难，有温差应力存在。当冷热两种流体的平均温差较大，或壳体和传热管材料热膨胀系数相差较大，热应力超过材料的许用应力时壳体上需设膨胀节，如图 13-1(b) 所示。

由于膨胀节强度的限制，壳程压力不能太高。

2. 浮头式换热器

浮头式换热器的一端管板固定在壳体与管箱之间，另一端管板可以在壳体内自由移动，如图 13-1(c)、(d) 所示。这种换热器壳体和管束的热膨胀是自由的。管束可以抽出，便于清洗管间和管内。其缺点是结构复杂，造价高（比固定管板式高 20%），在运行中浮头处发生泄漏，不易检查处理。

图 13-1(d) 又称为外浮头或填料函式换热器。图 13-1(c) 则称为内浮头式换热器。

填料函式换热器除了具有内浮头换热器的特点外，因浮在壳体外，泄漏容易发现。但由于填料函密封不容易做到很好，所以这种换热器不适用于壳程流体压力很大的情况，也不适用于易燃、易燃、易挥发、有毒及贵重流体介质。

3. U 形管式换热器

U 形管式换热器如图 13-1(e) 所示，它的管束弯曲成 U 形，两管口一端固定在管板上，U 形管一端不固定，可以自由伸缩，所以没有温差力，并且结构简单，只有一个管板，节省材料。但这种换热器管内流体为双程，管束中心有一部分空隙；壳程流体容易走短路；管子不易更换，坏了的管子就只能堵塞不用。它适用于管内走高温、高压、腐蚀性较大，但不易结垢的流体。管外可以走易结垢的流体。

二、列管式换热器的主要部件和结构

列管式换热器是由管子、管板、折流板、壳体、端盖（管箱）等组成，其设计制造质量的好坏直接影响换热器的使用期限和生产的连续性。列管式换热器最容易出现的故障就是管子和管板联接部分泄漏，所以必须注意它们的连接方法和质量。

（1）壳体　壳体与压力容器一样，根据管间压力、直径大小和温差力决定它的壁厚，由介质的腐蚀情况决定它的材质。直径较小的换热器可采用无缝钢管制成，直径较大时用钢板卷焊而成。

（2）管板　管板是用来固定管束连接壳体和端盖的一个圆形厚板，它的受力关系比较复杂。厚度计算应根据我国"钢制压力容器设计规定"进行。管板上开有管孔,管孔的排列方式有同心圆形、正方形和三角形,如图 13-2 所示。三角形可排列较多的管子,装配较多的管子,传热效果较好,所以常被采用,管子中心距一般在 1.25d (d 为管子外径)。

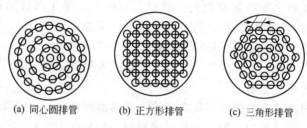

(a) 同心圆排管　　(b) 正方形排管　　(c) 三角形排管

图 13-2　管子在管板上的排列

(3) 管束　管束的多少和长短由传热面积的大小和换热器结构来决定,它的材质选择主要考虑传热效果、耐腐蚀性能、可焊性等。常用管径和壁厚有 $\phi19\times2$、$\phi25\times2.5$、$\phi32\times3$、$\phi38\times3$ 等;管长有 3000mm 和 6000mm,材料有普碳钢或不锈钢等。

(4) 管箱　管箱即换热器的端盖,也叫分配室,用以分配流体和起封头的作用。压力较低时可采用平盖,压力较高时则采用凸形盖,用法兰与管板连接。检修时可拆下管箱对管子进行清洗或更换。其结构如图 13-3 所示。

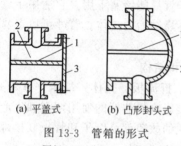

(a) 平盖式　　(b) 凸形封头式

图 13-3　管箱的形式

1—隔板;2—分配室;3—平盖

(5) 折流板　折流板的作用是:增强流体在管间流动的湍流程度;增大传热系数;提高传热效率。同时它还起支撑管束的作用。冷凝器不设折流板,因为蒸汽的冷凝与流动状态无关。

折流板可分为横向折流板和纵向折流板两种。前者使流体垂直流过管束;后者则使流体平行管束流动,一般很少采用。

横向折流板又可分为弓形(圆缺形)、圆盘-圆环形和扇形切口三种类型，如图 13-4 所示。

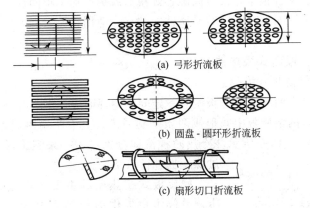

(a) 弓形折流板

(b) 圆盘-圆环形折流板

(c) 扇形切口折流板

图 13-4 横向折流板

除上述部件外，列管换热器根据尺寸大小和用途不同，大型换热器还设有拉杆、旁路挡板；冷凝器设有拦液板等等。

下面介绍管子在管板上的固定方法。

（1）胀管 将管子的一端退火后，用砂纸去掉表面污物和锈皮，装入管板孔内，把另一端固定，用胀管器用力滚压装入管板孔的一端，在胀管器滚子的压力作用下，管径增大，因为这一端已被退火，产生塑性变形；管板孔的直径也同时增大，但为塑性变形。

当胀管器取出后，管板孔因弹性变形企图收缩回到原来直径，但管端已塑性变形不能再恢复到原来直径，从而使管端外表面与管板孔内表面紧密地挤压在一起，达到了紧固和密封的目的，如图13-5所示。

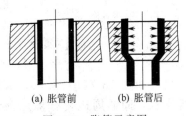

(a) 胀管前 (b) 胀管后

图 13-5 胀管示意图

（2）焊接 管子端部与管板用手工电弧焊焊接，这是一种不可拆的连接方法，适用于高温、高压和不易胀接的场合。这种方法简单，不易泄漏。但管端与管板孔之间有间隙，易腐蚀，同时管子损坏不易更换。

（3）胀接和焊接 这种方法实际是先胀后焊，因胀接时管子已经与管孔贴合很紧，没有间隙，焊接后就更增加了牢固性，克服了因只焊不胀而留有间隙容易腐蚀的缺点，适用于压力和温度高的换热器。

三、板面式换热器

1. 螺旋板式换热器

它是由两块金属薄板按着一定间距卷焊而成，中心有一块分隔挡板，在两金属板中间形成两条螺旋通道，上下两端用端盖密封，其结构如图 13-6 所示。冷热两种流体分别各走一条螺旋通道，通过螺旋板进行热交换。

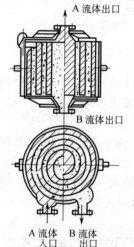

图 13-6 螺旋板换热器

螺旋板式换热器的主要优点是结构紧凑，单位体积提供的传热面很大，如直径 $\phi 1500mm$、高 $1200mm$ 的螺旋板换热器的传热面可达 $130m^2$。流体在螺旋板内允许流速较高，并且流体沿螺旋方向流动，滞流层薄，故传热系数大，传热效率高。此外还因流速大，脏物不易滞留。

螺旋板式换热器的缺点是要求焊接质量高，检修比较困难。重量大，刚性差，运输和安装时应特别注意。

2. **板式换热器**

它是一种新型高效换热器，由许多薄金属板片平行排列而成，如图 13-7 所示。

每个金属板都冲压成凸凹不平的规则波纹，如图 13-7（b）所示，板的组合如图 13-7（a）所示，相邻两块板之间的周边装有垫片，组合时板的周边与垫片被压紧贴在一起，密封了板间间隙。采用不同厚度的垫片可以调节两板面间的距离，改变通道横截面大小。每块板的四角上各开一孔道，其中两个孔道用垫片与板面流道隔开，另两个孔道与板面流道相通，两种流体通过的孔道在相邻的两板上是错开的，冷热流体分别在同一板片的两侧流过，除两端的板外，每一块板

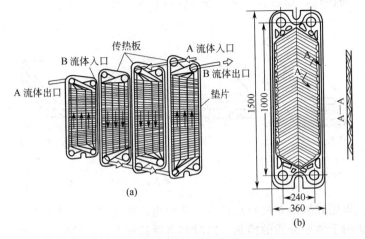

图 13-7　板式换热器

的板面都是传热面。

　　波纹板可用低碳钢、铜、铝、铝合金等材质的薄板制成。板上的波纹可冲压成人字形、平直形、波浪形等多种形式。其目的是增大流体的湍流程度和传热面积，提高传热效率。

　　板式换热器的主要优点是结构紧凑，占地面积小，传热面积大，节省材料，传热效率高，加热或冷却迅速，可拆开清洗。适用于热敏性物料。因此在食品、医药和石油化工生产中被广泛采用。

　　板式换热器的主要缺点是密封面多，密封周边长，容易泄漏。同时受垫片材料耐热性能的限制，使用温度不能过高。又因两板之间间距太小，流体阻力大，容易堵塞。

　　3. 板翅式换热器

　　板翅换热器的结构形式很多，但其基本结构元件是相同的，如图 13-8 所示。它是由金属平板和波纹板交错重叠而成，两边以侧条密封而成一个单元体。上、下两块金属平板称为隔板，用钎焊焊牢，就可得到逆流或错流的板束。把板束焊在带有液体进、出口的集流箱上，就成了板翅换热器。

　　板翅式换热器的主要优点是结构紧凑，单位体积内传热面积大（可达 $4370 \mathrm{m^2/m^3}$），重量轻，传热系数高。主要用于气体与气体之间的换热，如制氧、深冷分离的冷箱等。

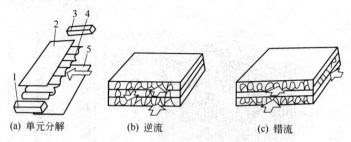

图 13-8 板翅式换热器的单元体示意图

1,3—侧条；2,5—平隔板；4—翅片

板翅式换热器的缺点是流道截面小，易堵塞，不易清洗，所以只适用于洁净介质的换热。同时制造质量要求高，特别是钎焊要求更高。

四、其他类型换热器

1. 夹套式换热器

它主要应用于反应器中，装在反应器外部形成一个封闭的夹层，使流体进入夹层内，通过器壁与反应器内物料进行热交换。它

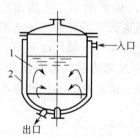

图 13-9 夹套式换热器

1—反应釜；2—夹套

的结构比较简单，能在物料反应的同时进行换热，省去了另设换热设备的麻烦，其结构如图 13-9 所示。其缺点是由于夹套的传热面不大，夹套间隙比较狭窄，流体流动速度不大，传热系数不高。主要应用于用蒸汽加热或用冷水冷却控制反应器内反应温度和压力的场合。因夹套内无法清洗，故不适于容易生垢和带有污物的介质。

应该注意带夹套换热的反应器，它的外筒受夹套内介质压力的作用，属于内压容器，而内筒则属于外压容器。所以在生产过程中一定要控制夹套内介质的压力，如超过允许压力值，很可能使反应器内筒失稳而被压瘪，造成设备损坏。

2. 蛇管式换热器

蛇管式换热器是把管子煨弯成螺旋弹簧状或平面螺旋状，如图 13-10 所示。主要应用于反应器内液体进行热交换，蛇管也可用于室外喷淋式换热器。因为这种换热器结构简单，易于制造。对需要换热面不大的场合比较适用，同时因管子能承受高压而不易泄漏，常被高压流体的加热或冷却所采用。

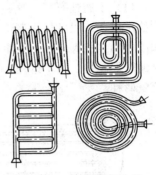

图 13-10　蛇管式换热器

3. 翅片管式换热器

它由许多带翅片的管排列组成，常见的翅片管如图 13-11 所示。在金属管的内侧或外侧装有金属翅片，其形状有螺旋形、星形、环形等。

翅片管式换热器主要应用于气体的加热或冷却，常见的是炼油厂生产中的空冷器。这种换热器能够显著地提高气体传热的效果，减少了换热器的体积和金属材料。但它的制造工艺较复杂，成本高。因为清洗困难，要求流经翅片一侧的流体要清洁。

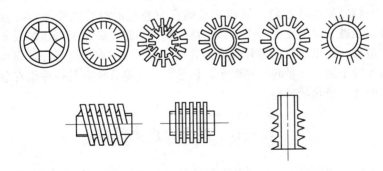

图 13-11　翅片管的剖面图

4. 非金属材料换热器

在石油化工生产中有些介质是具有强烈腐蚀性的，如硫酸、盐酸、硝酸、烧碱等等，对这些介质进行加热或冷却时常采用耐腐蚀的非金属材料来制造换热器。常选用的非金属材料有不透性石墨、聚四氟乙烯等。

（1）不透性石墨 这种材料具有良好的导热性、耐腐蚀性和化学稳定性，所以常用来制造换热器。不透性石墨列管换热器的结构如图 13-12 所示。用不透性石墨制造换热器，一般采用与制品相适应的胶泥胶接。为了耐压，管板需设计厚些，端盖可采用衬石墨或搪瓷两种。

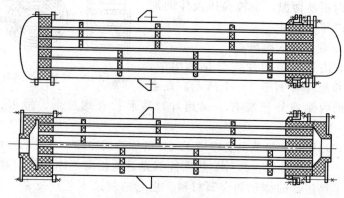

图 13-12 石墨列管换热器

（2）聚四氟乙烯 聚四氟乙烯具有较强的耐腐蚀性能，对强酸、强碱、强氧化剂等大多数介质它都能耐蚀，并且可以压制成各种型材。用聚四氟乙烯管制成列管换热器不仅耐腐蚀性能好，而且因为管子薄，重量轻，热阻小，传热效率也高，所以是一种很有前途的新型换热器材料。

第三节 混合式换热器

混合式换热器是指冷热两种流体直接接触混合而进行的传热过程。这种传热过程同时伴随着传质过程，它主要应用在低压蒸汽的冷凝和气体的洗涤与净化。

一、气体洗涤器

石油化工生产过程中常遇到含尘气体，采用旋风分离器只能除掉粒子较大的粉尘。在这种情况下可采用湿法除尘的办法来除净气相中的微小粒子，就是把含尘气体通入洗涤器，如图 13-13（b）、（c）所示。使气体与水滴充分接触后，固体粒子被水黏附，一同由底部流出，气体从而得到了净化。

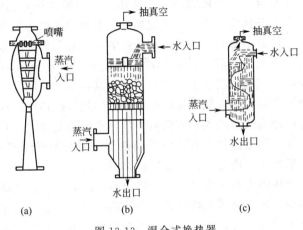

图 13-13　混合式换热器

采用这种方法除尘效率较高，但耗水量大，气体湿度增大，温度降低，污水的处理量大，只有在水源充足、污水处理方便的条件下才能采用。

二、蒸汽冷凝器

这种冷凝常应用于多效蒸发器末效二次蒸汽的冷凝，保证末效蒸发器的真空度，图 13-13（a）为喷淋式冷凝器结构，冷水从上部喷嘴喷入，蒸汽从侧面入口进入，蒸汽与冷水充分接触后被冷凝为水，同时沿管下流，部分不凝气体也可能被带出。图 13-13（b）为充填式冷凝器的结构，蒸汽从侧管进入后与上面喷下的冷水相接触冷凝器里面装满了瓷环填料，填料被水淋湿后，增大了冷水与蒸汽的接触面积，蒸汽冷凝成水后沿下部管路流出，不凝气体由上部管路被真空泵抽出，以保证冷凝器内一定的真空度。图 13-13（c）为采用淋水板或筛板结构，目的是增大冷水与蒸汽的接触面积。混合式冷凝器具有结构简单，传热效率高等优点，腐蚀性问题也比较容易解决。

第四节 换热器的选用与操作

一、换热器的选择

（1）要符合工艺条件的要求 从压力、温度、物理化学性质、腐蚀性等工艺条件综合考虑来确定换热器的材质和结构类型。

（2）传热效率要高 为了提高传热效率，必须提高流体的给热系数，减小热阻。在确定换热器的结构类型时要充分考虑这个问题。如换热的两流体给热系数相差不多，温差不大，可以选择列管式换热器；若温差较大则应选择带膨胀节的列管换热器；若温差很大就应选择浮头式换热器；若两流体给热系数相差很大，其中一种流体为气体，则应选择带翅片管式换热器，如两种流体都是气体，给热系数都很小，则应选择板翅式换热器。

（3）流体阻力损失要小 流体阻力损失的大小直接关系到动力消耗的多少，增大流速虽然可以提高传热系数，但输送流体的泵或风机的动力消耗太大，经济上也是不合算的，因此流体的流速应适当，可参考有关设计手册确定合理的流体流速。

二、换热器的操作

开始运行时，发现换热器冷热不均，则应检查是否空气没有放净，换热板片是否加错，通道是否堵塞等，并采取相应的有效措施。

发现有两种介质相串通的现象时，尤其是易燃易爆介质，应立即停车，查出并更换其穿孔或裂纹的板片。

严格控制温度与压力不超过允许值，否则会加速密封垫片老化。

运行中因设备充满介质，在有压力的情况下，不允许紧固夹紧螺栓。

紧固换热板片的夹紧螺栓及螺母时，应严格控制两封头间的板束距离，否则易损坏换热板片或密封垫片。

活动封头上的滑动滚轮，应定期加油防止生锈，以保证拆卸灵活好用。

正常情况下，换热器是不必停车的，当阻力降超过允许值，反冲洗又无明显效果，生产能力突然下降，介质互串或介质大量外漏而又无法控制时，才停车查找原因，清理或更换已损坏的零部件。

停车时的注意事项有以下几点。

① 缓慢关闭低温介质入口阀门，此时必须注意低压侧压力不能过低，随即缓慢关闭高温介质入口阀门，缩小压差。在关闭低温介质出口阀门后，再行关闭高温介质出口阀门。

② 冬季停车应放净设备的全部介质，防止冻坏设备。

③ 设备温度降至室温后，方可拆卸夹紧螺栓，否则密封垫片容易松动。拆卸螺栓时也要对称、交叉进行，然后拆下连接短管，移开活动封头。

④ 如果板式换热器停用时间较长，尤其是采暖供热系统的板式换热器，过了取暖期后，需停用几个月时间，这时为防止密封垫片永久压缩变形，可将夹紧螺栓稍稍松开，至密封垫片不能自动滑出为止。

三、换热器的维修

换热器经过一定的生产周期使用后，必须进行检查和维修，才能保证换热器有较高的传热效率，维持正常生产。

换热器停车以后，放净流体，拆开端盖（管箱），若是浮头换热器或 U 形管式换热器则应抽出管束。首先应进行清扫，常用风扫（压缩空气）、水扫或汽扫。清扫干净后，如发现加热管结垢，需装上端盖进行酸洗。酸液的浓度一般配制成 6%～8%，酸洗过程中酸液浓度会逐渐下降，要及时补进浓酸以保持上述浓度，当浓度不再下降时，说明已经洗净垢层。然后用水洗净酸液，直到排出的水呈中性为止。

酸洗后打开端盖进行检查，看胀管端是否有松动，焊缝是否有腐蚀等。

酸洗时一定要注意作好防护措施（如穿戴防酸工作服、防酸手套、眼镜等），要注意安全，防止事故发生。

如果有些污垢不能清洗干净，也可采用机械清扫工具（如钢刷、土钻等）进行清扫或采用加有石英砂的高压水进行喷刷。

清洗干净后，要进行水压试验，试验时如发现加热管泄漏，则要更换。首先拆下旧管，洗净管板孔，换入新管后重新胀牢，对更换有困难的加热管也可采用堵塞不用的办法，即用铁塞将两端管口塞住（铁塞的锥度为 3°～5°），但堵管量不能太多，一般不得超过总管数的 10%。否则减少传热面太多，满足不了生产需要。如果仅是胀管端泄漏，则可采用空心铁塞，即在铁塞中心钻孔。这样虽然减少了加热管的横截面，但并不减少传热面积。

检修后应进行水压试验，试验压力应按设计图纸上技术要求的规定进行，试压时要缓慢升压并注意观察，有无破裂；有无渗漏；试压后有无残余变形，确认合格方可验收，再投入生产。

复习思考题

1. 列管式换热器根据有无热补偿装置可分为哪几种类型？
2. 固定管板式列管换热器的优、缺点是什么？
3. 浮头式换热器的优、缺点是什么？
4. U 形管式换热器的特点是什么？
5. 折流板的作用是什么？
6. 螺旋板式换热器的主要优、缺点是什么？
7. 用聚四氟乙烯管制成列管换热器有什么特点？
8. 换热器的维修应注意些什么？

第十四章 干 燥 设 备

第一节 概 述

在化工生产过程中，有些原料、半成品或成品含有或多或少的水分（或其他溶剂）。为了便于加工、运输、贮藏和满足使用的要求，常采用干燥的方法将这些水分或溶剂除去。例如化肥、染料、纤维、无机盐等，在蒸发、结晶、过滤或抽丝之后，尚含少量水分或溶剂，最终都需经过干燥处理将它们除掉。

化学工业中的干燥方法有三类：机械除湿法、加热干燥法、化学除湿法。机械除湿法，是用压榨机对湿物料加压，将其中一部分水分挤出。它只能除去物料中部分自由水分，结合水分仍残留在物料中。因此，物料经过机械除湿后含水量仍然较高，一般达不到化工工艺要求的较低的含水量。加热干燥法，是化学工业中常用的干燥方法，它借助热能加热物料，汽化物料中的水分。物料经过加热干燥，能够除去其中的结合水分，达到化工工艺上所要求的含水量。化学除湿法，是利用吸湿剂除去气体、液体和固体物料中少量的水分。由于吸湿剂的除湿能力有限，仅用于除去物料中的微量水分，化工生产中应用极少。

化学工业中固体物料的干燥，一般是先用机械除湿法除去物料中大量的非结合水分，再用加热干燥法除去残留的部分水分（包括非结合水分和结合水分）。

因为被干燥物料的形态（溶液、浆状、膏状、粉末状、颗粒状、块状、拉丝状和薄膜状等）和性质各不相同，生产能力的大小相差悬殊，对产品的要求（含水量、粒度、形状等）又不一样，所以采用的干燥方法和设备也各不相同。干燥设备的种类和型式多种多样，本章介绍几种常用的干燥设备。

第二节　回转圆筒式干燥器

回转圆筒干燥器是一种处理大量物料干燥的干燥器。由于它能使物料在圆筒内翻动、抛撒、与热空气或烟道气充分接触，干燥速度快、运转可靠、操作弹性大、适应性强、处理能力大，广泛使用于冶金、建材、轻工等部门。在化工行业中，硫酸铵、硫化碱、安福粉、硝酸铵、尿素、草酸、重铬酸钾、聚氯乙烯、二氧化锰、碳酸钙、磷酸铵、硝酸磷肥、钙镁磷肥、磷矿等的干燥，大多使用回转圆筒干燥器。

一、回转圆筒干燥器的工作原理

如图 14-1 所示，该干燥器由回转圆筒、滚圈、齿圈、托轮、挡轮、传动装置、密封装置等组成。根据物料的性质可采用热空气或烟道气作为干燥介质，它和物料在筒内的运动方向有逆流的，也有并流的。

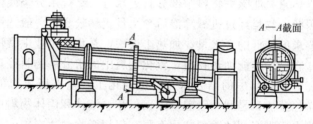

图 14-1　回转圆筒干燥器

转筒外壳上装有两个滚圈（轮箍），整个转筒的重量通过滚圈传递到支承托轮上，托轮随着转筒滚动。变速器输出轴端装有小齿轮，用来带动圆筒上的齿圈滚动，转筒的转速一般为每分钟 1～8 转。转筒的倾斜度与转筒的长度和物料的停留时间有关：倾斜愈小，转筒愈长，物料的停留时间愈长，一般可从 0.5°～6°。为了防止因转筒倾斜而产生轴向窜动，在滚圈的两旁装有挡轮。

在转筒内装有分散物料的装置，称为抄板。抄板的型式很多，如图 14-2 所示。它的作用是当转筒转动时，可使物料均匀地分布在转筒截面的各部分而与干燥介质充分接触，并能使物料翻动和抛撒，增大了被干燥物料与介质的接触面积。对于大块和易黏结的物料，可采用升举式抄板，如图 14-2(a)；对于相对密度大而不脆的物料，可用四格式抄板，如图 14-2(b)；对于较脆的小块物料，可用十字形或架形抄板，如图 14-2(c)、(d)；对于颗粒很细或粉末状的物料，可采用分隔式抄板。

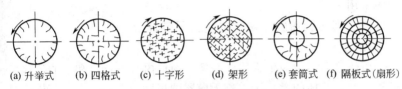

(a) 升举式　(b) 四格式　(c) 十字形　(d) 架形　(e) 套筒式　(f) 隔板式(扇形)

图 14-2　抄板的各种型式

　　抄板可分布在整个转筒内，也可在转筒进口端的 1～1.5m 处，装上螺旋扇形板，使加入的湿物料能更均匀地分布；在转筒出口端 1～2m 处则不装任何抄板，以免干燥介质离开干燥器时带走微细的物料颗粒。对于相对密度小而微细的物料，干燥介质从干燥器排出后应通过一个旋风分离器。这样不仅能回收物料的微粒，而且可以减少粉尘对环境的污染。

　　转筒内能够容纳被干燥物料的体积是较小的，实际可以容纳物料的体积与转筒容积之比称为充填系数。一般不大于 0.25，即所容纳物料的体积仅为转筒容积的 1/4。充填系数与被干燥物料的性质和抄板的型式有关，例如采用升举式抄板时，充填系数不大于 0.1～0.2，而利用架形或十字形抄板时，充填系数可提到 0.15～0.25。

　　为了防止粉尘飞扬，转筒内的气流速度不宜太高，对于粒径在 1mm 左右的物料，气速应控制在 0.3～1m/s 的范围内；对于粒径在 5mm 左右的物料，气速则应控制在 3m/s 以下。

　　国内现在通用的回转干燥器，直径 0.6～2.5m，长度 2～27m，所处理物料的最初含水量范围为 3%～50%，最终含水量可达 0.5%，甚至可降到 0.1%，物料在干燥器内的停留时间为 5 分钟至 2 小时。

对于要求清洁而不耐高温的物料，如糖、味精、塑料等，采用热空气作为干燥介质；对于不怕污染、耐高温的物料可采用烟道气作为干燥介质。

回转圆筒式干燥器的优点是生产能力大，气体阻力小，操作弹性大和操作方便。缺点是耗钢材多，结构复杂，基建费用高，占地面积大。目前，在硫铵、尿素、粮食、磷铁矿及碳酸盐等干燥过程中多采用它。

二、回转圆筒式干燥器的主要零部件

1. 筒体

筒体是回转圆筒干燥器的基体。筒体内既进行热和质的传递又输送物料，筒体的大小标志着干燥器的规格和生产能力。筒体应具有足够的刚度和强度。筒体的刚度主要是筒体截面在巨大的横向切力作用下抵抗径向变形的能力。筒体的强度问题表现为筒体在载荷作用下产生裂纹，尤其是滚圈附近筒体。

筒体材料一般选用普通低合金钢、锅炉钢，其中以 16Mn 用得最多。要求耐腐蚀时，可用不锈钢，也可衬铝或衬其他耐腐蚀材料。

目前筒体是用钢板卷焊而成，焊接采用对接焊，筒体厚度在 20mm 以下的采用双面焊接。

筒体内的抄板可根据其结构型式用钢板冲压成型或用型钢制造组焊在筒体内壁上。

2. 滚圈与齿圈

筒体是借滚圈支承在托轮上的，滚圈随筒体滚动，它是用锻钢或铸钢制成的。滚圈的断面有实心矩形、正方形、空心箱形数种。小型回转圆筒也有用钢轨或型钢弯接而成的。

（1）矩形滚圈 其截面为实心矩形，形状简单。由于截面是整体的，铸造缺陷相对来说不显得突出，裂缝少。矩形滚圈可以铸造，也可以锻造，即采用大型水压机锻制滚圈。由于铸造质量的原因，大型回转干燥器中，矩形滚圈使用较多。

（2）箱形滚圈 刚性大，有利于增强筒体刚度，与矩形相比可节省材料。但由于截面形状复杂，在铸造冷缩过程中易产生裂纹等缺陷。这些缺陷有时导致横截面断裂。由于箱形滚圈内圆中部有一段不加工，因此可设计成带键滚圈。

（3）剖分式滚圈　剖分式滚圈是将滚圈分成若干块，用螺栓连接成整体。但由于滚圈剖分后使机械加工工作量增加较多，刚性比整体滚圈差，对筒体的加固作用也大大削弱，运转时对托轮磨损较快，故实际使用较少。

齿圈的作用是传递小齿轮的扭矩，使筒体在托轮上滚动，它是由二段或四段用螺栓连接而成，并用螺栓与筒体连接固定的。

3. 支撑装置

回转圆筒干燥器的支撑装置为挡轮、托轮系统。原化工部已制定了托轮、挡轮标准，可供选用。如果标准仍不能满足要求，可自行设计。

（1）托轮　托轮装置承受整个回转部分的重量，因此是在重负荷下工作的部件，并且要使筒体滚圈能在托轮上平稳转动。通常一个滚圈下有一对托轮、中心连线的夹角为60°，如图14-3所示。

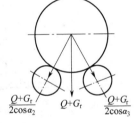

图14-3　滚圈力平衡图

托轮装置按所用轴承可分为滑动轴承托轮组和滚动轴承托轮组。滚动轴承托轮组又可分为转轴式和心轴式。还有滑动-滚动轴承托轮组（径向滑动轴承，轴向滚动轴承）。滚动轴承托轮组具有结构简单，维修方便，摩擦阻力小，减少电耗及制造简单等优点。托轮挡轮标准中每组托轮承载不超过100吨时都用滚动轴承。只有当载荷较重时，所需滚动轴承尺寸较大，受到供货条件的限制而采用滑动轴承。一般干燥器中都用滚动轴承。

托轮组的左右轴承座可以是分设的，也可以是整体的。整体轴承便于调整托轮，可通过机械加工保证左、右两轴承座孔的同心度，因此取消了调心球面瓦，或省去调心式的止推轴承。较大的托轮轴承组一般采用左、右轴承座分设的结构，设有球面瓦，使安装及调整过程中左右轴承始终保持同轴线。

（2）挡轮 挡轮起限制筒体的轴向窜动（普通挡轮）或控制轴向窜动（液压挡轮）的作用。为了使筒体有自由伸长的可能，故每个转筒只应用一对挡轮夹在滚圈的两边。挡轮和滚圈侧面的距离，决定于筒体的容许轴向移动距离，这样可以保证滚圈与托轮的接触，而且大、小齿轮不致超过要求的啮合范围，还可保证筒体两端的密封装置不致失去作用。

4. 密封装置

干燥器作圆周运动时，它的两端必须与不动的进料口和出料口很好地密封，才能防止粉尘和气体的泄漏。常用的密封装置有两种，一种是迷宫式密封，另一种是端面密封。迷宫内进入少量空气对干燥并没有什么影响。端面密封则用于正压操作的干燥器，它的结构如图 14-4 所示。

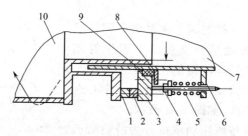

图 14-4 端面密封装置

1—动摩擦环；2—静摩擦环；3—滑动板；4—调节螺母；5—弹簧；
6—弹簧杆；7—出气圆筒；8—密封压盖；9—密封填料；10—圆筒体

5. 干燥器的附属设备

干燥器的附属设备有加热器、进料器、出料器、除尘器、引风机等。对采用烟道气加热的干燥器还需附加一套烟道气除尘装置。采用加热器加热空气的干燥器，则通过翅片式换热器用水蒸气来加热空气。

三、回转干燥器的操作和维护

回转干燥器在操作时应当控制好进料量的多少，进气温度的高低和风量的大小等，应按规定的最佳操作条件进行操作。否则，如进料量多、气体温度低、风量小都可能使物料达不到要求的干燥程度；如进料量少、气体温度高、进气量多，就有可能使物料过热，并且浪费热能。

在回转干燥器操作过程中应经常检查各零部件是否出现异常现象，如滚圈和托轮是否很好地贴合滚动，有无振动；滚圈表面是否有脱皮或划痕；轴承座等各种连接部位是否有松动；筒体是否发生变形，密封是否发生泄漏等。发生故障要及时停车检修。停车时，应先停止送进加热气体，待圆筒转动一定时间降温后再停车，以免高温圆筒体因停车而产生弯曲变形。

回转干燥器常见故障及处理方法见表 14-1。

表 14-1　回转圆筒干燥设备的常见故障与处理方法

故障现象	故障原因	处理方法
滚圈对体有摇动或相对移动	①鞍座侧面没夹紧 ②滚圈鞍座间隙过大	①把鞍座向滚圈贴靠并夹紧 ②调整间隙
滚圈与托轮接触不良	筒身弯曲	①将弯曲处转到上边停转几分钟，靠自重下沉复原 ②检查调直筒体
密封圈左右摩擦	托轮位置移动使筒体偏斜	将发生摩擦一侧的托轮顶丝向里顶，另一侧向外放，顶放数量一致
大、小齿轮的啮合被破坏	①托轮磨损 ②小齿轮磨损 ③大齿圈与筒体的联接被破坏	①车削或更换托轮 ②更换小齿轮 ③矫正处理
筒体振动	托轮装置与底座联接被破坏或松动	拧紧或更换
筒体上下窜动	托轮位置不正确	调整托轮位置
挡轮损坏	筒体轴向力过大	调整托轮位置
轴承温度过高	①无润滑油 ②油内有脏物 ③托轮受力过大	①加油 ②换油 ③调整托轮
局部衬里脱落	①局部温度过高 ②砖质量差 ③砌砖不符合质量	①降温 ②换合格砖 ③按要求施工

第三节 沸腾床干燥器

在一个干燥设备中，将颗粒物料堆放在分布板上，当气体由设备下部通入床层，随着气流速度加大到某种程度，固体颗粒在床层内就会产生沸腾状态，这种床层称为流化床。采用这种方法进行物料干燥称为流化床干燥。

一、沸腾干燥的原理

沸腾干燥也称流化干燥，它是流化技术在干燥方面的应用，如图 14-5(a) 所示，为一单层圆筒沸腾干燥器。颗粒状物料由床侧加料器加入，热气流由底部进入，通过多孔分布板与物料接触，当气流速度达到一定时，就会将物料颗粒吹起，并且使颗粒在气流中作不规则跳动，互相混合和碰撞。此时的气流速度称为临界速度。如果气流速度再大，物料颗粒就会被气流带走，此时的速度称为带走速度。反之，若气流速度减小，物料颗粒就会下落。因此，沸腾床干燥器的气流速度应控制在临界速度范围内。

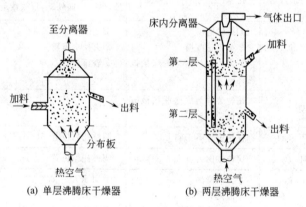

(a) 单层沸腾床干燥器 (b) 两层沸腾床干燥器

图 14-5 沸腾床干燥器

在沸腾床干燥过程中，气体激烈地冲动着固体颗粒，这种冲动速度具有脉冲性质，其结果就大大强化了传热和传质的过程。在沸腾床内传热和传质是同时发生的。图 14-5(b) 为两层圆筒沸腾床干燥器的结构，湿物料由第一层上方加入，热气流由筒底送入，与物料颗粒逆向接触。物料颗粒在第一层被干燥后经溢流管降入第二层，干、湿物料颗粒在每一层内部都相互混合，但层与层则不相混合。由于第二层上的干物料是与温度较高、湿度较小的入口热气流接触，物料颗粒的最终含水量比单层沸腾床干燥器大为降低。热气通过第二层干物料层后，进入第一层与含水量较高的进口湿物料接触，因此它在排出时的温度比单层的低，湿度比单层的高。这样便增大了热的利用率，节省了能源。目前国内对涤纶干燥采用了五层沸腾床干燥器。但这样的干燥器因气流通过的床层多，压力降大，动力消耗较大。

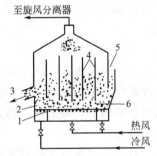

图 14-6　卧式多室沸腾床干燥器
1—多孔分布板；2—加料堰板；
3—出料口；4—挡板；5—加
料口；6—物料通道（间距）

　　为了降低气流压力降，保证产品被均匀干燥，可以采用卧式多室沸腾床干燥器。其器身为一长方体，如图 14-6 所示。在长度方向用垂直挡板将器内分隔成多室（一般 4～8 室），挡板下缘与多孔分布板面之间留有几十毫米的间距（一般取为物料静止时高度的 1/4～1/2），使颗粒能逐室通过，最后越过出口堰板而卸出。这种结构的特点是热空气被分别送入各室，各室的空气温度和气流速度可以调节，第一室的物料湿度大，可以使气流量大些，最后一室则可通入冷空气使物料颗粒降温，便于包装和贮藏。这种干燥器比多层圆筒干燥器的气流压力降小，操作比较稳定。

　　沸腾床干燥器适用于处理粉粒状物料，而且要求物料不会因水分多而结块。物料在沸腾床内的停留时间可以调节，因而适用于需要较长干燥时间的含结合水的物料。物料颗粒直径在 $30\mu m$ 至 $6mm$ 均可采用。

　　沸腾床干燥器具有结构简单、造价低、运动部件少、维修费用低等优点，因此已被广泛采用。

二、沸腾床干燥器的主要零部件

沸腾床干燥器的主要零部件包括干燥器壳体、气体分布板、预分布器等。与沸腾床干燥器相配套的设备则有鼓风机、空气预热器、旋风分离器等。

1. 干燥器的壳体

干燥器的壳体形状由干燥器类型而定。单层或多层圆筒形沸腾床干燥器壳体是由圆柱形筒体和圆锥形底组成。卧式多室沸腾干燥器一般采用长方体壳体。因为干燥室内压力不大，所以一般采用薄钢板制造即可，但要满足刚度要求。对于具有腐蚀性的物料，应采用不锈钢或碳钢加衬里以防止腐蚀。壳体的大小和结构由工艺计算来确定。

2. 气体分布板

气体分布板的作用主要是支承固体颗粒物料，使气体通过分布板时能得到均匀分布，另外分散气流，在分布板上方，产生较小的气泡。沸腾干燥器上常用的分布板有两种：直孔型分布板和侧流型分布板。

直孔型分布板包括直孔筛板、凹型筛孔板等，如图 14-7(a) 所示。这种型式的分布板因为气流向上直接吹起物料，所以容易使物料"沸腾"。但气体分布有时不均，造成沟流现象。同时小孔容易被物料堵塞，停车或气速小时又容易漏料，所以一般不采用。

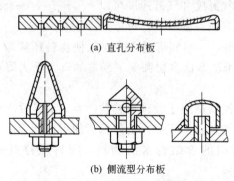

(a) 直孔分布板

(b) 侧流型分布板

图 14-7 沸腾床分布板

侧流型分布板的型式很多，沸腾干燥器常用的有锥形侧缝分布板、锥形侧孔分布板、泡帽侧缝分布板等，如图 14-7(b) 所示。其中锥形侧缝分布板是目前用得最多的一种型式，现已被沸腾干燥广泛采用。风帽做成锥形，粒子不会在风帽顶部堆成死床，气体沿侧缝贴分布板面吹起床层，使气体在分布板上获得均匀分布，可消除沟流和死床现象。这种结构加工、制造较容易，且便于安装和检修。

锥形帽在分布板上一般采用等边三角形均匀排列，锥形帽下缘与分布板面之间的缝隙越大，气流速度越大，物料颗粒被吹起越激烈，这样可以消除死角，防止分布板堵塞。但缝隙过小也会影响物料的沸腾干燥时间。

3. 预分布器

为了使气流速度均匀分布后才进入分布板，因此采用了一些不同结构的预分布器，将进入锥底的气体预先分布均匀。常用的预分布器有弯管式、同心圆锥壳式、帽式以及锥底填充式等，如图 14-8 所示。

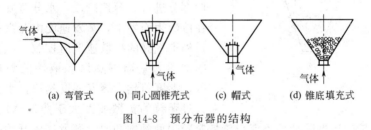

(a) 弯管式　(b) 同心圆锥壳式　(c) 帽式　(d) 锥底填充式

图 14-8　预分布器的结构

弯管式预分布器目前应用最多，主要因为它结构简单，操作可靠，不易堵塞。锥底填充式阻力大，一般很少采用。

第四节　喷雾干燥器

喷雾干燥器在工业上应用已有很久的历史。最早，因为这一工艺过程的热效率低，只用于价格较高的产品（如奶粉）或非用这种干燥方法不可的产品（如热敏性生物化学制品）。近 20 多年来，由于喷雾干燥技术的逐渐完善，应用范围越来越广泛。它不仅用于化学工业中，也用于食品、医药、陶瓷、水泥等工业生产中。

一、喷雾干燥的工作原理

将溶液、乳浊液、悬浮液或浆料在热风中喷雾成细小的液滴，在它下落过程中，水分被蒸发而成为粉末状或颗粒状的产品，称为喷雾干燥。

喷雾干燥的原理如图 14-9 所示，在干燥塔顶部导入热风，同时将料液泵送至塔顶，经过雾化器喷成雾状的液滴，这些液滴群的表面积很大，与高温热风接触后水分迅速蒸发，在极短的时间内便成为干燥产品，从干燥塔底部排出。热风与液滴接触后温度显著降低，湿度增大，它作为废气由排风机抽出。废气中夹带的微粉用分离装置回收。

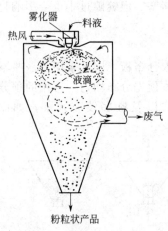

图 14-9 喷雾干燥示意图

物料干燥分等速阶段和减速阶段两部分进行。等速阶段，水分蒸发是在液滴表面发生，蒸发速度由蒸汽通过周围气膜的扩散速度所控制。主要的推动力是周围热风和液滴的温度差，温度差越大蒸发速度越快，水分通过颗粒的扩散速度大于蒸发速度。当扩散速度降低而不能再维持颗粒表面的饱和时，蒸发速度开始减慢，干燥进入减速阶段。此时，颗粒温度开始上升，干燥结束时，物料的温度接近于周围空气的温度。

二、喷雾干燥器的主要部件

喷雾干燥器的主要部件为干燥室、雾化器。其附属设备较多，包括换热器、泵或压缩机、旋风分离器等。

（1）干燥室 根据采用的喷雾干燥方式不同和处理量大小的差异，干燥室的种类也不一样。一般处理量比较小，采用并流干燥的干燥室其高度都不大，多数采用金属板材制造。

对于大型喷雾干燥，逆流干燥方式，干燥室比较高大，多采用钢筋混凝土结构，所以也称为干燥塔或造粒塔，如化肥厂的硝酸铵造粒塔高达 60m，塔径 16m，日产量可达 1000t。

（2）雾化器 雾化器是喷雾干燥装置中的关键部件，它决定产品质量的优劣。雾化器种类很多，各具不同特点，下面介绍几种常用型式。

① 气流式雾化器 是我国应用最广的一种，也称为气流式喷嘴。它有二流式、三流式和四流式等几种类型。图 14-10 为二流式和三流式喷嘴示意图。

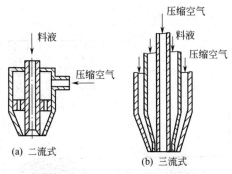

图 14-10 二流式和三流式喷嘴

现以二流式喷嘴为例，中心管（即液体喷嘴）中走料液，压缩空气走环隙。当气液从出口端喷出时，由于气体从环隙喷出的流速很高，一般可达 200～300m/s，甚至达到超声速。而液体流速并不大，一般不超过 2m/s，因此气、液之间存在着很大的相对运动速度，从而产生极大的摩擦力，把料液击碎雾化。喷嘴所用压缩空气的压力一般为 0.3～0.7MPa。

三流式喷嘴具有一个液体通道，两个气体通道。液体夹在两股气流之间，被两股气流冲击雾化，因此雾化效果比二流式更好。

此外还有四流式、旋转-气流杯型雾化器等。气流式雾化器的结构简单，喷嘴磨损小，对不同黏度的液体均可雾化。适用范围很广，操作弹性较大，即处理量有一定伸缩性，而且通过调节气液比可控制雾滴大小，从而控制成品粒度。

② 压力式雾化器 也称压力式喷嘴或机械式喷嘴。其结构原理如图 14-11 所示，由液体切向入口、液体旋转室、喷嘴孔等组成。利用高压泵将液体压力提高到 $1.96 \sim 19.6 \mathrm{MPa}$。高压液体沿切向入口进入旋转室中，液体在旋转室内作旋转运动。旋转半径与旋转速度成反比，愈靠近轴心，旋转速度愈快，其静压则愈小，结果在喷嘴轴心形成一个低压旋流，使喷出液体成为一个绕轴线旋转的环形液膜，液膜向前运动时，逐渐伸长变薄，最后分裂成小雾滴，这样形成的液雾为空心圆锥形，又称空心锥喷雾。

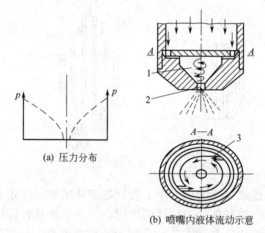

(a) 压力分布

(b) 喷嘴内液体流动示意

图 14-11 压力式喷嘴操作示意图
1—旋转室；2—喷嘴孔；3—切线入口

压力式喷嘴的结构比较简单，制造成本低，操作和检修都比较方便，适用于低黏度液体的雾化。雾化造粒粒度比气流式喷嘴大，所以适用于粒状产品，如速溶奶粉、洗衣粉、粒状染料等。因为它不需要压缩空气，所以动力消耗较气流喷嘴小。但它需要高压泵，同时液体要经过严格过滤，以防喷嘴堵塞。此种喷嘴的另一缺点是磨损大，需采用耐磨材料如人造宝石等制造。同时这种喷嘴不易使高黏度物料雾化，生产能力不易调节，其使用范围因而受到限制。

③ 旋转雾化器　常见的旋转雾化器为圆盘型，其结构如图14-12所示。当料液被送到高速旋转圆盘上时，受到离心力的作用。料液在旋转面上向四周迅速伸展为薄膜，并不断地加速向圆盘边缘运动，离开圆盘边缘时，料液膜被雾化成雾滴，雾滴的大小与圆盘旋转速度和加料量有关，通常旋转圆盘边缘线速度达 60m/s 以上。加料要均匀，不能忽多忽少。

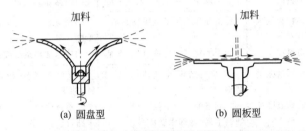

(a) 圆盘型　　　　　(b) 圆板型

图 14-12　旋转式雾化器

旋转雾化器的类型很多，除圆盘型外，尚有圆板型、碗型、杯型、矩形通道型、环形通道型等。这些类型的雾化器在国外干燥设备中应用较多。

旋转雾化器的主要优点是操作简便，适用范围广；料液通道面积大，不易堵塞；动力消耗较大，特别适用于大型喷雾干燥装置中，如大型化肥厂的造粒塔就是采用旋转雾化器进行造粒。

它的主要缺点是雾化器中旋转机构的传动装置复杂，加工制造要求精度高，因此成本较高。旋转离心甩出的雾粒辐射面积大，需要较大直径的干燥室。

三、喷雾干燥器的维修

几种喷雾干燥的常见故障及处理方法见表14-2。

除前面所述的几种典型干燥器外，利用气流进行干燥的设备还有气流干燥器、隧道干燥器、带式干燥器等，利用热传导进行干燥的设备有冷冻干燥器、滚筒干燥器等等，采用微波或辐射干燥的设备有微波干燥、红外线和远红外线干燥器等等。

随着科学技术的发展，新的干燥方法和相应的干燥设备将不断出现，以适应工业生产的要求。

表 14-2 喷雾干燥器常见故障及处理方法

种类	故障现象	故障原因	处理方法
气流式	①严重粘壁 ②颗粒粒度大 ③物料湿	①风压过低 ②风压低、喷嘴不同心或严重磨损 ③干燥空气温度低，风量不足	①调整风压 ②调整风压、更换雾化器 ③检修加热系统或通风机
压力式	①颗粒粒度大 ②物料湿	①液压压力不够或喷嘴磨损 ②干燥空气温度低，风量不足	①调整泵的压力或修理更换喷嘴 ②检修加热系统或送风机
旋转式	①喷洒盘振动 ②轴承温度高	①盘上结垢或轴弯曲、轴承磨损 ②润滑油供应不足、油质不好、油路不通、冷却水管堵塞	①清洗喷洒盘，校直或更换轴、轴承 ②检查供油系统，换油，检查水路，疏通管路

复习思考题

1. 回转圆筒干燥器主要由哪些部件组成？
2. 回转圆筒干燥器的优、缺点是什么？
3. 什么是抄板？它的作用是什么？
4. 回转圆筒干燥器的托轮装置用滚动轴承托轮组时有何特点？
5. 回转干燥器维护时注意些什么？
6. 说明流化干燥的过程是怎样的？
7. 气体分布板的作用是什么？
8. 何谓喷雾干燥？
9. 旋转雾化器工作原理是什么？

第十五章　物料分离设备

化工生产中，经常遇到在气体或液体中悬浮着固体颗粒的情况，根据生产工艺的要求，需要除去气体或液体中的固体悬浮物，因此要采用各种分离设备。由于气体或液体中固体粒子的含量多少和粒度大小等性质的不同，所采用的分离设备也不一样。下面仅就生产中常用的几种分离设备作一简要介绍。

第一节　旋风分离器

悬浮在气体中的固体微粒称为分散物质，它处于分散状态（分散相）；包围在分散物质周围的气体称为分散介质，它处于连续状态（连续相）。这种含有固体微粒的气固混合物称为非均相系混合物。

在化工生产中，常常需要将非均相系混合物进行分离，这种操作称为非均相系分离操作。其目的有如下几点。

（1）净化分散介质　例如，原料气（SO_2）进入催化反应器前，必须除去气体中的灰尘和有害杂质，才能保证催化反应的顺利进行。

（2）回收分散物质　例如，流化床反应器催化剂的回收，喷雾干燥中被干燥粉末物料的回收等。

（3）环境保护　为了保障人民的身体健康，必须除去排放气体中的有害物质。如硅酸盐粉尘，人们吸入后会造成硅沉着病。国家已经颁布了《工业"三废"排放试行标准》。

（4）保证安全　有些物质（如煤、铝、谷物等）的粉尘在空气中达到一定浓度时，遇到明火就会引起爆炸，所以必须清除这些粉尘以保证生产安全。

相系分离所采用的设备一般为旋风分离器。

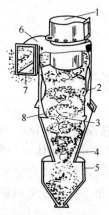

图 15-1　旋风分离器
1—旋涡形出口；2—外筒；
3—内螺旋气流；4—倒锥体；
5—集尘器；6—切线入口；
7—入口；8—外螺旋气流

一、旋风分离器的作用原理和结构

旋风分离器也叫旋风除尘器。其结构简单，分离效果好，因此被广泛采用。

旋风分离器主要由三部分组成：内筒（也称排气管）、外筒和倒锥体，如图 15-1 所示。

含有固体粒子的气体以很大的流速（20m/s）从旋风分离器上端切向矩形入口沿切线方向进入旋风分离器的内处筒之间，由上向下作螺旋旋转运动，形成外涡旋，逐渐到达锥体底部，气流中的固体粒子在离心力的作用下被甩向器壁，由于重力的作用和气流带动而滑落到底部集尘斗。向下的气流到达底部后，绕分离器的轴线旋转螺旋上升，形成内涡旋，由分离器的出口管排出。

二、旋风分离器的种类

旋风分离器的种类很多，现将化工生产中常用的旋风分离器介绍如下。

1. CLT/A 型旋风分离器

这种旋风分离器将入口做成下倾的螺旋切线型，倾斜角为 $15°$，同时将内圆筒部分加长，其规格与性能见表 15-1。

表 15-1　CLT/A 型旋风分离器的规格性能

型　　号	圆筒直径 D/mm	进口气速 $u_λ$/(m·s^{-1})		
		12	15	18
		压力降 $Δp$/mmH$_2$O		
		77	121	174
CLT/A-1.5	150	170	210	250
CLT/A-2.0	200	300	370	440
CLT/A-2.5	250	400	580	690
CLT/A-3.0	300	670	830	1000
CLT/A-3.5	350	910	1140	1360
CLT/A-4.0	400	1180	1480	1780
CLT/A-4.5	450	1500	1870	2250

型　号	圆筒直径 D/mm	进口气速 u_λ/(m·s^{-1})		
		12	15	18
		压力降 Δp/mmH$_2$O		
		77	121	174
CLT/A-5.0	500	1860	2320	2780
CLT/A-5.5	550	2240	2800	3360
CLT/A-6.0	600	2670	3340	4000
CLT/A-6.5	650	3130	3920	4700
CLT/A-7.0	700	3630	4540	5440
CLT/A-7.5	750	4170	5210	6250
CLT/A-8.0	800	4750	5940	7130

注：1. 表内所列生产能力数值是气体流量，m^3/h；

2. 压力降是气体密度 $\rho=1.2$kg/m^3 时的数值；

3. 1mmH$_2$O=9.807Pa。

　　CLT/A 型旋风分离器由于在通风系统中安装的位置不同，又可分为两种：Y 型为压入式（上部不带蜗壳），安装在风机后面；X 型为吸入式（上部带蜗壳），安装在风机前面，其结构如图 15-2 所示。

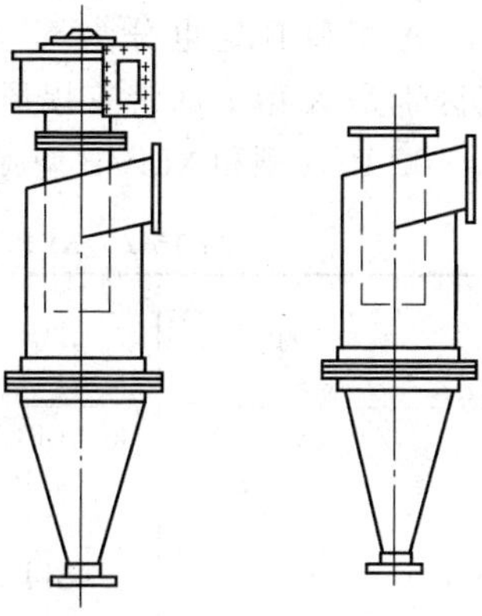

　　2. XLP 型旋风分离器

　　XLP 型（旧称 CLP）分离器也称旁路旋风分离器。它是利用在旋风分离器上端产生的上涡旋气流携带粉尘环进入专门设在顶盖附近的分离口 1，让这股含粉尘较多的气流经过旁路室直接进入涡旋。在分离器中部设有第二分离口 2，一部分下涡旋气流带着粉尘由此口进入旁路室，再进入底部，其结构原理如图 15-3 所示。

(a) X型　　　　(b) Y型

图 15-2　CLT/A 型旋风分离器

　　XLP 型旋风分离器有两种型式，如图 15-4 所示，它们不同之处是旁路分离室不一样，A 型的旁路分离室只有下部为螺旋形，B 型的整个旁路分离室都是螺旋形，B 型与 A 型相比制造较困难，但效率高，阻力损失小。

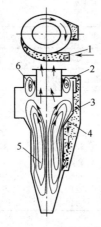

图 15-3 XLP 型旋风分离器
气流示意图

1—含尘气体入口；2—分离口1；

3—旁路分离室；4—分离口2；

5—下涡旋；6—上涡旋

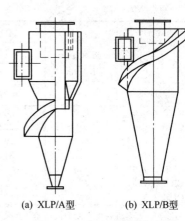

(a) XLP/A型   (b) XLP/B型

图 15-4 XLP 型旋风分离器

A 型和 B 型也分为 Y 型（压入式）和 X 型（吸入式）两种，其区别是 X 型上部带有蜗形室。

XLP/A 型和 XLP/B 型旋风分离器的主要性能见表 15-2 和表 15-3。

表 15-2 XLP/A 型旋风分离器的主要性能

项 目	型 号	进口风速 $u_\lambda/(\mathrm{m \cdot s^{-1}})$		
		12	15	17
风量/(m³·h⁻¹)	XLP/A-3.0[①]	750	935	1060
	XLP/A-4.2	1460	1820	2060
	XLP/A-5.4	2280	2850	3230
	XLP/A-7.0	4020	5020	5700
	XLP/A-8.2	5500	6870	7790
	XLP/A-9.4	7520	9400	10650
	XLP/A-10.6	9520	11910	13500
阻力/mmH₂O	X 型	70	110	140
	Y 型	60	94	126
灰箱静压/mmH₂O	X 型	−93	−174	−190
	Y 型	−13	−27	−34

① XLP/A 后的数字为分离器外筒直径，单位为 1/10m。

表 15-3　XLP/B 型旋风分离器的主要性能

项　　目	型　号	进口风速 $u_\lambda/(\text{m} \cdot \text{s}^{-1})$		
		12	16	20
风量/($\text{m}^3 \cdot \text{h}^{-1}$)	XLP/B-3.0	630	842	1050
	XLP/B-4.2	1280	1700	2130
	XLP/B-5.4	2090	2780	3480
	XLP/B-7.4	3650	4860	6080
	XLP/B-8.2	5030	6710	8380
	XLP/B-9.4	6550	8740	10920
	XLP/B-10.6	8370	11170	19930
阻力/mmH$_2$O	X 型	50	89	145
	Y 型	42	70	115
灰箱静压/mmH$_2$O	X 型	−89	−162	−275
	Y 型	−28	−47	−76

注：1mmH$_2$O＝9.807Pa。

3. 扩散式旋风分离器

CLT/A 型和 XLP/B 型两种旋风分离器，当内涡旋由底部旋转向上时，会将底部已经分离下来的粉尘重新卷起带走，特别是微细粉尘。为解决这一问题，发展了扩散式旋风分离器，其结构如图 15-5 所示。

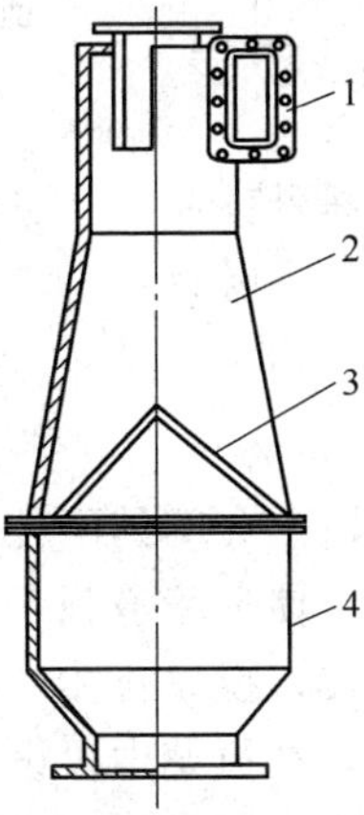

这种旋风分离器的外筒为上细下粗的圆锥体，在圆锥体的下部设有表面光滑的圆锥形挡灰盘（反射屏）。在外筒内壁与圆锥形挡灰盘底缘之间留有一定缝隙，粉尘沿内壁滑落经此缝隙落入灰箱。气体则由挡灰盘上部旋转向上。这样就避免了集尘箱内的粉尘被气流重新卷起而带走，从而提高了分离效率。

这种分离器与前两种比较结构简单，容易制造，除尘效率高，并且排尘方便，不易堵塞。

图 15-5　扩散式旋风分离器
1—气体入口；2—圆锥体；
3—挡灰盘；4—灰箱

三、排尘装置

排尘装置的结构形式应根据粉尘的性质、排尘量的大小、干湿程度和采用的排尘方式（连续排尘或间歇排尘）而定。下面介绍几种常用排尘装置的结构。

（1）翻板排尘阀 这种排尘阀是利用重锤和翻板上积尘重量的平衡关系来控制排尘量的。当集尘量超过一定值时，翻板就被压开，粉尘下落；粉尘排除后，靠重锤的重力作用，使翻板自动关闭。为了达到更好的密封作用，常采用双层翻板，如图15-6(a)所示。

（2）星形排尘阀 这种排尘阀的结构如图15-6(b)所示。星形叶轮由转动装置带动，转速较慢（一般 10～15r/min）。为了达到良好的密封目的，在叶片（刮板）外缘镶有橡胶条来加强叶轮与外壳之间的密封。橡胶条常采用耐磨和耐热橡胶制作。

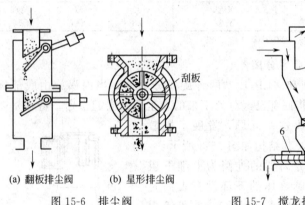

(a) 翻板排尘阀　(b) 星形排尘阀

图 15-6　排尘阀

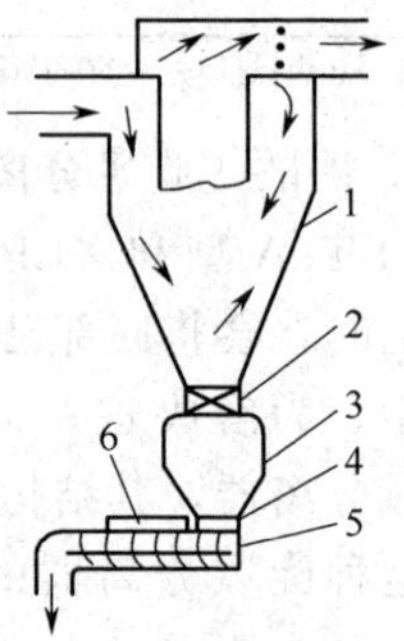

图 15-7　搅龙排尘示意图

1—旋风分离器；2—排尘阀；3—集尘计；
4—圆盘给料器；5—搅龙；6—加水器

以上介绍的两种排尘装置均属于干法排尘，排出的粉尘会大量飞扬，使环境遭到污染。

（3）搅龙排尘 如图15-7所示，采用搅龙（螺旋输送器）排尘时，在搅龙中段设一加水器，加入一定量的水，把粉尘搅拌成泥块排出，以便克服干法排尘的缺点，同时也便于运输。

四、旋风分离器的选择和使用

旋风分离器是靠离心力的作用来分离粉尘的，如果选择的规格过大而风量小，则气流速度就不够大，产生的离心力也就不大，分离效果必然差，如果选择的规格过小而风量大，则气流速度增大，气体通过旋风分离器的阻力损失也增大，必然增加动力消耗。因此，旋风分离器选择规格要适当，才能收到较好的经济效果。

旋风分离器在使用时应注意底部的排灰口不能漏气，因为灰口处是负压区，稍不严密就会漏入大量空气，将沉集的粉尘带入上升气流而卷走，使分离效率显著下降。

旋风分离器要及时排灰，对气体中所含粉尘量大或为吸湿性粉尘时，容易在旋风分离器底部堵塞。一般应在旋风分离器下部加一个集尘斗，效果更好。

第二节　离　心　机

一、概述

离心机是应用在化工生产过程中的分离机械，广泛用于化肥、制药、有机合成、塑料、染料等行业。离心机是借离心力场来实现分离过程的，用于分离悬浮液或乳浊液，将悬浮液中的固相和液相分离开来或将乳浊液中的轻重相液体组分分离开来。为了加速液固相的分离过程，化工生产中亦大量使用过滤离心机；过滤离心机是借重力场或压差来实现分离过程的，用于分离含有大量固相的悬浮液。在分离过程中，一般称未过滤的液-液物料或液-固物料为母液，被分离出来的固体物料为滤饼或滤渣，被分离出来的液体物料为滤液。按照分离的过程，通常将分离机械分为两大类——间歇式分离机械和连续式分离机械。随着现代技术的发展，为了满足生产过程的需要，越来越多地采用连续分离机械，有的间歇式分离机械（如三足式离心机）也采用了程序控制而自动连续地运行，强化了生产。

二、离心过程的分类

离心过程一般可分为三种：离心过滤、离心沉降和离心分离。

（1）离心过滤　离心过滤过程常用于分离含固体粒子较多而且粒子较大的悬浮液。如图 15-8(a) 所示，在高速旋转的转鼓鼓壁上开有许多小孔，鼓壁内衬金属丝编织网和滤布，悬浮液在转鼓内由于离心力的作用被甩到滤布上，其中固体颗粒被滤布截留形成滤渣层，液体（滤液）则穿过滤布孔隙和转鼓上的小孔被甩出。随着转鼓不停地转动，滤渣层在离心力作用下被逐步压紧，其孔隙中的液体则在离心力作用下被不断地甩出，最后得到较干燥的滤渣。

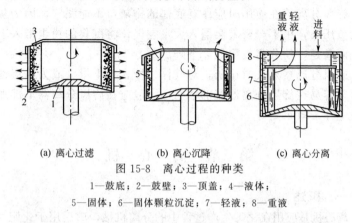

(a) 离心过滤　　　　(b) 离心沉降　　　　(c) 离心分离

图 15-8　离心过程的种类

1—鼓底；2—鼓壁；3—顶盖；4—液体；

5—固体；6—固体颗粒沉淀；7—轻液；8—重液

（2）离心沉降　离心沉降过程常用于分离含固体颗粒较少而且粒子较微细的悬浮液。如图 15-8（b）所示，转鼓壁上下开孔也不用滤布，当悬浮液随转鼓一同高速旋转时，其中固体粒子的质量较液体的大，其离心力也较液体大，所以粒度较大的粒子首先沉降在鼓壁上，粒度较小的粒子沉降在里层，澄清液则在最里层，用引流装置排出转鼓外，使悬浮液得到分离。

（3）离心分离　离心分离过程实际上也是一种离心沉降过程，不过它是专指对两种密度不同的液体混合而成的乳浊液的分离，转鼓也不开孔。在离心力的作用下，乳浊液按密度不同分为两层，密度大的。液体靠近鼓壁，密度小的液体在里层，也是通过引出装置分别引出，如图 15-8（c）所示。

三、离心机的分类

离心机是一种高效率的分离设备，与其他分离设备比较，它具有生产能力大、附属设备少、结构紧凑、占地面积小、建筑费用低等优点。目前已成为工业上进行液相非均一体系分离所广泛采用的通用机械。例如化肥生产中硫酸铵或碳酸氢铵结晶和母液的分离；三大合成工业中合成纤维、合成塑料、合成橡胶的制造；石油炼制中燃料油和润滑油的提纯；医药生产中各种抗菌素、酵母、葡萄糖及其他药物结晶的分离等。

离心机可按其特点作如下分类。

（1）**按转鼓转速分** 常速离心机（一般转速为 6.6～20r/s），高速离心机和超高速离心机（转速在 833r/s 以上）。

（2）**按分离过程分** 过滤式离心机、沉降式离心机和离心分离机。

（3）**按运转方式分**

① 间歇运转离心机：这种离心机的加料、分离、洗涤、卸渣等操作过程均系间歇进行，而且在加料和卸渣时，往往需要慢车甚至停车；属于这种类型的有三足式、上悬式离心机等。

② 连续运转离心机：这类离心机的特点是所有操作过程都在全速运转下连续或间歇自动进行。按照卸渣方式的不同，又可分为刮刀卸料离心机、活塞推料离心机、螺旋卸料离心机、振动卸料离心机、进动（颠动）卸料离心机。

此外，按照转鼓轴线在空间的位置，离心机又分为立式、卧式和倾斜式等。

为了便于制造、维修和选用及统一各类离心机的型号名称，我国颁布了 GB/T 7779—2005 "离心机型号编制法"，可参照使用，如图 15-9 所示。

离心机型号由基本代号、特性代号、主参数、转鼓与分离物料相接触部分材料代号 4 部分组成。具体表示方法如图 15-9。

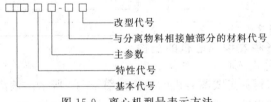

图 15-9 离心机型号表示方法

离心机型号的基本代号、特性代号和主参数应符合表 15-4 的规定。

转鼓与分离物料相接触部分的材料代号，用材料名称中有代表性的大写汉语拼音字母表示，应符合表 15-5 的规定。

编写示例

三足式手动刮刀下卸料沉降离心机，转鼓表面涂塑料，转鼓最大内径为 800mm；SCG800-S 三足式沉降离心机。

表 15-4　离心机型号表示方法（部分）

基本代号						特性代号		主参数	
类别		型式		特征					
名称	代号	名称	代号	名称	代号	名称	代号	名称	单位
三足式离心机	S	过滤型沉降型	—G	人工上卸料	S	普通	—	转鼓内径	mm
				抽吸上卸料	C	全自动	Z		
				吊袋上卸料	D	密闭	M		
				人工下卸料	X	液压驱动刮刀	Y		
				刮刀下卸料	G	气压驱动刮刀	Q		
				翻转卸料	F	电动驱动刮刀	D		
						电机直联式	L		
						变频驱动	B		
						虹吸式	H		
上悬式离心机	X	过滤型	—	机械卸料	J	人工操作	—	转鼓内径	mm
				人工卸料	R	全自动操作	Z		
				重力卸料	Z				
				离心卸料	L				
刮刀卸料离心机	G	过滤型沉降型虹吸过滤型	—CH	宽刮刀	K	斜槽推料螺旋推料	—L	转鼓内径	mm
						隔爆	F		
				窄刮刀	Z	密闭	M		
						双转鼓型	S		

表 15-5　转鼓与分离物料相接触部分的材料代号表

与分离物料相接触部分的材料代号	代号	与分离物料相接触部分的材料代号	代号
碳钢	G	衬塑	S
钛合金	I	木质	M
耐蚀钢	N	铜	T
铝合金	L	搪瓷	C
橡胶或衬胶	X		

四、各种类型离心机的结构

1. 三足式离心机

上部卸料三足式离心机的结构如图 15-10 所示。该离心机的转鼓 5 安装在主轴 9 的上端，主轴安装在轴承 10 的一对滚动轴承内，轴承座用螺栓固定在底盘 1 上，底盘 1 悬挂在三个支足 2 上。电动机通过三角皮带和皮带轮驱动主轴旋转。离心机的外壳、底盘、转子和电机均悬挂在三个支足 2 的三根摆杆 4 下面，摆杆的两端均用球面螺母及球面垫圈分别与底盘及支足联接，使整个机身可自由摆动，缓冲弹簧 3 产生的伸张力可使球面垫圈接触部分始终保持贴紧，不致因振动而产生冲击。这种结构使整个离心机处于挠性悬吊状态，大大地隔离了由于转鼓内物料分布不均而引起的振动。

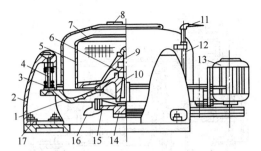

图 15-10　上部卸料三足式离心机

1—底盘；2—支足；3—缓冲弹簧；4—摆杆；5—转鼓；6—转鼓底；7—拦
液板；8—机盖；9—主轴；10—轴承座；11—制动手柄；12—外壳；
13—电机；14—皮带轮；15—制动轮；16—滤液出口；17—机座

　　三足式离心机为间歇运转，开停车较为频繁，故在主轴上装有制动器以缩短停车时间。

　　上部卸料三足离心机的卸料是停车后由人工从转鼓上方取出的，因此劳动强度较大。但它的主要优点是结构简单，易于制造，过滤时间可自由掌握。它适于分离悬浮液或纤维物料的脱水，对于小批量、多品种物料的分离尤为适用。我国生产的这种离心机的型号有 SS-300、SS-450、SS-600、SS-800、SS-1800 等。它们的有效容积 $V=20\sim600$ L，转速 $n=12.2\sim35.8 \mathrm{s}^{-1}$。

　　图 15-11 为下部卸料三足式离心机。这种离心机转鼓结构与上部卸料三足离心机的转鼓基本相同，转鼓底部开有卸料口 6。卸料刮刀机构由液压系统控制，主要由刮刀升降油缸 3、刮刀回转油缸 4 和刮刀 2 等组成。卸料时转鼓转速降低到 $0.33\sim0.5 \mathrm{s}^{-1}$。卸料刮刀机构由副电机带动卸料。

　　这种离心机的型号有 SX-800、SX-915、SX-1000、SX-1200 等几种。

　　2. 上悬式离心机

　　这种离心机按其卸料方式不同可分为上悬式重力卸料离心机（XZ）和上悬式机械卸料离心机（XJ）两种。图 15-12 为上悬式重力卸料离心机。这种离心机的结构特征是：转鼓 1 悬吊在电机和传动装置下面，主轴 5 的上端装设轴承座 8，主轴与电动机的联接采用了挠性联轴器 9，主轴下端用幅条与转鼓壁相联以便滤渣从下面排出。采用这种结构的优点是：

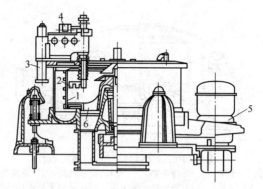

图 15-11 下部卸料三足式离心机

1—转鼓；2—刮刀；3—刮刀升降油缸；4—刮刀回转油缸；5—齿轮箱；6—卸料口

① 转鼓重心在悬挂点之下并远离支点，使转鼓具有良好的铅垂性和稳定性；

② 采用了挠性联轴器和自动调心轴承，提高了转鼓自动对中的能力，使其运转平稳；

③ 由转鼓下部卸料，操作方便，大大减轻了劳动强度。

重力卸料上悬式离心机的鼓壁制成柱锥组合的型式，如图 15-12 所示。在运转分离阶段，出口用能够上下运动的喇叭罩 2 盖住，卸料时转鼓停车或减速，可通过人工或机械提起喇叭罩，滤渣在重力作用下自动卸出。

重力卸料的优点是不破损滤渣的晶粒，不损伤滤布，对黏度不大、比较疏散的滤渣是比较适用的，但对一些黏度较大、在离心力作用下被压得很结实的物料就不适用了。

图 15-13 所示为上悬式机械卸料离心机。这种离心机的转鼓为圆筒形平底，以便刮刀沿转鼓壁刮取滤渣。整个刮刀机构固定在刀架 3 上，刮刀固定在螺杆 7 上，转动手轮 6 可使螺杆沿轴向运动，带动刮刀进行轴向进刀，转动手轮 5 可使活动刀架 4 和刮刀一起转动，从而进行径向进刀。卸料在低转速下进行。刮刀是一种强制性卸料，卸料比较迅速。但它使滤渣一部分晶粒遭到破碎，同时在刮料时容易引起转鼓振动，因此需要控制进刀量和卸料时间。

上悬式离心机的优点是结构简单，运转平稳，卸料方便。其缺点是

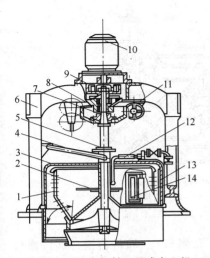

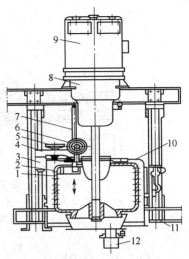

图 15-12　重力卸料上悬式离心机
1—转鼓；2—分布盘及喇叭罩；3—外壳；
4—喇叭罩提升装置；5—主轴；6—机架；
7—制动轮；8—轴承座；9—挠性连轴节；
10—电机；11—制动器；12—洗涤管；
13—冲洗管；14—视镜

图 15-13　机械卸料上悬式离心机
1—转鼓；2—刮刀；3—刮刀的固定架；
4—刮刀的活动架；5—径向进刀手轮；
6—轴向进刀手轮；7—轴向进刀螺杆；
8—支承结构；9—电机；10—外壳；
11—支架；12—分流器

因间歇操作，动力消耗大，生产能力低。这种离心机适用于分离含中、细粒度的悬浮液，如砂糖、葡萄糖、盐类及聚氯乙烯树脂等。我国目前生产的上悬式离心机有 XZ-760、XZ-1000、XZ-1200、XJK-1000、XJK-1200 等。它们的转速为 12.7～24.2s^{-1}，转鼓材料为碳钢或不锈钢。

3. 卧式刮刀卸料离心机

卧式刮刀卸料离心机是一种连续运转，间歇操作，并用刮刀卸除物料的过滤式离心机。这种离心机是在转鼓全速连续运转的情况下，依次自动进行进料、洗料、分离、卸料、洗网等各个操作工序，每个工序的持续时间，可根据事先预定的要求，由电气、液压系统进行自动控制，它的结构如图 15-14 所示。

离心机的主轴 1 水平地支承在一对滚动轴承上，转鼓 3 装在主轴的外伸端，转鼓由过滤式鼓壁、鼓底和拦液板三部分组成，鼓壁内衬有底网和滤网，有的转鼓内装有耙齿，作均布物料及控制料层厚度之用。主轴、轴承座及外壳 2 固定在机座 8 上，外壳前盖上装有刮刀机

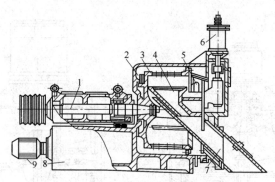

图 15-14 卧式刮刀卸料离心机

1—主轴；2—外壳；3—转鼓；4—刮刀机构；5—加料管；
6—提刀油缸；7—卸料斜槽；8—机座；9—油泵电机

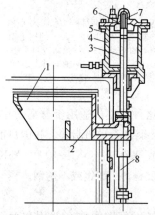

图 15-15 上提式宽刀机结构

1—刀片；2—刀架；3—活塞杆；
4—油缸；5—活塞；6—油缸盖；
7—调节螺钉；8—导向杆

构 4、加料管 5、卸料斜槽 7 和洗涤管等。主轴由三角皮带驱动。

操作时，先空载启动转鼓达到工作转速，然后打开进料阀，悬浮液沿进料管进入转鼓，滤液则通过转鼓壁被甩出，并沿机壳内壁流入排液管，粒状物料被拦截在转鼓内形成滤渣层，达到一定厚度，即停止进料，进行洗涤和甩干等过程。达到工艺要求后，通过油缸活塞带动刮刀向上运动，刮下滤渣，滤渣沿卸槽卸出。每次加料前要用洗液清洗滤网上所残留的滤渣，恢复网孔。洗网结束随即进行第二个循环。

按照刮刀的刀刃长度不同，刮刀可分为宽刀和窄刀两种。宽刀刀刃较长，稍小于转鼓长度，能在转鼓长度范围内将物料一次刮下，而不需要作轴向送进运动。因此，宽刀控制机构简单，但因刀刃接触物料长度大，所以受力大，要求刀架刚性要好。宽刀适用于松软的滤渣。

按照刮刀径向运动方向，宽刀机构又分为上提式宽刀机构和旋转式宽刀机构两种。如图 15-15 所示为上提式宽刀机构，在这种机构中，油缸内具有一定压力的油推动活塞上移，活塞连杆同力架也同时上移，使刀刃切入料层刮取物料。图 15-16 为旋转刮刀机结构，它是使油缸内活塞移动时，带动活塞杆上下移动，活塞杆带动连杆机构使刀转动，从而使刀刃切入料层。

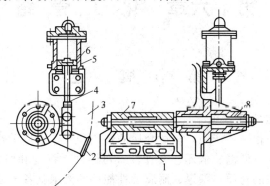

图 15-16　旋转式宽刀卸料机结构
1—刀架；2—刀片；3—刀片旋转弧线；4—活塞杆；
5—油缸；6—活塞；7—旋转轴；8—支架

卧式刮刀离心机可连续运转，能自动控制各工序的操作，生产能力大，劳动强度小，适用于多种物料的分离，在石油化工生产中被广泛采用。

目前我国生产的卧式刮刀卸料离心机有 WG-450、WG-600、WG-800、WG-1200、WG-1500，它们的转速在 $10 \sim 58.3s^{-1}$ 之间。

除以上介绍的几种常用离心机外，还有卧式活塞推料离心机、螺旋卸料离心机、立式锥篮离心机等，这里就不一一介绍了。

复习思考题

1. 旋风分离器主要由哪几部分组成？

2. 旋风分离器的工作过程是怎样的？

3. 扩散式旋风分离器有何特点？

4. 旋风分离器的排尘装置的结构形式根据什么而定？

5. 离心过滤一般应用在什么场合？离心过滤过程是怎样的？

6. 离心沉降一般应用在什么场合？过程是怎样的？

7. 卧式离心刮刀卸料离心机的特点是什么？

第十六章 化 工 管 路

第一节 概 述

一、管路的分类

在石油化工生产中，输送介质的性质和操作条件千差万别，如高温、高压、低温、低压、爆炸性、可燃性、毒性和腐蚀性等等。因此对管路的材质、壁厚、耐腐蚀性能等的要求就各不相同，从而使化工管路的种类繁多。

按输送介质压力可分为：高压管、中低压管。

按输送介质的种类可分为：水煤气管、蒸气管、压缩空气管、氧气管、氮气管、氨气管、酸液管、碱液管、给水管、排水管等等。

按管路的材质可分为：金属管（无缝钢管、有缝钢管、铸铁管、不锈钢管及铜、铝、铅等有色金属管等）；非金属管（塑料管、玻璃钢管、陶瓷管等）。

二、管路的标准化

为了简化管子和管件产品的规格，便于批量生产，使管件具有互换性，方便设计制造和安装检修，所以要制定标准。管路的标准化就是统一规定管子和管件的主要结构尺寸与参数，即公称直径与公称压力，具有相同公称直径与公称压力的管子和管件，都可以互相配合或互换使用。

（1）公称直径 压力容器和化工设备的公称直径是指其内径，而管子的公称直径则既不是它的内径，也不是它的外径，而是与它内径相近的一个整数值。因此它是一个"名义"内径，一般以 DN 表示。公称直径也称公称通径，普通无缝钢管的规格见表 16-1。

表 16-1 普通无缝钢管规格及壁厚选用

公称直径 DN	相当的管螺纹 G	外径/mm		壁厚/mm				
		大外径	小外径	PN25	PN40	PN64	PN100	PN160
10	3/8″	17	(14)		2.0	2.5	3.0	3.0
15	1/2″	22	(18)		2.5	2.5	3.0	4.0
20	3/4″	27	(25)		2.5	3.0	3.0	4.5
25	1″	34	(32)		3.0	3.5	4.5	5.0
40	1½″	48	(45)		3.5	3.5	5.0	7.0
50	2″	60	(57)		3.5	4.0	5.0	7.0
80	3″	89			4.0	5.0	6.0	9.0
100	4″	114	(108)		4.0	6.0	8.0	10.0
150	6″	168	(159)		5.0	8.0	12.0	14.0
200	8″	219			7.0	10.0	14.0	18.0
250	10″	273			8.0	11.0	16.0	22.0
300	12″	325			9.0	12.0	20.0	25.0
350		377			10.0	16.0	22.0	
400		426		9	11.0	18.0	25.0	
450		480		9	12.0			

注：1″=2.54cm。

（2）公称压力 公称压力是为了设计、制造和使用方便，而人为地规定的一种标准压力，通常以 PN 表示，如公称压力 10MPa，用 PN10 表示。

管路进行水压试验时所规定的压力称为试验压力，以 p_s 表示，例如试验压力 15MPa，用 p_s15 表示。

三、管路的连接方法

1. 螺纹连接

螺纹连接也称丝扣连接，只适用于公称直径不超过 65mm、工作压力不超过 1MPa、介质温度不超过 373K 的热水管路和公称直径不超过 100mm、公称压力不超过 0.98MPa 的给水管路；也可用于公称直径不超过 50mm、工作压力不超过 0.196MPa 的饱和蒸汽管路；此外，只有在连接螺纹的阀件和设备时，才能采用螺纹连接。螺纹连接时，在螺纹之间常加麻丝、石棉线、铅油等填料。现一般采用聚四氟乙烯作填料，密封效果较好。

2. 焊接

焊接是管路连接的主要形式，一般采用气焊、手工电弧焊、手工氩弧焊、埋弧自动焊、埋弧半自动焊、接触焊和气压焊等。在施工现场焊接碳钢管路，常采用气焊或手工电弧焊。电焊的焊缝强度比气焊的焊缝强度高，并且比气焊经济，因此，应优先采用电焊连接。只有公称直径小于80mm，壁厚小于4mm的管子才用气焊连接。

3. 法兰连接

法兰连接在石油、化工管路中应用极为广泛，它的优点是强度高、密封性能好、适用范围广、拆卸、安装方便。中、低压管路常采用平焊法兰连接。低压采用光滑密封面，压力较高时则采用凹凸型密封面，通常采用的垫片为非金属软垫片。高压管路连接常采用平面形和锥面形两种连接法兰。平面型要求密封面必须光滑，采用软金属（铝、紫铜等）做垫片；锥面型的端面为光滑锥形面。垫片为凸透镜式，用低碳钢制成。

在法兰连接的管道安装时，首先应对法兰密封面和密封垫片进行外观检查，不得有影响密封性能的缺陷存在。相互连接的法兰应保持平行，在安装中不得用强紧螺栓的办法来消除歪斜，也不得用加热管子、加偏垫或多层垫片的方法来消除法兰端面间的空隙、偏差、错口或不同心等缺陷，螺栓紧固后法兰的平行偏差应不大于法兰外径的1.5/1000，且不大于2mm。法兰连接应保持同轴，螺孔中心偏差一般不得超过孔径的5%，保证螺栓能自由穿入。安装时所使用的螺栓应规格相同、安装方向一致，紧固螺栓应对称均匀地进行，松紧适度，紧固后的螺栓应与法兰紧贴，没有楔缝，需加垫圈时，每个螺栓不能超过1个，紧固后的螺栓外露长度不大于2倍螺距，如采用较短的螺栓，其顶部应与螺母齐平。如系不锈钢、合金钢螺栓和螺母，或用于介质温度高于100℃或低于0℃的管道、露天管道、输送腐蚀介质的管道以及有大气腐蚀管道的螺栓、螺母，应涂以二硫化钼润滑脂、石墨机油、石墨粉等润滑剂，以使日后检修时易于拆卸。垫片安装时，可根据需要分别涂以干黄油、石墨粉、二硫化钼润滑脂、机油调石墨或干茸油调石墨等，以防止黏合。如密封垫片采用软垫片时，周边应整齐，垫片尺寸应与法兰密封面相符。用于大直径管道的垫片需拼接时，应采用斜口搭接或迷宫形式，不得采用平口对接。用于高、中压管道的软钢、铜、铝等金属垫片，安装之前应进行退火处理。不锈钢管道法兰用的非金属垫片，其氯离子含量不得超过 50mg/kg。

4. 承插连接

在化工管道中，用作输水的铸铁管多采用承插连接。承插连接适用于铸铁管、陶瓷管、塑料管等，如图 16-1 所示。它主要应用在压力不大的上、下水管路。

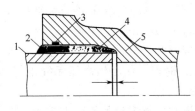

图 16-1 承插连接
1—插口；2—沥青；3—石棉水泥或铅；4—油麻绳；5—承口

承插连接时，插口和承口接头处留有一定的轴向间隙，在间隙里填充密封填料。对于铸铁管，先填 2/3 深度的油麻绳，然后填一定深度的石棉水泥（石棉 30％，水泥 70％），在重要场合不填石棉水泥，而灌铅。最后涂一层沥青防腐层。陶瓷管在填塞油麻绳后，再填水泥砂浆即可，它一般应用于下水管。

第二节　金属管和非金属管

一、金属管

在石油、化工生产中，金属管占有相当大的比例，常用的金属管介绍如下。

1. 有缝钢管

有缝钢管可分为水、煤气钢管和电焊钢管两类。

(1) 水、煤气钢管　水、煤气钢管一般用普通碳素钢制成，按其表面质量分镀锌管和不镀锌管两种。镀锌的水、煤气管习惯上称为白铁管，不镀锌的习惯上称为黑铁管。按管壁厚度又可分为普通的、加厚的和薄壁的三种。它主要应用在水、煤气管路上，所以称为水、煤气管。其品种规格见表 16-1。

(2) 电焊钢管　电焊钢管是用低碳薄钢板卷成管形后电焊而

成。有直焊缝和螺旋焊缝两种。直焊缝主要用于压力不大和温度不太高的流体管路，螺旋焊缝主要用于煤气、天然气、冷凝水管路。近些年来石油输送管路多采用螺旋缝电焊钢管。

2. 无缝钢管

无缝钢管按制造方法不同，可分为热轧无缝钢管和冷拔无缝钢管两类。无缝钢管的品种和规格很多，热轧无缝钢管的规格为：外径 32~630mm，壁厚 2.5~7.5mm，管长 4~12.5m；冷拔无缝钢管的规格为：外径 2~150mm，壁厚 0.25~14mm，管子长 1.5~9m。

无缝钢管根据它的材质、化学成分和机械性能以及用途，又可分为普通无缝钢管、石油裂化用无缝钢管、化肥用高压无缝钢管、锅炉用高压无缝钢管、不锈耐酸无缝钢管等等。

无缝钢管强度高，主要用在高压和较高温度的管路上或作为换热器和锅炉的加热管。在酸、碱强腐蚀性介质管路上，可采用不锈耐酸无缝钢管。

3. 铸铁管

铸铁管可分为普通铸铁管和硅铁管两种。

（1）普通铸铁管　普通铸铁管是用灰铸铁铸造而成的，主要用于埋在地下的给水总管、煤气总管、污水管等，它对泥土、酸、碱具有较好的耐腐蚀性能。但它的强度低、脆性大，所以不能用于压力较高或有毒、爆炸性介质的管路上。

（2）硅铁管　硅铁管可分为高硅铁管和抗氯硅铁管两种。高硅铁管能抵抗多种强酸的腐蚀，它的硬度高，不易加工，受振动和冲击易碎。抗氯硅铁管主要是能够抵抗各种温度和浓度盐酸的腐蚀。

4. 紫铜管和黄铜管

主要用于制造换热器或低温设备，因为它的导热系数大，低温时机械性能好，所以深度冷冻和空分设备广泛采用。拉制紫铜管的外径最大为 360mm，挤制的最大外径为 280mm，管壁厚 5~30mm，管长 1~6m。

当工作温度高于 523K 时，紫铜管和黄铜管都不宜在介质压力作用下使用。但在低温时它确有较好的机械性能，因此深度冷冻的管路则采用紫铜管或黄铜管。它们的连接可采用钎焊、螺纹连接或活套法兰连接。

5. 铝管

铝管有纯铝管和铝合金管两种，主要用于浓硝酸、醋酸、蚁酸等的输送管路上，它们不耐碱的腐蚀。工作温度高于 433K 时，不宜用于压力管路。

6. 铅管

铅管质软、相对密度大，加入锑 8%～10% 可制成硬铅管，它能耐硫酸腐蚀，所以主要用于硫酸管路上。但是在安装时，管外壁必须有支护的托架，并且支承装置的间距不能太大，以防管子由于自重下坠而变形。

二、非金属管

(1) 塑料管　常用的塑料管为硬聚氯乙烯塑料管，它是以聚氯乙烯为原料，加入增塑剂、稳定剂、润滑剂等制成的，是一种热塑型塑料管，易于加工成型，加热到 403～413K 时即成柔软状态，利用不同形状的模具便可压制成各种零件。它具有可焊性，当加热到 473～523K 时，即变为熔融状态，用聚氯乙烯焊条就能将它焊接，操作比较容易，冷却后能保持一定强度。

硬聚氯乙烯管可用在压力 $p = 0.49 \sim 0.588 MPa$ 和温度为 263～313K 的管路上，耐酸、碱的腐蚀性能较好，可参考表 16-2。

表 16-2　硬聚氯乙烯塑料的耐腐蚀性能

介　质	含　量/%	温　度/K	耐腐蚀性能
液氨	100	293	尚耐
	100	333	尚耐
氨水	饱和	313	耐
	饱和	333	尚耐
	23	344	耐
硝酸	≤50	332	尚耐
	≤50	333	耐
	50～70	293	耐
	70	333	尚耐
	40	341	耐
	95～98	293	不耐

续表

介　质	含　量/%	温　度/K	耐腐蚀性能
硫酸	≤40	313	耐
	≤80	333	尚耐
	70	344	耐
	80～90	313	耐
	96	293	耐
	98	293	尚耐
盐酸	≤30	313	耐
	≤30	333	尚耐
	饱和	333	耐
	浓	333	尚耐
磷酸	30～90	333	耐
氢氧化钠	25	344	耐
	≤40	323	耐
	≤40	333	尚耐
	50～60	333	耐
氢氧化钾	20	333	耐
	≤40	313	耐
氢氧化钾	≤40	333	尚耐
	50～60	333	耐
硝酸铵	稀	313	耐
	稀	333	尚耐
	饱和	333	耐
硫酸铵	稀	313	耐
	稀	333	尚耐
	饱和	333	耐
氯化钠	任何	≤333	耐
	稀	333	尚耐
海水	—	≤333	尚耐
氯气	(干)10	293	尚耐
	(湿)10	299	尚耐
苯	100	293	不耐
甲苯	100	293	不耐
二甲苯	100	293	不耐
二氯乙烷	100	293	不耐

续表

介　质	含　量/%	温　度/K	耐腐蚀性能
四氯化碳	100 100	293 333	尚耐 不耐
乙醇	任何 96～100	313 333	耐 尚耐
丙酮	微量 100	293 293	不耐 不耐
汽油、煤油	—	333	耐

(2) 玻璃钢管　玻璃钢管是以玻璃纤维及其制品（玻璃布、玻璃带、玻璃毡）为增强材料，以合成树脂（如环氧树脂、呋喃树脂、聚酯树脂等）为黏结剂，经过一定的成型工艺制作而成，主要用于酸碱腐蚀性介质的管路，但不能耐氢氟酸、浓硝酸、浓硫酸等的腐蚀。

(3) 耐酸陶瓷管　耐酸陶瓷管的耐腐蚀性能很好，除氢氟酸外，输送其他腐蚀性物料均可采用它，但它承压能力低，性脆易碎，只能采用承插式连接或将管端做出凸缘用活套法兰进行连接。

第三节　管件和阀门

化工管路除了采用焊接的方法连接外，一般均采用管件连接，如改变管路的方向和管径大小以及管路的分支和汇合，都必须依靠管件来实现；而为了调节管路中的流量、压力或截止流体的流动，则需要各种阀门。

一、管件

管件的种类和规格很多，按其材质和用途可分为三种类型，即水、煤气管件，电焊钢管和无缝钢管及有色金属管件，铸铁管件。

1. 水、煤气管件

水、煤气管件通常采用可锻铸铁（白口铁经可锻化热处理）制造而成，要求较高时也可采用铸钢制作。其种类和用途可见表16-3。

表 16-3　水、煤气钢管的管件种类及用途

种　类	用　途	种　类	用　途
内螺纹管接头	俗称"内牙管"、"管箍"、"束节"、"管接头"、"死接头"等。用以连接两段公称直径相同的管子	等径三通	俗称"T形管"或"天"。用于由主管中接出支管、改变管路方向和连接三段公称直径相同的管子
外螺纹管接头	俗称"外牙管"、"外螺纹短接"、"外丝扣"、"外接头"、"双头丝对管"等。用以连接两个公称直径相同的具有内螺纹的管件	异径三通	俗称"中小天"。用以由主管中接出支管、改变管路方向和连接三段具有两种公称直径的管子
活管接	俗称"活接头"、"由壬"等。用以连接两段公称直径相同的管子	等径四通	俗称"十字管"。用以连接四段公称直径相同的管子
异径管	俗称"大小头"。用以连接两段公称直径不相同的管子	异径四通	俗称"大小十字管"。用以连接四段具有两种公称直径的管子
内外螺纹管接头	俗称"内外牙管"、"补心"等。用以连接一个公称直径较大的具有内螺纹的管件和一段公称直径较小的管子	外方堵头	俗称"管塞"、"丝堵"、"堵头"等。用以封闭管路

续表

种　　类	用　　途	种　　类	用　　途
等径弯头	俗称"弯头"、"肘管"等。用以改变管路方向和连接两段公称直径相同的管子,它可分45°和90°两种	管帽	俗称"闷头"。用以封闭管路
异径弯头	俗称"大小弯头"。用以改变管路方向和连接两段公称直径不相同的管子	锁紧螺母	俗称"背帽"、"根母"等。它与内牙管联用,可以得到可拆的接头

2. 电焊钢管、无缝钢管和有色金属管的管件

这类管件包括弯头、法兰和垫片、螺栓等。

(1) 弯头　弯头有压制弯头和焊制弯头两种,目前多数情况采用压制弯头。对于大直径的中低压管没有压制弯头,则采用焊制弯头,俗称虾米腰,一般是在安装现场焊制。

(2) 管法兰　管法兰早已有国家标准,分为铸铁法兰、铸钢法兰、铸铁螺纹法兰、平焊法兰、对焊钢法兰、平焊松套钢法兰、对焊松套钢法兰和卷边松套法兰8种。

中低压管路常采用平焊法兰,高压管路则常采用对焊法兰或对焊松套法兰,有色金属则采用卷边松套法兰。

法兰密封面型式有光滑式、凹凸式、榫槽式、梯形槽式和透镜式,如图16-2所示。

(3) 垫片　管法兰所用垫片种类很多,包括非金属垫片、半金

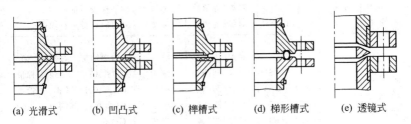

(a) 光滑式　　(b) 凹凸式　　(c) 榫槽式　　(d) 梯形槽式　　(e) 透镜式

图 16-2　管法兰的种类和密封面的型式

属垫片和金属垫圈。石油、化工管路的管法兰最常用的垫片有：石棉板、橡胶石棉板、金属包扎石棉垫片、缠绕式垫片、齿形垫片和金属垫圈等。

垫片的选择主要根据管内压力、温度、介质的性质等综合分析后确定，它是与法兰的种类及密封面的型式相一致的。

所以在选择法兰时就应该同时确定垫片的种类。表 16-4 列举了法兰、垫片的选用方法，供选用中参考。

表 16-4 接管法兰、垫片选用表

介质	公称压力 /MPa	工作温度 /K	法兰型式	垫 片	
				型式	材 料
油品、油气、溶剂	1.6	≤473	平焊（光滑）	油垫	耐油橡胶石棉板
		474～523	对焊（光滑）	缠垫	08(15)钢带＋石棉带
	2.5	≤473	平焊（光滑）	油垫	耐油橡胶石棉板
		474～623	对焊（光滑）	缠垫	08(15)钢带＋石棉带
		624～723	对焊（光滑）	缠垫	08(15)钢带＋石棉带
		724～803	对焊（光滑）	缠垫	0Cr13(1Cr13)钢带＋石棉带
	4.0	≤313	对焊（凹凸）	油垫	耐油橡胶石棉板
		314～573	对焊（凹凸）	缠垫	08(15)钢带＋石棉带
		474～623	对焊（凹凸）	缠垫	08(15)钢带＋石棉带
		624～723	对焊（凹凸）	缠垫	08(15)钢带＋石棉带
		724～803	对焊（凹凸）	缠垫	0Cr13(1Cr13)钢带＋石棉带
	10	≤623	对焊（梯,凹凸）	椭垫、齿垫	08(10)
		624～723	对焊（梯,凹凸）	椭垫、齿垫	08(10)
		724～803	对焊（梯,凹凸）	椭垫、齿垫	0Cr13
低油温气	≤4.0	273～253	对焊（光滑）	油垫	耐油橡胶石棉板
液化石油气	1.6	≤323	对焊（光滑）	油垫	耐油橡胶石棉板
	2.5	≤323	对焊（光滑）	缠垫	08(15)钢带＋石棉带
氢气[①]、氢气与油气混合物	4.0	≤473	对焊（凹凸）	缠垫	08(15)钢带＋石棉带
		474～523	对焊（凹凸）	缠垫	0Cr13(1Cr13)钢带＋石棉带
		524～673	对焊（凹凸）	缠垫	0Cr13(1Cr13)钢带＋石棉带
		674～723	对焊（凹凸）	缠垫	0Cr13(1Cr13)钢带＋石棉带
		724～803	对焊（凹凸）	齿垫	0Cr13

续表

介质	公称压力/MPa	工作温度/K	法兰型式	垫片型式	垫片材料
氢气[①]、氢气与油气混合物	6.3	≤523	对焊(梯、凹凸)	椭垫、齿垫	10
		524~637	对焊(梯、凹凸)	椭垫、齿垫	0Cr13、0Cr18Ni9
		674~693	对焊(梯、凹凸)	椭垫、齿垫	0Cr13、0Cr18Ni9
		694~803	对焊(梯、凹凸)	椭垫、齿垫	0Cr13、0Cr18Ni9
	10	≤523	对焊(梯、凹凸)	椭垫、齿垫	10
		524~653	对焊(梯、凹凸)	椭垫、齿垫	0Cr13、0Cr18Ni9
		654~673	对焊(梯、凹凸)	椭垫、齿垫	0Cr13、0Cr18Ni9
		674~803	对焊(梯、凹凸)	椭垫、齿垫	0Cr13、0Cr18Ni9
蒸汽	10	≤473	平焊(光滑)	胶垫	中压橡胶石棉板
蒸汽	1.6	533	平焊(光滑)	缠垫	08(15)钢带+石棉带
蒸汽	4.0	573	对焊(光滑、凹凸)	铜垫	紫铜垫片
蒸汽	6.3	673	对焊(光滑、凹凸)	铜垫	紫铜垫片
	10	723	对焊(光滑、凹凸)	铜垫	紫铜垫片
压缩空气	≤1.0	≤423	平焊(光滑)	胶垫	中压橡胶石棉板
惰性气体	≤1.0	≤333	平焊(光滑)	胶垫	中压橡胶石棉板
	≤4.0	≤333	对焊(光滑、垫)	缠垫	08(15)钢带+石棉带
	10	≤333	对焊(梯)	椭垫	10
76%~98% 硫酸酸渣	≤0.6	≤390	平焊(光滑)	胶垫	中压橡胶石棉板
	≤0.6	≤323	平焊(光滑)	胶垫	中压橡胶石棉板
10%~40% 碱液 25%碱渣	≤1.0	≤323	平焊(光滑)	胶垫	中压橡胶石棉板
		≤323	平焊(光滑)	胶垫	中压橡胶石棉板
氨	2.5	≤423	平焊(凹凸)对焊(凹凸)	胶垫	中压橡胶石棉板
水	0.6	<373	平焊(光滑)	胶垫	中压橡胶石棉板

　① 表中介质为氢气、氢气与油气混合物的对焊法兰，凡推荐两种以上的材料时，应根据氢分压和工作温度选择其中最合适的一种材料。

（4）螺栓、螺母 压力不大的（$PN \leqslant 2.45\text{MPa}$）管法兰，一般采用半精制螺栓和半精制六角螺母；压力较高的管法兰应采用光双头螺栓和精制六角螺母。

3. 铸铁管件

铸铁管件有弯头、三通、四通、异径管等。多数采用承插或法兰连接，高硅铸铁管因易碎常将管端制成凸缘，用对开松套法兰连接。

二、阀门

阀门是用来控制管路内流体的流量和压力的部件，它的主要作用包括：

① 启闭作用——截断或沟通管内流体的流动；

② 调节作用——调节管内流体的流量；

③ 节流作用——调节阀门开度，改变压力降，达到调节压力的作用。

阀门的种类繁多，现将常用的阀门简要介绍如下。

（1）闸阀 闸阀又称闸门阀或闸板阀。它主要利用闸板升降来开启或关闭阀口，用于调节管路的流量。它的种类很多，按阀板分为楔式和平行式，单闸板和双闸板的；按螺杆分有明杆和暗杆的；按传动方式分有电动、手动的等等。这种阀门在给水管路上应用较多。

（2）截止阀 截止阀俗称球形阀，它是利用调节阀盘开度，也就是改变阀盘与阀座的距离来改变流道大小来调节流体的流量。它调节流量比闸阀好，适用于蒸汽等介质的流量调节。它的种类也很多，有标准式、流线式、直流式、角式等。

（3）旋塞阀 旋塞阀俗称考克，它是利用带孔锥形旋塞旋转一定角度来沟通或截断管内流体的。有直通旋塞、三通旋塞和四通旋塞等。它的特点是结构简单、启闭迅速、阻力小。但转动费力，检修时研磨旋塞费工。

（4）球心阀 球心阀的结构原理与旋塞相同，它的阀瓣为球形。其特点与旋塞相类似，主要用于低温、高压或黏度较大的流体输送管路或设备上。

（5）节流阀 节流阀为截止阀的一种，但它的阀瓣不是盘状而是针状，它主要用于流量调节，能够准确地改变流量，也可用于压力调节。

（6）止回阀　止回阀又称止逆阀或单向阀，它的作用是使流体只能按一定方向流动，而阻止反向流动。它可分为升降式和旋启式两种。

除上述几种阀门以外，还有防腐蚀的隔膜阀、衬铅、衬橡胶阀等。近些年还出现了非金属材料制造的阀门，如塑料阀、陶瓷阀等。

阀门的选用应根据流体的性质、压力、温度条件以及不同的用途来确定。阀门已经有专门的系列标准，其型号采用一定的代号来表示，选用时可参考有关资料。

第四节　管路的安装

在石油、化工企业的建设和设备的安装过程中，各种管路的安装工作量是相当大的，安装工序也是很多的。它包括熟悉设计图纸和有关资料，进行现场施工测量，绘出管路安装施工图，管子的清理、检查、管件的预制和准备等；安装施工后还要对管路进行清洗、试压、油漆、保温等。

一、管道安装的规定

1. 中、低压管道安装

① 与管道有关的土建工程经检查合格，满足安装要求；

② 与管道连接的机器、设备已固定、找正完毕；

③ 管子、管件、阀门已按设计要求核对无误，经检验合格，并具备有关的技术证件，其内部亦已清理干净，没有杂物；

④ 须在安装之前完成的工作，如清洗、内部防腐、脱脂或衬里等已进行完毕。

在安装前或安装过程中管子搬运和临时堆放时，应注意各种材料的管子分别堆放，不锈钢管及铜、铅管应避免与碳钢接触。

管道安装时应注意使法兰、管件、焊缝等处于便于今后检修的位置，且不得紧贴墙壁、楼板或管架。管道焊缝位置应符合以下要求：

① 直管段两环焊缝间距不得小于100mm；

② 焊缝距弯管（除急弯弯头而外）起弯点不得小于100mm，且不小于管子外径；

③ 卷管的纵向焊缝应处于容易检修的位置，且不宜置于底部；

④ 环焊缝距支、吊架净距不小于50mm，需作热处理的焊缝距支、吊架不得小于焊缝宽度的5倍，且不小于100mm；

⑤ 在管道焊缝上一般不得开孔，如必须开孔，焊缝应经无损探伤检查合格；

⑥ 有加固环的卷管，加固环的对接焊缝应与管子的纵向焊缝错开，其间距不小于100mm，加固环距管子的环向焊缝不应小于50mm。

安装管道时，应注意使其坡向、坡度符合设计要求，如设计无规定，可敷设为0.1%～0.3%的坡度，疏、排水的支管与主管连接时应按介质流向稍有倾斜。为达到要求的坡度，可在支座底板下加金属垫板调整（吊架用吊杆螺栓调整），但垫板不得加于管道与支座之间，垫板宜与预埋件或钢结构焊在一起。

对管内清洁要求较高，且焊接后不易清理的管道（如透平机入口管道、锅炉给水管、机组的循环油、控制油、密封油管道等），其焊缝宜用氩弧焊打底。

穿墙、穿楼板的管道，一般应加保护套管，管道的焊缝不得置于套管内。穿墙套管长度不应小于墙厚，穿楼板套管应高出楼面或地面50mm。在管子与保护套管之间应填塞石棉或其他不燃材料。穿过屋面的管道一般应有防水肩、防水帽或按设计要求施工。

埋地管道的管子在下管前应按设计要求的防腐等级做好绝缘防腐工作，在运输过程中和安装时应防止损坏绝缘防腐层。埋地钢管在试压之前其焊缝部位不得防腐。埋地管道经试压防腐和进行隐蔽工程验收工作之后方可回填土。

2. 高压管道安装

高压管道安装同中、低压管道安装的要求大同小异，不过要求更高，规定更严，因此，除需符合中、低压管道安装要求外，尚应按下面要求执行。

用来安装的高压管段、管件、紧固件和阀门必须经检验合格，并附有相应的技术证明文件，运到现场后应妥善保管、标志明显、放置整齐。安装前，应将其内、外表面擦拭干净，同时检查其内通道有否异物，是否畅通。检查管口密封面和密封垫的粗糙度是否符合要求，在密封面上不得有影响密封性能的划痕（特别是径向划痕）、斑点等缺陷存在，除规定脱脂的管道外，在管口密封面和密封垫上涂以机油或黄油或白凡士林保护。经检查合格的高压管管端螺纹部分，除规定脱脂的管道外，应涂以二硫化钼润滑脂或石墨机油的调合剂保护。

管道安装时，应使用正式的管架固定，与高压管子、管件接触的管架上，应按设计要求或工作温度要求加置木垫块、软金属片或石棉橡胶板，并预先在该处涂漆。穿墙、穿楼板、穿屋面的高压管道，应在建筑物上留孔，并按设计要求安装保护套管。安装高压法兰时应露出管端螺纹的倒角。安装密封垫时，不要用金属丝吊放，事先应在管口及垫上涂以黄油，软金属高压垫片应准确地放入密封座内。法兰螺栓应对称均匀地拧紧，不得过度，螺栓拧紧之后，两法兰应保持平行同心，露在螺母外面的螺纹应为 2～3 扣，至少不应少于 2 扣，并使各个螺栓的外露长度基本一致。在安装过程中，不得用强拉、强推、强扭或修改密封垫厚度等办法来弥补制造或安装误差。管道安装工作如不可能连续进行和完成，应及时封闭敞开的管口。管道上的仪表取样部位的零部件应与管道同时安装。

合金钢管进行局部弯度校正时，其加热温度一定要控制在钢材的临界温度以下。

在管道系统安装完毕之后，应全面复查管道上的钢印标记，若发现某处漏打钢印，应根据原始依据及时补上。

二、管路吹洗和试压

管路在焊接安装时，每一管段安装前都必须清除内部杂物，安装完毕经检查合格后应进行吹洗，以便清除留在管内的焊渣、泥土及其他杂物等。对较长和弯曲较多的管路应分段吹洗。吹洗管路可用蒸汽或压缩空气，蒸汽流速一般为 20～30m/s，空气为 15m/s。

压力要低于管路设计压力。用水清洗时，水的流速不应低于1.5m/s。

管路经吹洗后要进行水压试验或气压试验。水压试验压力按1.25倍的工作压力进行，水压试验前要排净管内气体，压力应缓慢上升，以检查法兰、阀件、焊缝等是否有渗漏。在冬季进行水压试验要用50℃左右的热水。试验后应立即将水放尽，吹洗干净，防止管路被冻裂。

气压试验应做好安全防护工作，不得超压。

第五节 管路的保温（保冷）、伴热和涂漆

一、管路的保温

1. 保温目的

石油化工管路输送的流体多种多样，温度有高有低。凡要求输送的流体温度保持稳定，尽量减少热量或冷量损失，或当外界温度降低时流体容易结晶凝结、外界温度升高时液体容易蒸发的管路都应进行保温。同时，保温还能减少因凝结的液体积聚而造成的腐蚀；防止发生被管子烫伤事故；降低室温；改善操作环境。

2. 保温材料

保温的实质是减少管内外的热量传递，因此对保温材料就应当选用导热系数小、空隙率大、体轻、受振动时不易损坏的材料。保冷材料除上面要求外，还应不易吸水、来源广泛和价格便宜。保温材料种类繁多，产地分布很广，常用的有石棉、矿渣棉、玻璃棉、硅藻土、膨胀珍珠岩、蛭石、多孔混凝土、聚氯乙烯和聚苯乙烯泡沫塑料等。

3. 保温方法

管路经吹洗和试压以后，首先应清除管外表面的污垢和锈蚀物等。然后涂上防腐漆，防腐漆干后开始进行保温施工。因采用的保温材料不一样，施工方法也各不相同。图 16-3 为一般常采用的管路保温结构。

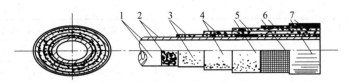

图 16-3 保温层结构

1—管子；2—红丹防蚀层；3—第一层胶泥；4—第二层胶泥；
5—第三层胶泥；6—铁丝网；7—保护层

二、管路伴热

凡输送因降温容易凝固或结晶的物料管路和因节流会自冷结冰的液化气管路，都应采用伴热的方法，以达到保温或加热的目的。

一般采用蒸汽伴热的方法，即在输送管路旁敷设一个蒸汽管或加一个同心套管。

伴热蒸汽管应紧靠输送管，加保温层后便成为一体，蒸汽管应从高处进汽，低处放冷凝水，管路应平直，每隔一定距离应设热补偿装置。

三、管路的涂漆

石油化工生产装置中，为了便于区别各种类型的管路和防止腐蚀，在管子外表面或保温层的外面保护上涂上带色的油漆、涂色的方式是在不同管路采用不同的颜色，如果颜色相同的管路还须区分，则在底色上每隔 2m 涂上不同的色圈，以资区别。有时还用箭头标出介质的流动方向。常用化工管路涂色参考表 16-5。

管道整体涂漆时所涂刷的颜色称为基本色，为识别管道内介质的流向和介质特性在管道局部设置的识别符号称为管道标识。

常用管道的基本色与标识色可按表 16-5 的规定确定。

表 16-5　常用管道的基本色与标识色

序号	介质种类	基本色	标识色
1	一般物料	银灰，B03	大红，R03
2	酸、碱	紫色，P02	大红，R03
3	氨	中黄，Y07	大红，R03

序号	介质种类	基本色	标识色
4	氮气	淡黄,Y07	大红,R03
5	空气	淡灰,B03	大红,R03
6	氧气	淡蓝,PB06	大红,R03
7	水	艳绿,G03	白色
8	污水	黑色	白色
9	蒸汽	银白,B04	大红,R03
10	天然气,燃气	中黄,Y07	大红,R03
11	油类,可燃液体	棕色,YR05	白色
12	消防水管	大红色,R03	白色
13	放空管	红色	淡黄,Y06
14	排污管	黑色	白色

金属表面一般先涂红丹防锈漆,再涂铅油或醇酸磁漆或酚醛磁漆。非金属表面可直接涂铅油或磁漆。

埋入地下的管路应加沥青绝缘防腐层后再埋入地下,以免电化腐蚀。

复习思考题

1. 为什么要进行管路的标准化?
2. 管子的公称直径指的是什么?
3. 什么是公称压力?
4. 法兰连接的优点是什么?
5. 在法兰连接的管道安装时应注意些什么?
6. 承插连接一般用于什么场合?
7. 无缝钢管一般应用于什么场合?
8. 玻璃钢管一般应用于什么场合?
9. 阀门的作用是什么?
10. 安装中低压管道与安装高压管道的要求有什么不同?
11. 常用的管路的保温材料一般有哪些?

参 考 文 献

[1] 夏华生，王其昌，冯秋官. 机械制图. 北京：高等教育出版社，2007.

[2] 胡建生. 化工制图. 北京：化学工业出版社，2015.

[3] 郭仁生. 机械设计基础. 北京：清华大学出版社，2014.

[4] 丁仁亮. 金属材料及热处理. 北京：机械工业出版社，2009.

[5] 杨黎明. 机械原理. 北京：高等教育出版社，2008.

[6] 何宝芹，喻枫. 工程材料及热处理. 武汉：华中科技大学出版社，2012

[7] 程芳，杜伟. 机械工程材料及热处理. 北京：北京理工大学出版社，2008.

[8] 王寒栋，李敏. 泵与风机. 北京：机械工业出版社，2009.

[9] 刘立. 流体力学泵与风机. 北京：中国电力出版社，2007.

[10] 朱立. 制冷压缩机与设备. 北京：机械工业出版社，2013.

[11] 隋博远. 压缩机维护与检修. 北京：化学工业出版社，2012.

[12] 李晓东. 制冷原理及设备. 北京：机械工业出版社，2006.

[13] 闻邦椿. 机械设计手册. 北京：机械工业出版社，2010.

[14] 余国琮. 化工机械工程手册. 北京：机械工业出版社，2003.

[15] 高安全. 化工设备机械基础. 北京：化学工业出版社，2011.

[16] 向寓华. 化工容器及设备. 北京：高等教育出版社，2009.

[17] 徐宝东. 化工管路设计手册. 北京：化学工业出版社，2011.